Maths 3e

Objectif BREVET

W0323517

Philippe Rousseau
Agrégé de Mathématiques

Nicolas Clamart
Agrégé de Mathématiques

hachette
ÉDUCATION

MODE D'EMPLOI

Chacun des 21 chapitres comporte cinq grandes parties :

LE COURS

Un cours clair et structuré avec tout ce que vous devez savoir

Des onglets pour repérer les parties du chapitre

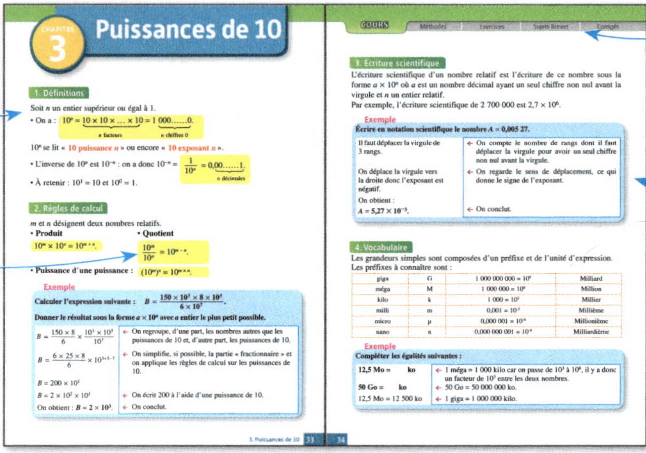

Les formules indispensables mises en évidence

Des exemples avec un corrigé commenté pour vous aider à comprendre et à appliquer le cours

LES MÉTHODES

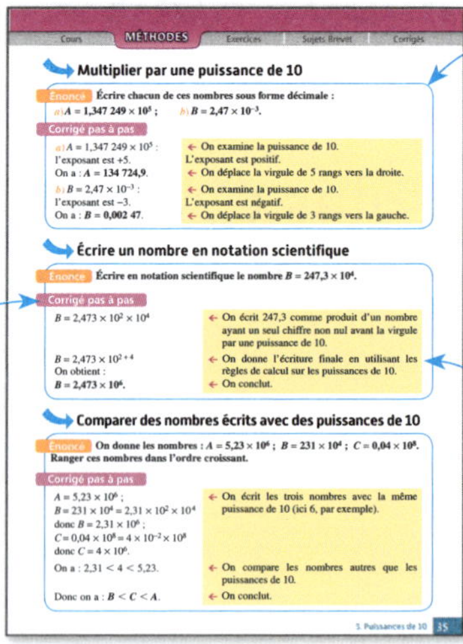

Des énoncés d'exercices types pour maîtriser les méthodes essentielles

Des corrigés détaillés

Des commentaires pour comprendre la méthode pas à pas

Maquette intérieure et de couverture : Stéphanie Benoit
Mise en pages : Grafatom

ISBN 978-2-01-711747-6

© Hachette Livre, 2020,
58 rue Jean Bleuzen, CS 70007,
92178 Vanves Cedex
Tous droits de traduction, de reproduction et d'adaptation réservés pour tous pays.

www.parascolaire.hachette-education.com

© Scratch : pp. 252, 253, 259 à 262, 266, 267, 271, 279. Scratch est développé par le groupe Lifelong Kindergarten auprès du MIT Media Lab. Voir *http://scratch.mit.edu*.

LES EXERCICES

Les exercices de base pour maîtriser le cours

Des exercices d'entraînement pour appliquer les méthodes

Cours | Méthodes | EXERCICES | Sujets Brevet | Corrigés

Pour bien débuter

1 ★

Donner l'écriture décimale des nombres suivants :
$A = 4{,}675 \times 10^2$; $B = 3{,}21 \times 10^4$; $C = 14 \times 10^6$;
$D = 146\,735{,}1 \times 10^{-5}$; $E = 4{,}311 \times 10^{-6}$.
→ Corrigé p. 38

2 ★★

Écrire les nombres suivants en notation scientifique :
$A = 543\,156$; $B = 0{,}000\,123$;
$C = 5\,104{,}003$; $D = 0{,}105$.
→ Corrigé p. 38

3 ★★

Écrire les nombres suivants en notation scientifique :
$A = 117 \times 10^3$; $B = 0{,}068\,5 \times 10^4$; $C = 40{,}09 \times 10^{-6}$.
→ Corrigé p. 38

Pour s'entraîner

4 ★★

On pose : $B = \dfrac{15 \times 10^{-3} \times 7 \times 10^7}{5 \times 10^2}$.
Calculer B. Présenter le résultat sous la forme scientifique.
→ Corrigé p. 38

5 ★★★

On pose : $C = \dfrac{15 \times (10^{-3})^2}{6 \times 10^5 \times 10^3}$.
Donner l'expression scientifique de C en indiquant toutes les étapes des calculs.
→ Corrigé p. 38

6 ★★★

Voici les diamètres de quelques planètes du système solaire :
Vénus : $12{,}102 \times 10^3$ km ; Terre : $127{,}56 \times 10^2$ km ;
Mars : $0{,}679\,6 \times 10^4$ km ; Mercure : 4 878 km.
1° Exprimer chacune de ces données sous la forme $a \times 10^4$.
2° Classer ces planètes de la plus petite à la plus grande.
→ Corrigé p. 38

LES SUJETS DU BREVET

Cours | Méthodes | Exercices | SUJETS BREVET | Corrigés

Sujets du brevet

7 ★★

On donne : $B = \dfrac{6 \times 10^{-7} \times 15 \times 10^{11}}{8 \times (10^2)^4}$.
Calculer B et donner son écriture scientifique, puis son écriture décimale (indiquer les étapes des calculs).
→ Corrigé p. 39

8 ★★

On donne le nombre : $B = \dfrac{3 \times 10^2 \times 1{,}8 \times 10^{-3}}{6 \times 10^4}$.
1° Donner l'écriture décimale de B.
2° Exprimer B en écriture scientifique.
→ Corrigé p. 39

9 ★★★

Voici les distances (en km) qui séparent le Soleil de trois planètes du système solaire :
Vénus : 105×10^6 ; Mars : $2\,250 \times 10^5$; Terre : $1{,}5 \times 10^8$.
Parmi ces trois planètes, quelle est celle qui est la plus éloignée du Soleil ?
Justifier.
→ Corrigé p. 39

10 ★★★

Une analyse médicale montre que chez un patient, il y a 5 millions de globules rouges par mm³ de sang.
1° On estime à 6 litres la quantité de sang du patient.
a) Exprimer 6 litres en mm³ à l'aide d'une notation scientifique.
b) Donner un ordre de grandeur du nombre de globules rouges présents dans le corps de ce patient.
2° Les globules rouges représentent 45 % du volume du sang.
a) Quel est le volume des globules rouges dans 1 mm³ de sang ?
b) Quel est le volume d'un globule rouge en mm³, puis en cm³ ? On donnera les résultats en écriture scientifique.
→ Corrigé p. 39

Des exercices issus de sujets du Brevet pour vous entraîner dans les conditions de l'examen

LES CORRIGÉS

Cours | Méthodes | Exercices | Sujets Brevet | CORRIGÉS

1 → Énoncé p. 36 $A = 4{,}675 \times 10^2 = \mathbf{467{,}5}$;
$B = 3{,}21 \times 10^4 = \mathbf{32\,100}$;
$C = 14 \times 10^6 = \mathbf{14\,000\,000}$;
$D = 146\,735{,}1 \times 10^{-5} = \mathbf{1{,}467\,351}$;
$E = 4{,}311 \times 10^{-6} = \mathbf{0{,}000\,004\,311}$.

> *Méthode* — Pour multiplier par 10^n, on déplace la virgule de n rangs vers la droite. Pour multiplier par 10^{-n}, on déplace la virgule de n rangs vers la gauche.

2 → Énoncé p. 36 $A = 543\,156 = \mathbf{5{,}431\,56 \times 10^5}$;
$B = 0{,}000\,123 = \mathbf{1{,}23 \times 10^{-4}}$;
$C = 5\,104{,}003 = \mathbf{5{,}104\,003 \times 10^3}$;
$D = 0{,}105 = \mathbf{1{,}05 \times 10^{-1}}$.

> *Conseil* — Compter de combien de rangs il faut déplacer la virgule pour la placer à droite du premier chiffre non nul.

3 → Énoncé p. 36 $A = 117 \times 10^3$
$= 1{,}17 \times 10^2 \times 10^3$
$= \mathbf{1{,}17 \times 10^5}$;
$B = 0{,}068\,5 \times 10^4 = 6{,}85 \times 10^{-2} \times 10^4 = \mathbf{6{,}85 \times 10^2}$;
$C = 40{,}09 \times 10^{-6} = 4{,}009 \times 10^1 \times 10^{-6} = \mathbf{4{,}009 \times 10^{-5}}$.

> *Méthode* — Commencer par écrire le facteur autre que la puissance de 10 en notation scientifique.

4 → Énoncé p. 36 $B = \dfrac{15 \times 10^{-3} \times 7 \times 10^7}{5 \times 10^2}$
$= \dfrac{3 \times 5 \times 7}{5} \times 10^{-3+7-2}$
$= 21 \times 10^2$
$= 2{,}1 \times 10^1 \times 10^2$
On a donc : $\mathbf{B = 2{,}1 \times 10^3}$.

> *Méthode* — Traiter d'une part les nombres autres que les puissances de 10 et d'autre part les puissances de 10.

5 → Énoncé p. 36 $C = \dfrac{15 \times (10^{-3})^2}{6 \times 10^5 \times 10^3} = \dfrac{15}{6} \times \dfrac{10^{-3\times2}}{10^{5+3}} = 2{,}5 \times 10^{-6-8}$.
On obtient : $\mathbf{C = 2{,}5 \times 10^{-14}}$.

> *Rappel* — $(a^n)^p = a^{np}$

6 → Énoncé p. 36 1° On obtient les diamètres suivants :
Vénus : $12{,}102 \times 10^3$ km $= 1{,}210\,2 \times 10^1 \times 10^3$ km
$= \mathbf{1{,}210\,2 \times 10^4}$ **km** ;
Terre : $127{,}56 \times 10^2$ km $= 1{,}275\,6 \times 10^2 \times 10^2$ km
$= \mathbf{1{,}275\,6 \times 10^4}$ **km** ;
Mars : $\mathbf{0{,}679\,6 \times 10^4}$ **km** ;
Mercure : 4 878 km $= \mathbf{0{,}487\,8 \times 10^4}$ **km**.
2° Dans l'ordre croissant de taille, on a : **Mercure, Mars, Vénus et Terre.**

> *Astuce* — Transformer les écritures pour avoir la même puissance de 10 pour pouvoir comparer.

Les corrigés de tous les exercices et des sujets du Brevet

Des post-it pour vous guider : rappel de cours, piège à éviter, méthode…

Et aussi !

LE BREVET

MODALITÉS D'ATTRIBUTION DU DIPLÔME NATIONAL DU BREVET

▸ Le diplôme national du Brevet (DNB) s'obtient en ajoutant deux types de résultats :

Résultats acquis en cours de scolarité (maîtrise du socle commun)	Notes obtenues aux cinq épreuves terminales de l'examen du DNB
✓ Total maximum de 400 points	✓ Total maximum de 400 points

▸ Pour être déclaré admis au diplôme national du brevet, vous devez obtenir un minimum de 400 points sur le total de 800.

Le jour de l'épreuve, prévoyez d'avoir votre convocation et votre carte nationale d'identité ou un autre document officiel comportant une photographie : vous devez faire preuve de votre identité au moment de l'examen.

1 Le niveau de maîtrise du socle commun

▸ Les résultats obtenus en cours d'année sont pris en compte dans toutes les disciplines pour évaluer votre niveau de maîtrise des compétences attendues dans les huit composantes du socle commun. Ce niveau est converti en points.

▸ Pour chaque composante, il est attribué :
- 10 points si vous avez obtenu le niveau maîtrise insuffisante ;
- 25 points pour le niveau maîtrise fragile ;
- 35 points pour le niveau maîtrise satisfaisante ;
- 50 points pour le niveau très bonne maîtrise.

▸ Peuvent s'y ajouter 10 points (objectif atteint) ou 20 points (objectif dépassé) si vous avez suivi un enseignement facultatif (latin ou grec ou langue et culture régionale ou langue des signes française…).

▸ Le total maximum de points est de 400 (50 points × 8 composantes = 400), plus l'éventuel bonus de l'enseignement facultatif.

2 L'examen

▸ L'examen terminal en fin de classe de 3e comporte **cinq épreuves obligatoires.** Dans tous les cas, les points attribués à chaque exercice sont indiqués dans le sujet.

▸ Une **épreuve écrite** qui porte sur le programme de français. Elle dure **3 heures et est notée sur 100 points.**

▸ Une **épreuve écrite** qui porte sur le programme de **mathématiques.** Elle dure **2 heures et est notée sur 100 points.** Le

Une présentation de l'épreuve du brevet.

Sujet 1 USA

Maths

Indication portant sur l'ensemble du sujet

Toutes les réponses doivent être justifiées, sauf si une indication contraire est donnée.
Pour chaque question, si le travail n'est pas terminé, laisser tout de même une trace de la recherche. Elle sera prise en compte dans la notation.

EXERCICE 1 ✓ 4,5 points

Recopier la bonne réponse (aucune justification n'est attendue).

	Réponse A	Réponse B	Réponse C
1. La somme $\dfrac{7}{4} + \dfrac{2}{3}$ est égale à :	$\dfrac{9}{7}$	$\dfrac{29}{12}$	$\dfrac{9}{12}$
2. L'équation $5x + 12 = 3$ a pour solution :	1,8	3	−1,8
3. Une valeur approchée, au dixième près, du nombre $\dfrac{\sqrt{5}+1}{2}$ est :	2,7	1,6	1,2

Corrigé p. 274

EXERCICE 2 ✓ 9,5 points

Avec un logiciel de géométrie, on exécute le programme ci-dessous.

Programme de construction :
- construire un carré $ABCD$;
- tracer le cercle de centre A et de rayon $[AC]$;
- placer le point E à l'intersection du cercle et de la demi-droite $[AB)$;
- construire un carré $DEFG$.

Des sujets complets du Brevet avec leurs corrigés.

SOMMAIRE

Partie 5
Algorithmique et programmation

Sujets complets du Brevet

MODALITÉS D'ATTRIBUTION DU DIPLÔME NATIONAL DU BREVET

> Le diplôme national du Brevet (DNB) s'obtient en ajoutant deux types de résultats :

Résultats acquis en cours de scolarité (maîtrise du socle commun)	Notes obtenues aux cinq épreuves terminales de l'examen du DNB
✓ Total maximum de **400 points**	✓ Total maximum de **400 points**

> Pour être **déclaré admis** au diplôme national du Brevet, vous devez obtenir un **minimum de 400 points sur le total de 800.**

Le jour de l'épreuve, prévoyez d'avoir **votre convocation et votre carte nationale d'identité** ou un autre document officiel comportant une photographie : vous devez faire preuve de votre identité au moment de l'examen.

1 Le niveau de maîtrise du socle commun

> Les résultats obtenus en cours d'année sont pris en compte dans toutes les disciplines pour évaluer votre niveau de maîtrise des compétences attendues dans les huit composantes du socle commun. Ce niveau est converti en points.

> Pour chaque composante, il est attribué :

- 10 points si vous avez obtenu le niveau maîtrise insuffisante ;
- 25 points pour le niveau maîtrise fragile ;
- 40 points pour le niveau maîtrise satisfaisante ;
- 50 points pour le niveau très bonne maîtrise.

> Peuvent s'y ajouter 10 points (objectif atteint) ou 20 points (objectif dépassé) si vous avez suivi un enseignement facultatif (latin ou grec ou langue et culture régionale ou langue des signes française…).

> **Le total maximum de points est de 400** (50 points × 8 composantes = 400), **plus l'éventuel bonus de l'enseignement facultatif**.

2 L'examen

> L'examen terminal en fin de classe de 3e comporte **cinq épreuves obligatoires.**

Dans tous les cas, les points attribués à chaque exercice sont indiqués dans le sujet.

> Une **épreuve écrite** qui porte sur le programme de **français.** Elle dure **3 heures** et est notée sur **100 points**.

> Une **épreuve écrite** qui porte sur le programme de **mathématiques.** Elle dure **2 heures** et est notée sur **100 points**. Le

sujet de cette épreuve comporte obligatoirement un exercice d'algorithmique (programmation) sur l'ensemble des exercices. Voir descriptif détaillé ci-après, p. 9.

- Une **épreuve écrite** qui porte sur les programmes d'**histoire** et **géographie** et d'**enseignement moral et civique**. Elle dure **2 heures** et est notée sur **50 points**.

- Une **épreuve écrite** qui porte sur les programmes de **physique-chimie, sciences de la vie et de la Terre et technologie**. Elle dure **deux fois 30 minutes** et est notée sur **50 points**. Pour cette épreuve, à chaque session de l'examen, **deux disciplines** seulement sur les trois citées – physique-chimie, sciences de la vie et de la Terre, technologie – sont retenues. Le choix des deux disciplines est signifié deux mois avant la date de l'examen.

- Une **épreuve orale** de soutenance d'un projet qui porte sur l'un des sujets étudiés dans le cadre de l'enseignement d'histoire des arts ou l'un des projets menés dans le cadre des enseignements pratiques interdisciplinaires du cycle 4, du parcours Avenir, du parcours citoyen, du parcours éducatif de santé ou du parcours d'éducation artistique et culturelle.

L'oral se déroule en deux temps : un **exposé d'environ cinq minutes suivi d'un entretien d'une dizaine de minutes avec le jury**. L'épreuve est notée sur **100 points** : maîtrise de l'expression orale : 50 points ; maîtrise du sujet présenté : 50 points.

L'ÉPREUVE ÉCRITE DE MATHÉMATIQUES

EN BREF !

Durée de l'épreuve : 2 heures

Nature de l'épreuve
Le candidat traite une série d'exercices indépendants les uns des autres. Parmi ces exercices figure obligatoirement
un exercice d'algorithmique ou de programmation.

Notation : 100 points
Les points attribués à chaque exercice sont indiqués dans le sujet.

> Le sujet est constitué de 6 à 8 exercices qui doivent pouvoir être traités par le candidat indépendamment les uns des autres.

> Certains exercices exigent de la part du candidat une prise d'initiative.

> Les exercices peuvent prendre appui sur des situations issues de la vie courante ou d'autres disciplines. Ils peuvent adopter toutes les modalités possibles, y compris la forme de questionnaires à choix multiples.

> L'évaluation doit prendre en compte la clarté et la précision des raisonnements ainsi que, plus largement, la qualité de la rédaction scientifique. Les solutions exactes, même justifiées de manière incomplète, comme la mise en œuvre d'idées pertinentes, même maladroitement formulées, seront valorisées lors de la correction. Doivent aussi être pris en compte les essais et les démarches engagées, même non aboutis. Les candidats en sont informés par l'énoncé.

> En relation avec les compétences du socle commun de connaissances, de compétences et de culture du programme de mathématiques, l'épreuve est construite afin d'évaluer l'aptitude du candidat :

- à maîtriser les compétences et connaissances prévues par les programmes ;
- à pratiquer différents langages (textuel, symbolique, algébrique, schématique, graphique) pour observer, raisonner, argumenter et communiquer ;
- à exploiter des données chiffrées et/ou expérimentales ;
- à analyser et comprendre des informations en utilisant les raisonnements, les méthodes et les modèles propres à la discipline concernée ;
- à appliquer les principes élémentaires de l'algorithmique et du codage à la résolution d'un problème simple.

CONSEILS POUR SE PRÉPARER À L'ÉPREUVE

❶ Travailler régulièrement tout au long de l'année

> La réussite dans les matières scientifiques, comme dans les autres matières, commence par l'**apprentissage du cours**. En mathématiques, sans une parfaite connaissance des règles de calculs, des théorèmes et propriétés de géométrie, il est impossible de résoudre correctement des exercices.

> Pour vous préparer efficacement, apprenez **régulièrement** vos leçons. Construisez à la fin de chaque leçon une **fiche-résumé** sur laquelle devront figurer :
- le titre de la leçon ;
- les notions essentielles ;
- les formules à utiliser.

La fiche doit être synthétique afin d'être facile à relire régulièrement.

> Pour réaliser les calculs, il faut bien maîtriser l'usage de la **calculatrice**. Utilisez la même calculatrice le jour de l'épreuve que pendant l'année.

❷ S'entraîner à rédiger

Exercez-vous régulièrement en soignant la **rédaction** et la **présentation des exercices**. Ainsi, le jour d'un contrôle ou d'un examen, vous donnerez une bonne impression au correcteur.

❸ S'entraîner sur de vrais sujets

> Placez-vous dans les **conditions réelles de l'épreuve** : mettez-vous au calme, téléphone éteint, choisissez un sujet d'annales et traitez-le complètement.

> **Respectez le temps imparti** (2 heures pour les Maths), comme le jour de l'examen. Vous pouvez déclencher un chronomètre pour vous aider à gérer votre temps.

> **Lisez l'ensemble du sujet** avant de commencer à rédiger. Identifiez les connaissances dont vous allez avoir besoin et repérez les informations que les documents vous apportent.

> Si vous n'avez pas réussi à faire un exercice, consultez son corrigé puis, deux ou trois jours plus tard, reprenez-le et refaites-le : c'est la meilleure façon de progresser !

❹ Quelques jours avant l'épreuve et le jour de l'épreuve

> Vous devez avoir prévu **votre matériel** ; si le papier est fourni, il vous faut en revanche apporter crayons (de différentes couleurs), compas, règle, équerre, calculatrice, gomme et rapporteur.

> Gérez votre temps : faites une première lecture de l'ensemble de l'énoncé (5-10 minutes), suivie par la résolution des différents exercices en commençant par ceux qui vous semblent les plus faciles, puis faites une relecture finale attentive de votre copie (10 minutes).

> Soignez l'orthographe, la rédaction et la présentation qui sont évaluées sur 5 points.

> Un sujet peut contenir plusieurs exercices indépendants. Si vous bloquez sur une question, laissez de la place pour y répondre et passez à l'exercice ou à la question suivante.

> Utilisez le brouillon mis à votre disposition pour réaliser au préalable les calculs et les schémas.

Nombres et calculs

CHAPITRE 1

Les fractions

1. Définition

Soit a et b deux nombres entiers, b non nul.

Le quotient de la division de a par b est **la fraction $\frac{a}{b}$.**

2. Simplification

Soit k un nombre non nul. $\frac{a \times k}{b \times k} = \frac{a}{b}$

Exemple

Simplifier la fraction $A = \frac{30}{42}$ à l'aide des critères de divisibilité.

$A = \frac{2 \times 3 \times 5}{2 \times 3 \times 7}$	← À l'aide des critères de divisibilité par 2 et par 3, on décompose le numérateur et le dénominateur en produits.
$A = \frac{5}{7}$.	← On simplifie les facteurs communs au numérateur et au dénominateur et on conclut.

3. Somme et différence

Pour additionner ou soustraire deux fractions, on réduit, si nécessaire, au même dénominateur, puis on additionne ou on soustrait les numérateurs en conservant le dénominateur commun.

$$\frac{a}{b} + \frac{c}{b} = \frac{a+c}{b} \quad \text{et} \quad \frac{a}{b} - \frac{c}{b} = \frac{a-c}{b}$$

4. Produit

Pour multiplier deux fractions, on multiplie les numérateurs entre eux et on multiplie les dénominateurs entre eux.

$$\frac{a}{b} \times \frac{c}{d} = \frac{ac}{bd}$$

Exemple

Soit $B = \frac{3}{14} \times \frac{22}{15}$. Calculer B et donner le résultat simplifié.

$B = \frac{3 \times 22}{14 \times 15}$	← On multiplie les numérateurs entre eux et les dénominateurs entre eux.
$B = \frac{3 \times 2 \times 11}{2 \times 7 \times 3 \times 5}$	← On décompose le numérateur et le dénominateur en produit de petits entiers afin de simplifier.
$B = \frac{11}{7 \times 5}$	
$\mathbf{B = \frac{11}{35}}$.	← On conclut.

5. Inverse

L'inverse d'une fraction $\frac{a}{b}$ non nulle est la fraction $\frac{b}{a}$.

6. Quotient

Diviser par une fraction revient à multiplier par l'inverse de cette fraction.

$$\frac{a}{b} \div \frac{c}{d} = \frac{a}{b} \times \frac{d}{c}$$

Exemple

Soit $C = \frac{5}{7} \div \frac{5}{2}$. Calculer C et écrire le résultat sous forme fractionnaire.

$C = \frac{5}{7} \times \frac{2}{5}$	← Diviser par $\frac{5}{2}$ revient à multiplier par $\frac{2}{5}$.
$\mathbf{C = \frac{2}{7}}$.	← On simplifie par 5 et on conclut.

Calculer une somme algébrique avec des fractions

Énoncé **On donne $D = \frac{11}{30} + \frac{1}{6} - \frac{4}{5}$. Calculer D et donner le résultat sous forme d'une fraction irréductible.**

Corrigé pas à pas

$D = \frac{11}{30} + \frac{1 \times 5}{6 \times 5} - \frac{4 \times 6}{5 \times 6}$ ← On écrit les trois fractions avec le même dénominateur 30.

$D = \frac{11}{30} + \frac{5}{30} - \frac{24}{30}$

$D = \frac{11 + 5 - 24}{30}$ ← On calcule la somme algébrique des numérateurs en conservant le dénominateur commun.

$D = \frac{-8}{30}$

$D = \frac{-4 \times 2}{15 \times 2}$ ← On décompose le numérateur et le dénominateur en produits.

$\mathbf{D = \frac{-4}{15}}$. ← On simplifie les facteurs communs au numérateur et au dénominateur.

Calculer avec des fractions en respectant les priorités

Énoncé **On donne $E = \frac{2}{7} - \frac{3}{7} \times \frac{1}{5} + \frac{2}{5}$. Calculer E et donner le résultat sous forme d'une fraction irréductible.**

Corrigé pas à pas

$E = \frac{2}{7} - \frac{3}{35} + \frac{2}{5}$ ← On commence par la multiplication, prioritaire sur la soustraction et sur l'addition.

$E = \frac{10}{35} - \frac{3}{35} + \frac{14}{35}$ ← On écrit les trois fractions avec le même dénominateur 35.

$E = \frac{10 - 3 + 14}{35}$ ← On calcule la somme algébrique des numérateurs en conservant le dénominateur commun.

$E = \frac{21}{35}$

$E = \frac{3 \times 7}{5 \times 7}$ ← On décompose le numérateur et le dénominateur en produits.

$\mathbf{E = \frac{3}{5}}$. ← On simplifie les facteurs communs au numérateur et au dénominateur.

Pour bien débuter

1 ★

Simplifier les fractions suivantes :

$A = \dfrac{14}{26}$ $B = \dfrac{33}{51}$ $C = \dfrac{85}{25}$ $D = \dfrac{-105}{140}$

→ *Corrigé p. 18*

2 ★★

Écrire chaque expression sous forme d'une fraction irréductible.

$A = \dfrac{4}{77} \times \dfrac{21}{6}$ $B = \dfrac{25}{4} \times \dfrac{6}{55}$ $C = \dfrac{26}{121} \times \dfrac{77}{65}$

→ *Corrigé p. 18*

3 ★★

Écrire chaque expression sous forme d'une fraction simplifiée.

$A = \dfrac{8}{14} \div \dfrac{22}{49}$ $B = \dfrac{18}{7} \div \dfrac{6}{10}$ $C = \dfrac{\frac{3}{5}}{\frac{21}{20}}$

→ *Corrigé p. 18*

Pour s'entraîner

4 ★★

On donne le nombre : $A = \dfrac{3}{7} - \dfrac{2}{7} \times \dfrac{21}{8}$.

Calculer A et donner le résultat sous la forme d'une fraction irréductible. Écrire toutes les étapes de calcul.

→ *Corrigé p. 18*

5 ★★

Calculer A et donner le résultat sous la forme d'une fraction simplifiée :

$A = \dfrac{3}{4} + \dfrac{1}{2} \times \left(\dfrac{2}{3} - 1\right)$.

→ *Corrigé p. 19*

6 ★★★

Écrire A sous forme d'une fraction irréductible :

$$A = \dfrac{\frac{4}{3} - 1}{\frac{7}{6} - 2}.$$

→ *Corrigé p. 19*

Sujets du brevet

7 ★★

Soit le nombre : $A = \frac{4}{5} - \frac{7}{5} \times \frac{10}{4}$.

Calculer A. On donnera le résultat sous la forme d'une fraction irréductible, puis on donnera sa valeur décimale.

→ Corrigé p. 19

8 ★★

On pose : $A = \frac{5}{7} + \frac{5}{7} \times \left(5 + \frac{1}{2}\right)$.

Calculer A. Présenter le résultat sous la forme d'une fraction irréductible.

→ Corrigé p. 20

9 ★★★

On donne l'expression suivante : $A = \frac{\frac{2}{3}}{\frac{5}{6}} - \frac{2}{5}$.

En indiquant toutes les étapes des calculs, écrire A sous la forme d'une fraction irréductible.

→ Corrigé p. 20

10 ★★★

Le marnage désigne la différence de hauteur entre la basse mer et la pleine mer qui suit. On considère qu'à partir du moment où la mer est basse, celle-ci monte de $\frac{1}{12}$ du marnage pendant la première heure, de $\frac{2}{12}$ pendant la deuxième heure, de $\frac{3}{12}$ pendant la troisième heure, de $\frac{3}{12}$ pendant la quatrième heure, de $\frac{2}{12}$ pendant la cinquième heure et de $\frac{1}{12}$ pendant la sixième heure. Au cours de chacune de ces heures, la montée de la mer est supposée régulière.

1° À quel moment la montée de la mer atteint-elle le quart du marnage ?

2° À quel moment la montée de la mer atteint-elle le tiers du marnage ?

→ Corrigé p. 20

1 → *Énoncé p. 16*

$A = \frac{14}{26} = \frac{2 \times 7}{2 \times 13} = \mathbf{\frac{7}{13}}$;

$B = \frac{33}{51} = \frac{3 \times 11}{3 \times 17} = \mathbf{\frac{11}{17}}$;

$C = \frac{85}{25} = \frac{5 \times 17}{5 \times 5} = \mathbf{\frac{17}{5}}$;

$D = \frac{-105}{140} = \frac{-3 \times 5 \times 7}{2 \times 5 \times 7 \times 2} = \mathbf{\frac{-3}{4}}$.

Rappel

Pour simplifier une fraction, on écrit le numérateur et le dénominateur comme produit du même entier k et on simplifie ensuite par k.

$\frac{a \times k}{b \times k} = \frac{a}{b}$.

2 → *Énoncé p. 16*

$A = \frac{4}{77} \times \frac{21}{6} = \frac{2 \times 2 \times 3 \times 7}{7 \times 11 \times 2 \times 3} = \mathbf{\frac{2}{11}}$;

Méthode

Pour effectuer le produit de fractions, on multiplie les numérateurs entre eux et les dénominateurs entre eux, mais il est plus simple de simplifier avant de calculer les produits au numérateur et au dénominateur.

$B = \frac{25}{4} \times \frac{6}{55} = \frac{25 \times 6}{4 \times 55} = \frac{5 \times 5 \times 2 \times 3}{2 \times 2 \times 5 \times 11} = \frac{5 \times 3}{2 \times 11} = \mathbf{\frac{15}{22}}$;

$C = \frac{26}{121} \times \frac{77}{65} = \frac{26 \times 77}{121 \times 65} = \frac{2 \times 13 \times 11 \times 7}{11 \times 11 \times 13 \times 5} = \frac{2 \times 7}{11 \times 5} = \mathbf{\frac{14}{55}}$.

3 → *Énoncé p. 16*

$A = \frac{8}{14} \div \frac{22}{49} = \frac{8}{14} \times \frac{49}{22} = \frac{2 \times 2 \times 2 \times 7 \times 7}{2 \times 7 \times 2 \times 11} = \frac{2 \times 7}{11} = \mathbf{\frac{14}{11}}$;

$B = \frac{18}{7} \div \frac{6}{10} = \frac{18}{7} \times \frac{10}{6} = \frac{6 \times 3 \times 10}{7 \times 6} = \mathbf{\frac{30}{7}}$;

$C = \frac{\frac{3}{5}}{\frac{21}{20}} = \frac{3}{5} \times \frac{20}{21} = \frac{3 \times 5 \times 4}{5 \times 7 \times 3} = \mathbf{\frac{4}{7}}$.

Piège à éviter

Pour calculer $\frac{a}{b} \div \frac{c}{d}$, seule la fraction $\frac{c}{d}$ par laquelle on divise doit être inversée.

4 → *Énoncé p. 16*

$A = \frac{3}{7} - \frac{2}{7} \times \frac{21}{8} = \frac{3 \times 8}{7 \times 8} - \frac{42}{56} = \frac{24 - 42}{56} = \frac{-18}{56} = \frac{-9 \times 2}{28 \times 2}$.

On obtient : $\mathbf{A = \frac{-9}{28}}$.

Rappel

Dans une succession d'opérations, on effectue les multiplications avant les soustractions.

5 → *Énoncé p. 16*

$$A = \frac{3}{4} + \frac{1}{2} \times \left(\frac{2}{3} - 1\right) = \frac{3}{4} + \frac{1}{2} \times \left(\frac{2}{3} - \frac{3}{3}\right)$$

$$= \frac{3}{4} + \frac{1}{2} \times \left(-\frac{1}{3}\right) = \frac{3}{4} - \frac{1}{6} = \frac{9}{12} - \frac{2}{12}.$$

> **Rappel**
> Les calculs entre parenthèses sont prioritaires.

On obtient : $\boldsymbol{A = \frac{7}{12}}$.

6 → *Énoncé p. 16*

Dans ce genre de calcul, on commence par effectuer les soustractions car la barre de fraction donne lieu à des priorités au numérateur et au dénominateur.

$$A = \frac{\frac{4}{3} - 1}{\frac{7}{6} - 2} = \frac{\frac{4}{3} - \frac{3}{3}}{\frac{7}{6} - \frac{12}{6}} = \frac{\frac{1}{3}}{\frac{-5}{6}} = \frac{1}{3} \times \frac{-2 \times 3}{5}.$$

On obtient : $\boldsymbol{A = \frac{-2}{5}}$.

> **Conseil**
> Avant de vouloir appliquer la règle de division par une fraction, on effectue les calculs au numérateur et au dénominateur pour avoir le quotient de deux fractions.

7 → *Énoncé p. 17*

$$A = \frac{4}{5} - \frac{7}{5} \times \frac{10}{4}$$

$$= \frac{4}{5} - \frac{7 \times 5 \times 2}{5 \times 2 \times 2}$$

$$= \frac{4 \times 2}{5 \times 2} - \frac{35}{10}$$

$$= \frac{8 - 35}{10}.$$

> **Astuce**
> Simplifier le produit prioritaire avant d'entreprendre la soustraction.

On obtient : $\boldsymbol{A = \frac{-27}{10}}$.

On a aussi : $\boldsymbol{A = -2{,}7}$.

8 → *Énoncé p. 17*

$$A = \frac{5}{7} + \frac{5}{7} \times \left(5 + \frac{1}{2}\right)$$
$$= \frac{5}{7} + \frac{5}{7} \times \left(\frac{10}{2} + \frac{1}{2}\right)$$
$$= \frac{5 \times 2}{7 \times 2} + \frac{5 \times 11}{7 \times 2}$$
$$= \frac{10 + 55}{14}.$$

On a donc : $\boldsymbol{A = \frac{65}{14}}$.

> **Rappel**
> L'ordre des priorités pour les calculs est :
> – les calculs entre parenthèses ;
> – puis les multiplications et les divisions ;
> – enfin les additions et les soustractions.

9 → *Énoncé p. 17*

$$A = \frac{\frac{2}{3}}{\frac{5}{6}} - \frac{2}{5} = \frac{2}{3} \times \frac{6}{5} - \frac{2}{5} = \frac{2}{3} \times \frac{2 \times 3}{5} - \frac{2}{5} = \frac{4}{5} - \frac{2}{5}.$$

On obtient : $\boldsymbol{A = \frac{2}{5}}$.

> **Conseil**
> Traiter d'abord la division et simplifier son résultat avant de vouloir soustraire.

10 → *Énoncé p. 17* 1° On a $\frac{1}{12} + \frac{2}{12} = \frac{3}{12} = \frac{3}{3 \times 4} = \frac{1}{4}$.

La montée de la mer atteint le quart du marnage au bout de 2 heures.

2° On veut atteindre un tiers du marnage.

Or on a $\frac{1}{3} - \frac{1}{4} = \frac{4}{12} - \frac{3}{12} = \frac{1}{12}$.

Après être montée d'un quart du marnage en 2 heures, la mer doit encore monter de un douzième de marnage, c'est-à-dire du tiers de ce qu'elle monte pendant la troisième heure. Comme un tiers d'heure vaut 20 minutes, **la montée de la mer atteint le tiers du marnage au bout de 2 heures et 20 minutes**.

> **Rappel**
> Utiliser 1 h = 60 min pour exprimer un tiers d'heure en minutes.

CHAPITRE 2 Arithmétique

1. Définitions

Soit a, b et n trois entiers non nuls tels que $n = a \times b$.
a et b sont des **diviseurs** de n.
n est un **multiple** de a et de b.

Remarque : Pour tout entier n non nul, $n = 1 \times n$ donc 1 et n sont des diviseurs de n.

Exemple

Trouver tous les diviseurs de 48.

$48 \div 1 = 48$ $48 \div 2 = 24$ $48 \div 3 = 16$ $48 \div 4 = 12$ $48 \div 5 = 9{,}6$ $48 \div 6 = 8$	← On divise par les entiers successifs.
$48 \div 7 \approx 6{,}8$ donc 48 n'est pas divisible par 7. **Les diviseurs de 48 sont : {1; 2; 3; 4; 6; 8; 12; 16; 24; 48}.**	← On s'arrête là car le quotient est plus petit que le diviseur. On obtient ainsi tous les diviseurs de 48 en tenant compte des résultats.

2. Nombres premiers

Un entier naturel est dit **premier** s'il possède exactement deux diviseurs.
Les nombres premiers inférieurs à 50 sont :

2 – 3 – 5 – 7 – 11 – 13 – 17 – 19 – 23 – 29 – 31 – 37 – 41 – 43 – 47

Exemple

Écrire 1 386 comme produit de facteurs premiers.

1 386 est pair :	← On teste la divisibilité du nombre par le plus petit nombre premier (2).
Un facteur est 2. $1\,386 \div 2 = 693$ 693 est impair : il n'est pas divisible par 2.	← Si c'est divisible, on note ce facteur et on recommence le test avec le quotient du nombre par ce facteur.
$693 \div 3 = 231$ *Un facteur est 3.* $231 \div 3 = 77$	← Sinon, on teste le facteur premier suivant.
Un facteur est 3. $77 \div 3 \approx 25{,}67$ $77 \div 5 = 15{,}4$ $77 \div 7 = 11$ *Un facteur est 7.* *Un facteur est 11.*	← Un facteur premier peut être écrit plusieurs fois.
$1\,386 = 2 \times 3 \times 3 \times 7 \times 11$.	← On écrit le produit de tous les facteurs premiers notés.

3. Nombres premiers entre eux

Deux entiers sont dits **premiers entre eux** s'ils n'ont pas de facteur commun dans leurs décompositions en facteurs premiers.

Une fraction $\frac{a}{b}$ est dite irréductible si a et b sont premiers entre eux.

Exemple

Montrer que 45 et 33 sont premiers entre eux.

$45 = 3 \times 3 \times 5$ $32 = 2 \times 2 \times 2 \times 2 \times 2$	← On décompose en facteurs premiers 45 et 33. ← Puis on regarde s'ils ont des facteurs communs.
45 et 33 *n*'ont pas de facteurs premiers communs dans leur décomposition.	
Ils sont donc premiers entre eux.	← On conclut.

Montrer qu'une somme est un multiple de 7

Énoncé **Soit a et b deux multiples de 7.**
Montrer que la somme $a+b$ est un multiple de 7.

Corrigé pas à pas

Soit a et b deux multiples de 7.
Il existe deux entiers a' et b' tels que $a = 7a'$ et $b = 7b'$.

← On écrit a et b comme des multiples de 7.

On a alors :
$a + b = 7a' + 7b'$
$= 7(a' + b')$ avec $a' + b'$ qui est un entier.

← On factorise par 7.

$a+b$ est donc un multiple de 7.

← On conclut.

Montrer que deux nombres ne sont pas premiers entre eux

Énoncé **Les nombres 78 et 105 sont-ils premiers entre eux ?**
Justifier la réponse sans calculer leur PGCD.

Corrigé pas à pas

$78 = 2 \times 3 \times 13$
$105 = 3 \times 5 \times 7$

← On décompose les nombres en produits de facteurs premiers.

78 et 105 ont 3 comme facteur commun dans les décompositions.

← On recherche les facteurs communs dans les décompositions de 78 et 105.

Ces nombres ne sont donc pas premiers entre eux.

← On conclut.

Prouver qu'un entier est premier

Énoncé **Montrer que le nombre 149 est premier.**

Corrigé pas à pas

149 est impair, donc il n'est pas divisible par 2.

$149 \div 3 \approx 49{,}67$, donc 149 n'est pas divisible par 3.

149 se termine par un 9, donc il n'est pas divisible par 5.

$149 \div 7 \approx 21{,}29$, donc 149 n'est pas divisible par 7.

$149 \div 11 \approx 13{,}55$, donc 149 n'est pas divisible par 11.

$149 \div 13 \approx 11{,}46$, donc 149 n'est pas divisible par 13.

149 est un nombre premier.

← On teste la divisibilité du nombre par les nombres premiers 2, 3, 5…

← On obtient un quotient plus petit que le diviseur, donc on s'arrête et on conclut.

Rendre une fraction irréductible

Énoncé **Rendre la fraction $\frac{104}{78}$ irréductible.**

Corrigé pas à pas

$104 = 2 \times 2 \times 2 \times 13$

$78 = 2 \times 3 \times 13$

← On effectue la décomposition en facteurs premiers de 104 et 78.

$$\frac{104}{78} = \frac{2 \times 2 \times 2 \times 13}{2 \times 3 \times 13}$$

← On écrit la fraction avec les décompositions.

$$\frac{104}{78} = \frac{2 \times 2}{3} = \frac{4}{3}$$

← On enlève les facteurs communs.

$\frac{4}{3}$ **est irréductible.**

← On conclut.

Pour bien débuter

1 ★★

1° Décomposer en produits de facteurs premiers 1 845 et 1 312.

2° Prendre la fraction $\frac{1\,312}{1\,845}$.

→ Corrigé p. 28

2 ★

Montrer que 135 et 340 ne sont pas premiers entre eux, sans faire de calcul.

→ Corrigé p. 28

3 ★★

On sait que les entiers naturels a et b sont des multiples de 11 et que $a > b$. Que peut-on en déduire pour la somme $a + b$? Et pour la différence $a - b$?

→ Corrigé p. 28

4 ★★

Montrer que le nombre 101 est premier.

→ Corrigé p. 28

Pour s'entraîner

5 ★★

1° Montrer que les nombres 343 et 720 sont premiers entre eux.

2° Que peut-on en déduire pour la fraction $\frac{343}{720}$?

→ Corrigé p. 29

6 ★★★

Deux ampoules clignotent. L'une s'allume toutes les 45 secondes et l'autre toutes les 33 secondes. À 10 h 24, elles s'allument ensemble.
Déterminer l'heure à laquelle elles s'allument de nouveau ensemble la prochaine fois.

→ Corrigé p. 29

7 ★★

1° Les nombres 682 et 352 sont-ils premiers entre eux ? Justifier.

2° Décomposer en produits de facteurs premiers 682 et 352.

3° Rendre irréductible la fraction $\frac{682}{352}$.

→ Corrigé p. 30

8 ★★

Écrire sous forme de produits de facteurs premiers les nombres :

a) 98 ;

b) 105.

→ Corrigé p. 30

9 ★★★

1° Écrire les nombres $A = 77$ et $B = 28$ sous forme de produits de facteurs premiers.

2° Rendre irréductible la fraction $\frac{77}{28}$.

→ Corrigé p. 30

10 ★★★

Soit n, $n + 1$ et $n + 2$ trois entiers naturels consécutifs.
Montrer que leur somme est un multiple de 3.

→ Corrigé p. 30

11 ★★★

On pose $D = 3(2x - 8) - 2(5x - 7)$.
x étant un nombre entier, supérieur à 1, montrer que D est un multiple de 2.

→ Corrigé p. 31

12 ★★

Préciser si les affirmations suivantes sont vraies ou fausses. Justifier.

1° Les nombres 570 et 795 sont premiers entre eux.

2° La somme de deux multiples de 5 est toujours un multiple de 5.

→ Corrigé p. 31

13 ★★

Rendre irréductible le quotient $\frac{126}{175}$.

→ Corrigé p. 31

Sujets du brevet

14 ★★

Parmi les propositions ci-dessous, quelle est la fraction irréductible de $\frac{882}{1\,134}$? Justifier.

a) $\frac{14}{9}$ *b)* $\frac{63}{81}$ *c)* $\frac{7}{9}$

→ Corrigé p. 31

15 ★★★

1° Montrer que 97 est un nombre premier.

2° En déduire les décompositions en facteurs premiers des nombres 485 et 582.

→ Corrigé p. 32

16 ★★★

Voici le plan de deux lignes de bus.

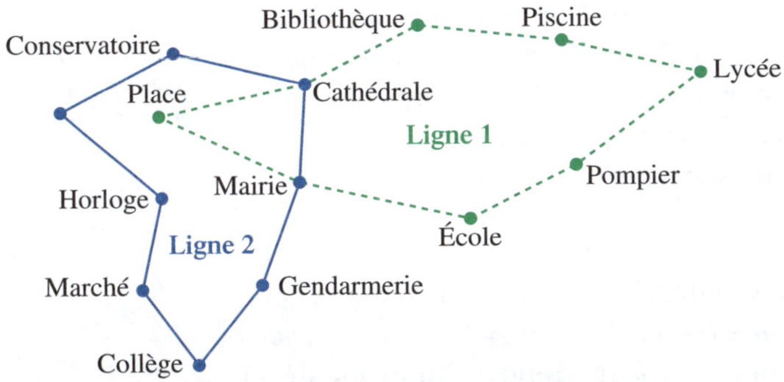

C'est à 6 h 30 que les deux bus des lignes 1 et 2 partent de l'arrêt « Mairie » dans le sens des aiguilles d'une montre. Le bus de la ligne 1 met 3 minutes entre chaque arrêt (temps de stationnement compris), tandis que le bus de la ligne 2 met 4 minutes. Tous les deux vont effectuer le circuit complet un grand nombre de fois. Ils s'arrêteront juste après 20 h.

Est-ce que les deux bus vont se retrouver à un moment de la journée à l'arrêt « Mairie » en même temps ? Si oui, donner tous les horaires précis de ces rencontres.

→ Corrigé p. 32

1 → Énoncé p. 25 **1°** • 1 845 est impair donc il n'est pas divisible par 2.
$1\,845 \div 3 = 615$
$615 \div 3 = 205$
$205 \div 5 = 41$
$41 \div 7 \approx 5{,}85$ qui est plus petit que 7 donc on s'arrête.
On a donc $1\,845 = 3 \times 3 \times 5 \times 41$.

> **Conseil**
> On divise par 2 ; 3 ; 5 ; 7.

• $1\,312 \div 2 = 656$
$656 \div 2 = 328$
$328 \div 2 = 164$
$164 \div 2 = 82$
$82 \div 2 = 41$
On reconnaît que 41 est premier grâce aux calculs précédents donc on s'arrête.
On a donc $1\,312 = 2 \times 2 \times 2 \times 2 \times 2 \times 41$.

> **Conseil**
> Penser aux premiers calculs qui peuvent aider.

2° $\dfrac{1312}{1845} = \dfrac{2 \times 2 \times 2 \times 2 \times 2 \times 41}{3 \times 3 \times 5 \times 41} = \dfrac{2 \times 2 \times 2 \times 2 \times 2}{3 \times 3 \times 5} = \dfrac{32}{45}$ **qui est la fraction irréductible.**

2 → Énoncé p. 25 135 et 340 sont des multiples de 5, donc ils sont divisibles par 5. Ils auront au moins 5 en commun dans leurs décompositions en produits de facteurs premiers.
135 et 340 ne sont pas premiers entre eux.

> **Rappel**
> Un nombre entier est divisible par 5 quand son chiffre des unités est 0 ou 5.

3 → Énoncé p. 25 Soit a et b deux multiples de 11.
Il existe deux entiers a' et b' tels que $a = 11a'$ et $b = 11b'$.
On a alors : $a + b = 11a' + 11b' = 11(a' + b')$ avec $a' + b'$ qui est un entier. **$a + b$ est donc un multiple de 11.**
On a aussi : $a - b = 11a' - 11b' = 11(a' - b')$ avec $a' - b'$ qui est un entier.
$a - b$ est donc un multiple de 11.

> **Astuce**
> Écrire a et b comme des produits de 11 par des entiers.

4 → Énoncé p. 25 On a 101 impair, donc 101 n'est pas divisible par 2.
$101 \div 3 \approx 33{,}67$, donc 101 n'est pas divisible par 3.
101 se termine par un 1, donc 101 n'est pas divisible par 5.
$101 \div 7 \approx 14{,}43$, donc 101 n'est pas divisible par 7.
$101 \div 11 \approx 9{,}18$, donc 101 n'est pas divisible par 11.
Comme 101 *n*'est divisible par aucun nombre premier entre 2 et 11, **101 est premier.**

> **Rappel**
> La liste des nombres premiers commence par 2, 3, 5, 7, 11, 13…

5 → Énoncé p. 25 • 343 est impair donc pas divisible par 2.
343 ÷ 3 ≈ 114,33
343 n'est pas divisible par 5 car il se termine par 3.
343 ÷ 7 = 49
49 ÷ 7 = 7 qui est premier donc on s'arrête.
On a donc 343 = 7 × 7 × 7.

• 720 ÷ 2 = 360
360 ÷ 2 = 180
180 ÷ 2 = 90
90 ÷ 2 = 45
45 ÷ 3 = 15
15 ÷ 3 = 5 qui est premier donc on s'arrête.
On a donc 720 = 2 × 2 × 2 × 2 × 3 × 3 × 5.
On remarque que 343 et 720 n'ont pas de facteur premier commun ils sont donc premier entre eux.

6 → Énoncé p. 25 La première lampe s'allume à 45 s :
45 × 2 = 90 s, 45 × 3 = 135 s.
La deuxième lampe s'allume à 33 s : 33 × 2 = 66 s, 33 × 3 = 99 s.
Le nombre cherché doit être dans la table de 33 et dans la table de 45.
Il faut un multiple commun, et on veut le plus petit possible car il faut que ce soit la prochaine fois. Pour cela, on décompose en facteurs premiers 45 et 33.
45 = 3 × 3 × 5
33 = 3 × 11
On écrit ce qui est commun et on rajoute ce qui est différent dans chaque décomposition, on obtient donc 3 × 3 × 5 × 11 = 495.
3 × 3 × 5 × 11 = 33 × 15 = 45 × 11.
Il s'est donc écoulé 495 secondes pour que les ampoules s'allument de nouveau ensemble.

Il faut alors déterminer l'heure.

495 = 8 × 60 + 15 (donc 8 minutes et 15 secondes).
Les deux ampoules s'allumeront de nouveau ensemble à 10 h 32 min 15s.

> **Rappel**
> Il y a 60 seconde dans une minute. On effectue une division par 60.

7 → *Énoncé p. 26* 1° Les nombres 682 et 352 sont divisibles par 2, ils ont donc au moins 2 comme facteur premier commun, **ils ne sont pas premiers entre eux.**

> **Rappel**
> Deux nombres sont premiers entre eux s'ils n'ont aucun facteur premier commun.

2° On décompose en facteurs premiers les deux nombres
On obtient $682 = 2 \times 11 \times 31$
De même $352 = 2 \times 2 \times 2 \times 2 \times 2 \times 11$
On peut donc écrire $\frac{682}{352} = \frac{2 \times 11 \times 31}{2 \times 2 \times 2 \times 2 \times 2 \times 11} = \frac{31}{2 \times 2 \times 2 \times 2} = \mathbf{\frac{31}{16}}$ **qui est irréductible.**

8 → *Énoncé p. 26* *a*) 98 est pair : 98 est divisible par 2.
$98 \div 2 = 49$, avec $49 = 7 \times 7$.
On a donc : $\mathbf{98 = 2 \times 7 \times 7}$.

> **Rappel**
> Les plus petits nombres premiers sont : 2 – 3 – 5 – 7 – 11 – 13 – 17 – 19.

b) 105 est impair, donc 105 n'est pas divisible par 2.
$105 \div 3 = 35$, donc 105 est divisible par 3.
$35 = 5 \times 7$, donc 35 est divisible par 5 et par 7.
On a donc : $\mathbf{105 = 3 \times 5 \times 7}$.

9 → *Énoncé p. 26* 1° 77 n'est divisible ni par 2, ni par 3, ni par 5 selon les critères de divisibilité.
On a : $\boldsymbol{A} = \mathbf{77 = 7 \times 11}$, avec 7 et 11 premiers ;
$B = 28 = 2 \times 14$, soit $\boldsymbol{B} = \mathbf{2 \times 2 \times 7}$,
avec 2 et 7 premiers.

> **Méthode**
> Utiliser la décomposition en facteurs premiers pour simplifier.

2° On a donc : $\frac{77}{28} = \frac{7 \times 11}{2 \times 2 \times 7} = \frac{11}{2 \times 2}$.

On a donc : $\frac{77}{28} = \mathbf{\frac{11}{4}}$.

10 → *Énoncé p. 26* On a :
$n + (n + 1) + (n + 2) = 3n + 3 = 3(n + 1)$.
La somme de trois entiers naturels consécutifs n, $n + 1$ et $n + 2$ **est un multiple de 3**.

> **Rappel**
> Un multiple de 3 est un nombre qu'on peut écrire sous la forme $3a$ avec a entier.

11 → *Énoncé p. 26* On développe D :

$D = 6x - 24 - (10x - 14) = 6x - 24 - 10x + 14$

$D = -4x - 10$

On factorise D : $D = 2(-2x - 5)$

***D* est donc de la forme 2*xn* c'est donc un multiple de 2.**

> **Rappel**
> Quand il y a un signe « – » (moins) devant une parenthèse, pour pouvoir l'enlever, on change les signes de chaque terme.

12 → *Énoncé p. 26* 1° Les nombres 570 et 795 sont deux nombres divisibles par 5. Ils ont au moins 5 dans leurs décompositions en produits de facteurs premiers. Les nombres 570 et 795 ne sont pas premiers entre eux. **L'affirmation « Les nombres 570 et 795 sont premiers entre eux » est fausse.**

2° Soit a et b deux multiples de 5.

Il existe deux entiers a' et b' tels que $a = 5a'$ et $b = 5b'$.

> **Rappel**
> Un multiple de 5 est un nombre qu'on peut écrire sous la forme 5*a* avec *a* entier.

On a alors :

$a + b = 5a' + 5b' = 5(a' + b')$ avec $a' + b'$ qui est un entier.

$a + b$ est donc un multiple de 5.

L'affirmation « La somme de deux multiples de 5 est toujours un multiple de 5 » est juste.

13 → *Énoncé p. 26* On décompose 126 et 175 en facteurs premiers.

$126 = 2 \times 3 \times 3 \times 7$

$175 = 5 \times 7 \times 7$

> **Conseil**
> Pour décomposer en produits de facteurs premiers, on divise par 2 ; 3 ; 5 ; 7…

On peut donc écrire :

$\frac{126}{175} = \frac{2 \times 3 \times 3 \times 7}{5 \times 5 \times 7} = \frac{2 \times 3 \times 3}{5 \times 5} = \mathbf{\frac{18}{25}}$ **qui est donc irréductible.**

14 → *Énoncé p. 27* On décompose 882 et 1 134 en facteurs premiers.

$882 = 2 \times 3 \times 3 \times 7 \times 7$

$1\,134 = 2 \times 3 \times 3 \times 3 \times 3 \times 7$

On peut donc écrire $\frac{882}{1134} = \frac{2 \times 3 \times 3 \times 7 \times 7}{2 \times 3 \times 3 \times 3 \times 3 \times 7} = \frac{7}{3 \times 3} = \frac{7}{9}$ qui est donc irréductible.

La réponse est donc *c)* $\mathbf{\frac{7}{9}}$.

15 → *Énoncé p. 27* 1° D'après les critères de divisibilité, 97 n'est divisible ni par 2, ni par 3, ni par 5.

On a : $97 \div 7 \approx 13{,}86$, donc 97 n'est pas divisible par 7.

On a : $97 \div 11 \approx 8{,}82$, donc 97 n'est pas divisible par 11.

97 est un nombre premier.

> **Méthode**
> Vérifier que 97 n'est pas divisible par les nombres premiers inférieurs à $\sqrt{97}$.

2° 485 est divisible par 5, avec $485 \div 5 = 97$.

On a donc : $485 = 5 \times 97$, avec 5 et 97 premiers.

582 est divisible par 2, avec $582 \div 2 = 291$.

Comme $2 + 9 + 1 = 12 = 3 \times 4$, 291 est divisible par 3, avec $291 \div 3 = 97$.

On a donc : $582 = 2 \times 291$, soit **$582 = 2 \times 3 \times 97$**, avec 2, 3 et 97 premiers.

16 → *Énoncé p. 27* Pour revenir à l'arrêt « Mairie », le bus de la ligne 1 parcours 8 arrêts avec 3 minutes par arrêt il met donc 24 minutes à faire un tour complet.

Pour revenir à l'arrêt « Mairie », le bus de la ligne 2 parcours 8 arrêts avec 4 minutes par arrêt il met donc 32 minutes à faire un tour complet.

Le nombre cherché doit donc être dans la table de 24 et dans la table de 32.

Il faut un nombre qui soit dans la table de 24 et de 32, et on veut le plus petit possible car il faut que ce soit la prochaine fois. Pour cela, on décompose en facteurs premiers 24 et 32.

> **Astuce**
> On peut aussi écrire les tables de 24 et 32 et regarder le premier nombre commun.

$24 = 2 \times 2 \times 2 \times 3$

$32 = 2 \times 2 \times 2 \times 2 \times 2$

Le plus petit multiple commun à 24 et 32, minutage où se retrouvent les bus à l'arrêt « Mairie » est donc : $2 \times 2 \times 2 \times 2 \times 2 \times 3 = 96$. Les bus se retrouveront toutes les 96 minutes, autrement dit toutes les 1 h 36 min.

La première fois que les bus sont ensembles il est 10 h, on rajoute donc 1 h 36 min à chaque fois et on s'arrête quand on va dépasser 20 h, heure de fin de service des bus.

Les bus se retrouvent donc à 11 h 36 min ; 13 h 12 min ; 14 h 48 min ; 16 h 24 min ; 18 h 00 et 19 h 36 min.

CHAPITRE 3 Puissances de 10

1. Définitions

Soit n un entier supérieur ou égal à 1.

• On a : $10^n = \underbrace{10 \times 10 \times \ldots \times 10}_{n \text{ facteurs}} = 1\,\underbrace{000\ldots\ldots0}_{n \text{ chiffres } 0}.$

10^n se lit « **10 puissance n** » ou encore « **10 exposant n** ».

• L'inverse de 10^n est 10^{-n} : on a donc $10^{-n} = \dfrac{1}{10^n} = 0{,}\underbrace{00\ldots\ldots1}_{n \text{ décimales}}.$

• À retenir : $10^1 = 10$ et $10^0 = 1$.

2. Règles de calcul

m et n désignent deux nombres relatifs.

• **Produit**

$10^m \times 10^n = 10^{m+n}.$

• **Quotient**

$\dfrac{10^m}{10^n} = 10^{m-n}.$

• **Puissance d'une puissance :** $(10^m)^n = 10^{m \times n}.$

Exemple

Calculer l'expression suivante : $B = \dfrac{150 \times 10^3 \times 8 \times 10^5}{6 \times 10^7}.$

Donner le résultat sous la forme $a \times 10^n$ avec a entier le plus petit possible.

$B = \dfrac{150 \times 8}{6} \times \dfrac{10^3 \times 10^5}{10^7}$	← On regroupe, d'une part, les nombres autres que les puissances de 10 et, d'autre part, les puissances de 10.
$B = \dfrac{6 \times 25 \times 8}{6} \times 10^{3+5-7}$	← On simplifie, si possible, la partie « fractionnaire » et on applique les règles de calcul sur les puissances de 10.
$B = 200 \times 10^1$	
$B = 2 \times 10^2 \times 10^1$	← On écrit 200 à l'aide d'une puissance de 10.
On obtient : $\boldsymbol{B = 2 \times 10^3}$.	← On conclut.

3. Écriture scientifique

L'écriture scientifique d'un nombre relatif est l'écriture de ce nombre sous la forme $a \times 10^n$ où a est un nombre décimal ayant un seul chiffre non nul avant la virgule et n un entier relatif.

Par exemple, l'écriture scientifique de 2 700 000 est $2,7 \times 10^6$.

Exemple

Écrire en notation scientifique le nombre $A = 0,005\ 27$.

Il faut déplacer la virgule de 3 rangs.	← On compte le nombre de rangs dont il faut déplacer la virgule pour avoir un seul chiffre non nul avant la virgule.
On déplace la virgule vers la droite donc l'exposant est négatif.	← On regarde le sens de déplacement, ce qui donne le signe de l'exposant.
On obtient : **$A = 5,27 \times 10^{-3}$.**	← On conclut.

4. Vocabulaire

Les grandeurs simples sont composées d'un préfixe et de l'unité d'expression.
Les préfixes à connaître sont :

giga	G	$1\ 000\ 000\ 000 = 10^9$	Milliard
méga	M	$1\ 000\ 000 = 10^6$	Million
kilo	k	$1\ 000 = 10^3$	Millier
milli	m	$0,001 = 10^{-3}$	Millième
micro	µ	$0,000\ 001 = 10^{-6}$	Millionième
nano	n	$0,000\ 000\ 001 = 10^{-9}$	Milliardième

Exemple

Compléter les égalités suivantes :

12,5 Mo = 12 500 ko	← 1 méga = 1 000 kilo car on passe de 10^3 à 10^6, il y a donc un facteur de 10^3 entre les deux nombres.
50 Go = 50 000 000 ko	← 1 giga = 1 000 000 kilo.
12,5 Mo = 12 500 ko	

Multiplier par une puissance de 10

Énoncé **Écrire chacun de ces nombres sous forme décimale :**

a) $\boldsymbol{A = 1{,}347\,249 \times 10^5}$; *b)* $\boldsymbol{B = 2{,}47 \times 10^{-3}}$.

Corrigé pas à pas

a) $A = 1{,}347\,249 \times 10^5$: l'exposant est $+5$.	← On examine la puissance de 10. L'exposant est positif.
On a : $A = \mathbf{134\,724{,}9}$.	← On déplace la virgule de 5 rangs vers la droite.
b) $B = 2{,}47 \times 10^{-3}$: l'exposant est -3.	← On examine la puissance de 10. L'exposant est négatif.
On a : $B = \mathbf{0{,}002\,47}$.	← On déplace la virgule de 3 rangs vers la gauche.

Écrire un nombre en notation scientifique

Énoncé **Écrire en notation scientifique le nombre** $\boldsymbol{B = 247{,}3 \times 10^4}$.

Corrigé pas à pas

$B = 2{,}473 \times 10^2 \times 10^4$	← On écrit 247,3 comme produit d'un nombre ayant un seul chiffre non nul avant la virgule par une puissance de 10.
$B = 2{,}473 \times 10^{2+4}$	← On donne l'écriture finale en utilisant les règles de calcul sur les puissances de 10.
On obtient : $\boldsymbol{B = 2{,}473 \times 10^6}$.	← On conclut.

Comparer des nombres écrits avec des puissances de 10

Énoncé **On donne les nombres :** $\boldsymbol{A = 5{,}23 \times 10^6}$; $\boldsymbol{B = 231 \times 10^4}$; $\boldsymbol{C = 0{,}04 \times 10^8}$. **Ranger ces nombres dans l'ordre croissant.**

Corrigé pas à pas

$A = 5{,}23 \times 10^6$; $B = 231 \times 10^4 = 2{,}31 \times 10^2 \times 10^4$ donc $B = 2{,}31 \times 10^6$; $C = 0{,}04 \times 10^8 = 4 \times 10^{-2} \times 10^8$ donc $C = 4 \times 10^6$.	← On écrit les trois nombres avec la même puissance de 10 (ici 6, par exemple).
On a : $2{,}31 < 4 < 5{,}23$.	← On compare les nombres autres que les puissances de 10.
Donc on a : $\boldsymbol{B < C < A}$.	← On conclut.

débuter

male des nombres suivants :

$B = 3{,}21 \times 10^4$; $C = 14 \times 10^6$;

$D = 146\ 735{,}1 \times 10^{-5}$; $E = 4{,}311 \times 10^{-6}$.

→ Corrigé p. 38

2 ★★

Écrire les nombres suivants en notation scientifique :

$A = 543\ 156$; $B = 0{,}000\ 123$;

$C = 5\ 104{,}003$; $D = 0{,}105$.

→ Corrigé p. 38

3 ★★

Écrire les nombres suivants en notation scientifique :

$A = 117 \times 10^3$; $B = 0{,}068\ 5 \times 10^4$; $C = 40{,}09 \times 10^{-6}$.

→ Corrigé p. 38

Pour s'entraîner

4 ★★

On pose : $B = \dfrac{15 \times 10^{-3} \times 7 \times 10^7}{5 \times 10^2}$.

Calculer B. Présenter le résultat sous la forme scientifique.

→ Corrigé p. 38

5 ★★★

On pose : $C = \dfrac{15 \times (10^{-3})^2}{6 \times 10^5 \times 10^3}$.

Donner l'expression scientifique de C en indiquant toutes les étapes des calculs.

→ Corrigé p. 38

6 ★★★

Voici les diamètres de quelques planètes du système solaire :

Vénus : $12{,}102 \times 10^3$ km ; Terre : $127{,}56 \times 10^2$ km ;

Mars : $0{,}679\ 6 \times 10^4$ km ; Mercure : 4 878 km.

1° Exprimer chacune de ces données sous la forme $a \times 10^4$.

2° Classer ces planètes de la plus petite à la plus grande.

→ Corrigé p. 38

Sujets du brevet

7 ★★

On donne : $B = \dfrac{6 \times 10^{-7} \times 15 \times 10^{11}}{8 \times (10^2)^4}$.

Calculer B et donner son écriture scientifique, puis son écriture décimale (indiquer les étapes des calculs).

→ Corrigé p. 39

8 ★★

On donne le nombre : $B = \dfrac{3 \times 10^2 \times 1{,}8 \times 10^{-3}}{6 \times 10^4}$.

1° Donner l'écriture décimale de B.

2° Exprimer B en écriture scientifique.

→ Corrigé p. 39

9 ★★★

Voici les distances (en km) qui séparent le Soleil de trois planètes du système solaire :
Vénus : 105×10^6 ; Mars : $2\,250 \times 10^5$; Terre : $1{,}5 \times 10^8$.
Parmi ces trois planètes, quelle est celle qui est la plus éloignée du Soleil ?
Justifier.

→ Corrigé p. 39

10 ★★★

Une analyse médicale montre que chez un patient, il y a 5 millions de globules rouges par mm^3 de sang.

1° On estime à 6 litres la quantité de sang du patient.

a) Exprimer 6 litres en mm^3 à l'aide d'une notation scientifique.

b) Donner un ordre de grandeur du nombre de globules rouges présents dans le corps de ce patient.

2° Les globules rouges représentent 45 % du volume du sang.

a) Quel est le volume des globules rouges dans 1 mm^3 de sang ?

b) Quel est le volume d'un globule rouge en mm^3, puis en cm^3 ? On donnera les résultats en écriture scientifique.

→ Corrigé p. 39

1 → Énoncé p. 36 $A = 4{,}675 \times 10^2 = \mathbf{467{,}5}$;
$B = 3{,}21 \times 10^4 = \mathbf{32\ 100}$;
$C = 14 \times 10^6 = \mathbf{14\ 000\ 000}$;
$D = 146\ 735{,}1 \times 10^{-5} = \mathbf{1{,}467\ 351}$;
$E = 4{,}311 \times 10^{-6} = \mathbf{0{,}000\ 004\ 311}$.

> **Méthode**
> Pour multiplier par 10^n, on déplace la virgule de n rangs vers la droite.
> Pour multiplier par 10^{-n}, on déplace la virgule de n rangs vers la gauche.

2 → Énoncé p. 36 $A = 543\ 156 = \mathbf{5{,}431\ 56 \times 10^5}$;
$B = 0{,}000\ 123 = \mathbf{1{,}23 \times 10^{-4}}$;
$C = 5\ 104{,}003 = \mathbf{5{,}104\ 003 \times 10^3}$;
$D = 0{,}105 = 1{,}05 \times \mathbf{10^{-1}}$.

> **Conseil**
> Compter de combien de rangs il faut déplacer la virgule pour la placer à droite du premier chiffre non nul.

3 → Énoncé p. 36 $A = 117 \times 10^3$
$= 1{,}17 \times 10^2 \times 10^3$
$= \mathbf{1{,}17 \times 10^5}$;
$B = 0{,}068\ 5 \times 10^4 = 6{,}85 \times 10^{-2} \times 10^4 = \mathbf{6{,}85 \times 10^2}$;
$C = 40{,}09 \times 10^{-6} = 4{,}009 \times 10^1 \times 10^{-6} = \mathbf{4{,}009 \times 10^{-5}}$.

> **Méthode**
> Commencer par écrire le facteur autre que la puissance de 10 en notation scientifique.

4 → Énoncé p. 36
$$B = \frac{15 \times 10^{-3} \times 7 \times 10^7}{5 \times 10^2}$$
$$= \frac{3 \times 5 \times 7}{5} \times 10^{-3+7-2}$$
$$= 21 \times 10^2$$
$$= 2{,}1 \times 10^1 \times 10^2$$
On a donc : $\boldsymbol{B = 2{,}1 \times 10^3}$.

> **Méthode**
> Traiter d'une part les nombres autres que les puissances de 10 et d'autre part les puissances de 10.

5 → Énoncé p. 36
$$C = \frac{15 \times (10^{-3})^2}{6 \times 10^5 \times 10^3} = \frac{15}{6} \times \frac{10^{-3\times2}}{10^{5+3}} = 2{,}5 \times 10^{-6-8}.$$
On obtient : $\boldsymbol{C = 2{,}5 \times 10^{-14}}$.

> **Rappel**
> $(a^m)^p = a^{mp}$

6 → Énoncé p. 36 1° On obtient les diamètres suivants :
Vénus : $12{,}102 \times 10^3$ km $= 1{,}210\ 2 \times 10^1 \times 10^3$ km
$= \mathbf{1{,}210\ 2 \times 10^4}$ **km** ;
Terre : $127{,}56 \times 10^2$ km $= 1{,}275\ 6 \times 10^2 \times 10^2$ km
$= \mathbf{1{,}275\ 6 \times 10^4}$ **km** ;
Mars : $\mathbf{0{,}679\ 6 \times 10^4}$ **km** ;
Mercure : 4 878 km $= \mathbf{0{,}487\ 8 \times 10^4}$ **km**.

> **Astuce**
> Transformer les écritures pour avoir la même puissance de 10 pour pouvoir comparer.

2° Dans l'ordre croissant de taille, on a : **Mercure, Mars, Vénus et Terre.**

7 → *Énoncé p. 37*

$$B = \frac{6 \times 10^{-7} \times 15 \times 10^{11}}{8 \times (10^2)^4}$$
$$= \frac{2 \times 3 \times 15}{2 \times 4} \times 10^{-7+11-2\times4}$$
$$= \frac{45}{4} \times 10^{-4}$$
$$= 11{,}25 \times 10^{-4}$$
$$= 1{,}125 \times 10^1 \times 10^{-4}$$

Méthode
Traiter d'une part les nombres autres que les puissances de 10 et d'autre part les puissances de 10.

L'écriture scientifique de *B* est $1{,}125 \times 10^{-3}$.
L'écriture décimale de *B* est 0,001 125.

8 → *Énoncé p. 37* 1°

$$B = \frac{3 \times 10^2 \times 1{,}8 \times 10^{-3}}{6 \times 10^4}$$
$$= \frac{3 \times 6 \times 0{,}3}{6} \times 10^{2+(-3)-4}$$
$$= 0{,}9 \times 10^{-5}.$$

Astuce
Comme $18 = 6 \times 3$, on a $1{,}8 = 6 \times 0{,}3$.

On obtient : ***B* = 0,000 009**.

2° En écriture scientifique, on a $\boldsymbol{B = 9 \times 10^{-6}}$.

9 → *Énoncé p. 37* Pour comparer les distances, on les exprime avec la même puissance de 10.

Pour Vénus, on a :
$105 \times 10^6 = 1{,}05 \times 10^2 \times 10^6 = 1{,}05 \times 10^8$.
Pour Mars, on a :
$2\,250 \times 10^5 = 2{,}250 \times 10^3 \times 10^5 = 2{,}25 \times 10^8$.
Pour la Terre, on a : $1{,}5 \times 10^8$.
En comparant les facteurs devant les 10^8, on conclut que **Mars est la planète la plus éloignée du Soleil parmi les trois.**

Piège à éviter
Il ne faut pas comparer que les premiers facteurs des produits.

10 → *Énoncé p. 37* 1° *a)* On a 6 litres = 6 dm³ = $\boldsymbol{6 \times 10^6}$ **mm³**.

b) Le nombre de globules rouges présents dans le corps du patient est environ $6 \times 10^6 \times 5 \times 10^6$, soit $\boldsymbol{3 \times 10^{13}}$.

Rappel de cours
1 L = 10^6 mm³ 1 million = 10^6

2° *a)* Dans 1 mm³ de sang, le volume des globules rouges est **0,45 mm³**.

b) Le volume d'un globule rouge est 0,45 mm³ ÷ 5 000 000, soit $\boldsymbol{9 \times 10^{-8}}$ **mm³** ou $\boldsymbol{9 \times 10^{-11}}$ **cm³**.

CHAPITRE 4

Calcul littéral

1. Notations

• $1x$ se note x ; • $-1x$ se note $-x$; • $x \times x$ se note x^2.

Exemple

Calculer l'expression $A = 2x^2 - 3x + 1$ pour $x = -2$.

$A = 2 \times (-2)^2 - 3 \times (-2) + 1$	← On remplace la lettre x par sa valeur en remettant les signes × sous-entendus.
$= 2 \times 4 + 6 + 1$ $= 8 + 6 + 1$	← On effectue les calculs en respectant les priorités.
On obtient : $\mathbf{A = 15}$.	← On écrit le résultat.

2. Réduction

Réduire, c'est additionner ou soustraire les éléments semblables.

Exemple

Réduire les expressions suivantes : $A = 5a + 3a$; $B = x - 5x$; $C = 5x + 3 - (-7x + 5)$.

$A = (5 + 3)a = \mathbf{8a}$. $B = x - 5x = 1x - 5x = \mathbf{-4x}$.	← On fait les opérations sur les coefficients en gardant l'élément commun.
$C = 5x + 3 + 7x - 5$ $\mathbf{C = 12x - 2}$.	← Le signe « moins » s'applique à chaque terme à l'intérieur de la parenthèse. On prend alors l'opposés de chaque terme. On conclut.

3. Développement

Développer, c'est transformer un produit en somme algébrique. On peut utiliser les règles de distributivité :

- $a(b + c) = ab + ac$;
- $a(b - c) = ab - ac$;
- $(a + b)(c + d) = ac + ad + bc + bd$.

Exemple

Développer $A = (2x - 1)(3x - 2)$.

$A = 2x \times 3x - 2x \times 2$ $- 1 \times 3x + 1 \times 2$ $A = 6x^2 + 4x + 3x + 2$	← Chaque élément de la première parenthèse est multiplié par chaque élément de la seconde. On fait la règle des signes pour déterminer chaque signe. On fait (« – » × « – » = « + » puis $1 \times 2 = 2$).
$\mathbf{A = 6x^2 + 7x + 2}$	← On réduit la somme « en mettant » ensemble les éléments communs.

On peut utiliser l'identité remarquable :

$$(a + b)(a - b) = a^2 - b^2.$$

Remarque : Le carré de $2x$ est $(2x)^2$ soit $4x^2$.

Exemple

Développer l'expression $B = (6x + 7)(6x - 7)$.

$B = (6x + 7)(6x - 7) = (6x)^2 - 7^2$. $\mathbf{B = 36x^2 - 49}$	← On reconnaît l'identité remarquable. ← $(6x)^2 = 6^2 \times x^2$, puis on écrit le résultat.

4. Factorisation

Factoriser, c'est transformer une somme algébrique en un produit. On peut utiliser les règles de distributivité :

- $ab + ac = a(b + c)$;
- $ab - ac = a(b - c)$.

Exemple

Factoriser $C = 5a + 15b$.

$C = 5a + 15b = 5 \times a + 5 \times 3b$ $\mathbf{C = 5(a + 3b)}$	← On décompose pour mettre en évidence un facteur commun. On écrit le facteur commun devant la parenthèse et les éléments restant dedans. ← $(6x)^2 = 6^2 \times x^2$, puis on écrit le résultat.

On peut utiliser l'identité remarquable :

$$a^2 - b^2 = (a + b)(a - b).$$

Exemple

Factoriser $F = x^2 - 13$.

$F = x^2 - 13 = x^2 - (\sqrt{13})^2$ $\mathbf{F = (x - \sqrt{13})(x + \sqrt{13})}$	← On applique $(a - b)(a + b)$ et on conclut.

Développer à l'aide d'un carré

Énoncé **Développer puis réduire l'expression $C = (2x + 3)^2$.**

Corrigé pas à pas

$C = (2x + 3)^2 = (2x + 3)(2x + 3)$	← On remarque que $A^2 = A \times A$, on peut alors développer.
$C = 2x \times 2x + 2x \times 3 + 3 \times 2x + 3 \times 3$ $C = 4x^2 + 6x + 6x + 9$	← On réduit alors l'expression.
$\mathbf{C = 4x^2 + 12x + 9.}$	← On écrit le résultat.

Développer un produit précédé d'un signe –

Énoncé **Développer et réduire l'expression $D = 3(2x + 1) - 2(6 - x)$.**

Corrigé pas à pas

$D = 3 \times 2x + 3 \times 1 - (2 \times 6 - 2 \times x)$	← On développe en gardant la parenthèse devant le signe – (moins).
$D = 6x + 3 - (12 - 2x)$	← On effectue les multiplication.
$D = 6x + 3 - 12 + 2x$	← On change les signes des éléments dans la parenthèse qui était après le signe – (moins).
$\mathbf{D = 8x - 9.}$	← On réduit pour écrire le résultat.

Factoriser une expression avec un facteur commun

Énoncé **Factoriser l'expression $E = 12x^2 - 15x$.**

Corrigé pas à pas

$E = 12x^2 - 15x = 3x \times 4x - 3x \times 5$ $\mathbf{E = 3x(4x - 5).}$	← On fait apparaître les facteurs communs. On met le facteur commun devant la parenthèse et les éléments restants à l'intérieur, ce qui donne le résultat.

Pour bien débuter

1 ★

On considère l'expression : $A = x^2 - 5x + 7$.
Calculer l'expression A pour :

a) $x = -5$; *b)* $x = 1{,}2$; *c)* $x = \frac{1}{3}$.

→ Corrigé p. 46

2 ★★

Développer et réduire les expressions suivantes :
$A = 5(3x - 3) - 3(2x - 2)$; $B = (2x - 1)^2$; $C = (5x - 3)(3x - 4)$.

→ Corrigé p. 46

3 ★★

Factoriser les expressions suivantes :
$A = 15x^2 - 20x$; $B = 12a + 4$; $C = 9b^2 - 3$.

→ Corrigé p. 46

Pour s'entraîner

4 ★★★

Développer et réduire les expressions suivantes :
$A = 3(2x + 1) - (6 - x)$; $B = (3x + 4)(2x - 5)$;
$C = (2x - 4)(3x + 3) - 3(5x - 2)$.

→ Corrigé p. 46

5 ★★★

Factoriser les expressions suivantes :
$A = (3x - 2)^2 - 9$; $B = (2x + 1)^2 - 4$;
$C = 36 - (3x + 5)^2$; $D = (2x - 1)^2 - 16$.

→ Corrigé p. 47

6 ★★★

Factoriser les expressions suivantes :
$A = 20x^2 + 5x$; $B = 24a - 18$; $C = x^2 + x$; $D = 5a^2 + 15a$.

→ Corrigé p. 47

7 ★★

On considère les expressions :
$E = 4(x - 2) + x(3x - 14)$; $F = (3x + 2)(x - 4)$.
En développant et réduisant E et F, vérifier que $E = F$.

→ Corrigé p. 48

Sujets du brevet

8 ★★

On considère l'expression $E = (x - 2)(2x + 3) - 3(x - 2)$.

1° Développer E.

2° Factoriser E et vérifier que $E = 2F$, où $F = x(x - 2)$.

3° Déterminer tous les nombres x tels que $(x - 2)(2x + 3) - 3(x - 2) = 0$.

→ Corrigé p. 48

9 ★

Cet exercice est un QCM.

Pour chaque ligne du tableau, choisir l'affirmation juste. On écrira sur la copie le numéro de la question suivi de la lettre correspondant à la réponse.

	a)	b)	c)	d)
1° $(3x - 2)^2 =$	$3x^2 - 12x + 4$	$9x^2 - 12x + 4$	$9x^2 - 4$	
2° $(2x - 1)(5x - 4) =$	$10x^2 - 8x$	$10x^2 - 13x + 4$	$-3x - 4$	
3° Pour $x = -2$, $3x^2 + 5x - 1 =$	1	-23	14	-10

→ Corrigé p. 48

10 ★★

Cet exercice est un QCM.

Pour chacune des questions, trois réponses sont proposées, une seule est exacte. Indiquer la réponse exacte.

1° Quelle est la forme développée de l'expression $(2x + 1)^2 - 1$?	$2x^2 + 2x$	$4x^2 + 4x$	$4x^2$
2° Quelle est la forme factorisée de l'expression $(2x + 1)^2 - 1$?	$(2x + 1)(2x - 1)$	$2x(2x - 2)$	$2x(2x + 2)$

→ Corrigé p. 49

11 ★★★

On donne l'expression $E = (3x + 8)^2 - 64$.

1° Développer E.

2° Montrer que E peut s'écrire sous forme factorisée : $3x(3x + 16)$.

3° Résoudre l'équation $(3x + 8)^2 - 64 = 0$.

→ Corrigé p. 49

12 ★

Dire en justifiant, si l'affirmation est vraie ou fausse.
« La solution de l'équation $4\,x - 5 = x + 1$ est une solution de l'équation $x^2 - 2x = 0$. »

→ Corrigé p. 49

13 ★★★

On cherche à résoudre l'équation $(4x - 3)^2 - 9 = 0$.

1° Le nombre $\frac{3}{4}$ est-il solution de cette équation ? Et le nombre 0 ?

2° Prouver que, pour tout nombre x, $(4x - 3)^2 - 9 = 4x(4x - 6)$.

3° Déterminer les solutions de l'équation $(4x - 3)^2 - 9 = 0$.

→ Corrigé p. 50

1 → Énoncé p. 43

a) Pour $x = -5$:
on a $A = (-5)^2 - 5 \times (-5) + 7 = 25 + 25 + 7 = \mathbf{57}$;
b) Pour $x = 1{,}2$:
on a $A = (1{,}2)^2 - 5 \times (1{,}2) + 7 = 1{,}44 - 6 + 7 = \mathbf{2{,}44}$;

c) Pour $x = \frac{3}{2}$: on a $A = \left(\frac{1}{3}\right)^2 - 5 \times \frac{1}{3} + 7 = \frac{1}{9} - \frac{5}{3} + 7 = \frac{1}{9} - \frac{15}{9} + \frac{63}{9}$;

soit $\mathbf{A = \frac{49}{9}}$.

2 → Énoncé p. 43

$A = 5 \times 3x - 5 \times 3 - (3 \times 2x - 3 \times 2)$
$A = 15x - 15 - (6x - 6)$
$A = 15x - 15 - 6x + 6$
$\mathbf{A = 9x - 9.}$

> **Rappel**
> Si on a un signe – (moins) à devant une parenthèse, on change les signes de tous les termes inclus dans la parenthèse, puis on la supprime.

$B = (2x - 1)^2 = (2x - 1)(2x - 1)$
$B = 2x \times 2x - 2x \times 1 - 1 \times 2x + 1 \times 1$
$B = 4x^2 - 2x - 2x + 1$
$\mathbf{B = 4x^2 - 4x + 1.}$

> **Astuce**
> $A^2 = A \times A$. Ensuite on développe.

$C = (5x - 3)(3x - 4)$
$C = 5x \times 3x - 5x \times 4 - 3 \times 3x + 3 \times 4$
$C = 15x^2 - 20x - 9x + 12$
$\mathbf{C = 15x^2 - 29x + 12.}$

> **Astuce**
> Penser à appliquer d'abord la règle des signes, puis écrire la multiplication.

3 → Énoncé p. 43

$A = 5x \times 3x - 5x \times 4$
$\mathbf{A = 5x(3x - 4).}$

> **Astuce**
> Décomposer les multiplications permet de faire apparaître les facteurs communs.

$B = 4 \times 3a + 4 \times 1$
$\mathbf{B = 4(3a + 1).}$

$C = 3 \times 3b^2 - 3 \times 1$
$\mathbf{C = 3(3b^2 - 1).}$

> **Piège à éviter**
> $3 = 3 \times 1$. Quand 3 est entièrement facteur commun, il ne faut pas oublier qu'il reste le 1.

4 → Énoncé p. 43

$A = 3 \times 2x + 3 \times 1 - 6 + x$
$A = 6x + 3 - 6 + x$
$\mathbf{A = 7x - 3.}$

> **Piège à éviter**
> Attention au signe « – » (moins) devant.

$B = 3x \times 2x - 3x \times 5 + 4 \times 2x - 4 \times 5$
$B = 6x^2 - 15x + 8x - 20$
$\mathbf{B = 6x^2 - 7x - 20.}$

$C = 2x \times 3x + 2x \times 3 - 4 \times 3x - 4 \times 3 - (3 \times 5x - 3 \times 2)$
$C = 6x^2 + 6x - 12x - 12 - (15x - 6)$
$C = 6x^2 - 6x - 12 - 15x + 6$
$\mathbf{C = 6x^2 - 21x - 6.}$

Astuce
Développer $3(5x - 2)$ en laissant le résultat entre parenthèses.

5 → *Énoncé p. 43*

$A = (3x - 2)^2 - 9$
$A = (3x - 2)^2 - 3^2$
$A = (3x - 2 + 3)(3x - 2 - 3)$
$\mathbf{A = (3x + 1)(3x - 5).}$

$B = (2x + 1)^2 - 4$
$B = (2x + 1)^2 - 2^2$
$B = (2x + 1 + 2)(2x + 1 - 2)$
$\mathbf{B = (2x + 3)(2x - 1).}$

Astuce
Pour utiliser $a^2 - b^2 = (a + b)(a - b)$, commencer par écrire 9 comme un carré.

$C = 36 - (3x + 5)^2$
$C = 6^2 - (3x + 5)^2$
$C = (6 - (3x + 5))(6 + (3x + 5))$
$\mathbf{C = (-3x + 1)(3x + 11).}$

$D = (2x - 1)^2 - 16$
$D = (2x - 1)^2 - 4^2$
$D = (2x - 1 - 4)(2x - 1 + 4)$
$\mathbf{D = (2x - 5)(2x + 3).}$

6 → *Énoncé p. 43*

$A = 5x \times 4x + 5x \times 1$
$\mathbf{A = 5x(4x + 1).}$

$B = 6 \times 4a - 6 \times 3$
$\mathbf{B = 6(4a - 3).}$

$C = x \times x + x \times 1$
$\mathbf{C = x(x + 1).}$

Astuce
Décomposer les multiplications permet de faire apparaître les facteurs communs.

$D = 5a \times a + 5a \times 3$

$\boldsymbol{D = 5a(a + 3)}$.

7 → *Énoncé p. 43*

On développe chaque expression :

$E = 4 \times x - 4 \times 2 + x \times 3x - x \times 14$

$E = 4x - 8 + 3x^2 - 14x$

$\boldsymbol{E = 3x^2 - 10x - 8}$

$F = 3x \times x - 3x \times 4 + 2 \times x - 2 \times 4$

$F = 3x^2 - 12x + 2x - 8$

$\boldsymbol{F = 3x^2 - 10x - 8}$

On remarque donc que $\boldsymbol{E = F}$.

> **Méthode**
> Pour prouver que deux expressions E et F sont égales, on peut transformer E en A, et F en A et conclure.

8 → *Énoncé p. 44*

1° $E = x \times 2x + 3 \times x - 2 \times 2x - 2 \times 3 - (3 \times x - 3 \times 2)$

$E = 2x^2 + 3x - 4x - 6 - (3x - 6)$

$E = 2x^2 - x - 6 - 3x + 6$

$\boldsymbol{E = 2x^2 - 4x}$.

2° $E = 2x \times x - 2x \times 2$

$E = 2x(x - 2)$ on a bien $E = 2 \times x(x - 2)$ donc $\boldsymbol{E = 2F}$.

> **Rappel**
> Si on a un signe – (moins) à devant une parenthèse, on change les signes de tous les termes inclus dans la parenthèse, puis on la supprime.

3° Déterminer tous les nombres x tels que $(x - 2)(2x + 3) - 3(x - 2) = 0$ donc tels que $E = 0$.

Ceci revient donc à résoudre l'équation produit : $2x(x - 2) = 0$.

Si $A \times B = 0$ alors $A = 0$ ou $B = 0$ donc $x = 0$ ou $x - 2 = 0$.

C'est-à-dire : $x = 0$ ou $x = 2$.

Les solutions sont donc 0 et 2.

9 → *Énoncé p. 44*

1° $(3x - 2)^2 = (3x)^2 - 2 \times 3x \times 2 + 2^2 = 9x^2 - 12x + 4$: **réponse b)**.

2° $(2x - 1)(5x - 4) = 10x^2 - 8x - 5x + 4 = 10x^2 - 13x + 4$: **réponse b)**.

3° Pour $x = -2$, on a :

$3x^2 + 5x - 1 = 3 \times (-2)^2 + 5 \times (-2) - 1 = 12 - 10 - 1 = 1$: **réponse a)**.

> **Conseil**
> Dans un QCM, traiter chaque question posée sans regarder les réponses proposées et ensuite vérifier que votre résultat est dans les réponses proposées.

10 → *Énoncé p. 44*

1° $(2x+1)^2 - 1 = (2x)^2 + 2 \times 2x \times 1 + 1^2 - 1$
$= 4x^2 + 4x + 1 - 1$
$= \mathbf{4x^2 + 4x}$.

2° $(2x+1)^2 - 1 = [(2x+1) - 1][(2x+1) + 1]$
$= \mathbf{2x(2x+2)}$.

> **Astuce**
> Écrire 1 comme un carré pour factoriser.

11 → *Énoncé p. 44*

1° $E = (3x+8)(3x+8) - 64$
$E = 3x \times 3x + 3x \times 8 + 8 \times 3x + 8 \times 8 - 64$
$E = 9x^2 + 24x + 24x + 64 - 64$
$\mathbf{E = 9x^2 + 48x}$.

2° $E = 9x^2 + 48x = 3x \times 3x + 3x \times 16$
$\mathbf{E = 3x(3x + 16)}$.

3° Résoudre l'équation $(3x+8)^2 - 64 = 0$ revient donc à résoudre :
$3x(3x + 16) = 0$
Si $A \times B = 0$ alors $A = 0$ ou $B = 0$.
donc $3x = 0$ ou $3x + 16 = 0$
ainsi $x = 0$ ou $x = -\frac{16}{3}$.

> **Rappel**
> Si $A \times B = 0$ alors $A = 0$ ou $B = 0$.

12 → *Énoncé p. 45*

On résout $4x - 5 = x + 1$
$4x - x = 1 + 5$
$3x = 6$
$x = 2$

> **Rappel**
> Pour résoudre une équation simple, on regroupe tous les termes en x d'un côté et tous les termes sans x de l'autre.

On factorise $x^2 - 2x = x(x - 2) = 0$.
On résout alors l'équation produit :
Si $A \times B = 0$ alors $A = 0$ ou $B = 0$
on a $x = 0$ ou $x - 2 = 0$
donc $x = 0$ ou $x = 2$.

> **Rappel**
> Pour résoudre une équation du second degré, on factorise.

La solution de l'équation $4x - 5 = x + 1$ est 2 et est donc une solution de l'équation $x^2 - 2x = 0$.

13 → *Énoncé p. 45*

1° • Pour $x = \frac{3}{4}$, l'expression $(4x - 3)^2 - 9$ vaut :

$(4 \times \frac{3}{4} - 3)^2 - 9$, soit $0^2 - 9$ ou encore $- 9$. Ce n'est pas 0.

$\frac{3}{4}$ n'est pas solution de l'équation $(4x - 3)^2 - 9 = 0$.

• Pour $x = 0$, l'expression $(4x - 3)^2 - 9$ vaut :

$(4 \times 0 - 3)^2 - 9$, soit $(- 3)^2 - 9$ ou encore 0.

0 est solution de l'équation $(4x - 3)^2 - 9 = 0$.

2° Pour tout nombre x, on a :

$$\begin{aligned}(4x - 3)^2 - 9 &= (4x - 3)^2 - 3^2\\ &= [(4x - 3) + 3]\,[(4x - 3) - 3]\\ &= 4x(4x - 6).\end{aligned}$$

3° On veut résoudre l'équation $(4x - 3)^2 - 9 = 0$, soit aussi $4x(4x - 6) = 0$.

Si un produit de facteurs est nul, alors l'un au moins de ses facteurs est nul.

On a donc successivement :

$4x = 0$ ou $4x - 6 = 0$;

$x = 0 \div 4$ ou $4x = 6$;

$x = 0$ ou $x = 6 \div 4$.

Les solutions de l'équation sont 0 et 1,5.

> **Méthode**
> Si on a $AB = 0$, alors on a $A = 0$ ou $B = 0$.

CHAPITRE 5

Équations

COURS

1. Définitions

• Une égalité comportant un nombre inconnu s'appelle une **équation**.

• **Résoudre une équation**, c'est déterminer les valeurs de l'inconnue qui rendent vraie l'égalité. Ces valeurs sont les **solutions** de l'équation.

Exemple

Soit l'équation : $x^2 - 5x = -6$.
Montrer que le nombre 2 est solution de cette équation.

Pour $x = 2$, l'expression $x^2 - 5x$ vaut : $2^2 - 5 \times 2 = 4 - 10 = -6$.	← On calcule le membre de gauche pour la valeur 2.
Le nombre 2 est solution de l'équation $x^2 - 5x = -6$.	← La valeur obtenue étant celle du membre de droite, 2 est solution de l'équation.

2. Théorème

• Si l'on applique la même opération à chaque membre d'une équation, alors on ne change pas les solutions de cette équation.

Remarque : On ne peut pas multiplier les deux membres d'une équation par zéro.

Exemple

Résoudre l'équation : $7x - 2 = 4x - 14$.

L'équation donne successivement : $7x - 2 = 4x - 14$; $7x - 2 - 4x + 2 = 4x - 14 - 4x + 2$;	← On soustrait $4x$ et on ajoute 2 à chaque membre pour regrouper dans un même membre les termes en x.
$3x = -12$;	← On simplifie.
$x = -\frac{12}{3}$; $x = -4$.	← On divise par 3 chaque membre afin d'isoler l'inconnue x.
La solution est -4.	← On conclut.

Équations produit

Théorème : Si $A \times B = 0$ alors $A = 0$ ou $B = 0$.

Autrement dit : si un produit de facteurs est nul alors au moins un de ses facteurs est nul.

Exemple

Résoudre l'équation $(7x + 6)(2x - 5) = 0$.

On a bien $A \times B = 0$ ce qui revient à dire que $A = 0$ ou $B = 0$.	← On utilise le théorème.
$7x + 6 = 0$ ou $2x - 5 = 0$.	← Résoudre la première équation revient donc à résoudre les équations.
Les solutions sont : $x = -\frac{6}{7}$ **ou** $x = \frac{5}{2}$.	← On résout les équations.

Vérifier si un nombre est solution d'une équation

Énoncé **Soit l'équation $(x+2)(2x-5)=2$.**
Le nombre 1 est-il solution de cette équation ?

Corrigé pas à pas

Pour $x = 1$, l'expression $(x+2)(2x-5)$ vaut :
$(1+2)(2\times 1-5) = 3\times(-3)$
$= -9.$

← On calcule le membre de gauche pour la valeur 1.

Le nombre 1 n'est pas solution de l'équation $(x+2)(2x-5)=2$.

← La valeur obtenue n'étant pas celle du membre de droite, 1 n'est pas solution de l'équation.

Résoudre une équation du type $ax + b = 0$

Énoncé **Résoudre l'équation : $-4x+10=0$.**

Corrigé pas à pas

L'équation donne successivement :

$-4x+10=0$; ← On a une somme.
$-4x+10-10=0-10$; ← On soustrait 10 à chaque membre.
$-4x=-10$; ← On a une multiplication par -4.
$-4x\div(-4)=-10\div(-4)$; ← On divise chaque membre par -4.
$x=2{,}5$.

La solution est 2,5. ← On conclut.

Résoudre une équation du type *ax* + *b* = *cx* + *d*

Énoncé **Résoudre l'équation : $3x - 5 = 7x + 15$.**

Corrigé pas à pas

L'équation donne successivement : $3x - 7x = 15 + 5$;	← On regroupe dans un membre les termes en x et dans l'autre membre les termes sans x.
$-4x = 20$;	← On simplifie.
$x = \dfrac{20}{-4}$; $x = -5$;	← On isole l'inconnue x.
La solution est -5.	← On conclut.

Résoudre équation du second degré se ramenant à une équation produit

Énoncé **Résoudre l'équation $9x^2 - 4 = 0$.**

Corrigé pas à pas

$A = 9x^2 - 4 = (3x)^2 - 2^2$ donc $A = (3x + 2)(3x - 2)$	← On va factoriser le membre de droite, ici on reconnaît $a^2 - b^2 = (a + b)(a - b)$.
Si $A \times B = 0$ alors $A = 0$ ou $B = 0$.	← On applique le théorème.
donc résoudre $9x^2 - 4 = 0$ revient à dire que : $3x + 2 = 0$ ou $3x - 2 = 0$ ainsi $x = \dfrac{-2}{3}$ ou $x = \dfrac{2}{3}$.	← On résout les deux équations.
Les solutions sont $\left\{-\dfrac{2}{3} ; \dfrac{2}{3}\right\}$.	← On conclut.

Pour bien débuter

1 ★

De quelles équations le nombre −3 est-il une solution ?

a) $2x + 5 = -1$; *b*) $x^2 + 10 = 1$; *c*) $x(x - 4) = 21$. → Corrigé p. 58

2 ★★

Résoudre l'équation : $14x - 28 = 0$. → Corrigé p. 58

3 ★★

Résoudre l'équation : $5(7 - 2{,}2x) = 9 - 6x$. → Corrigé p. 58

Pour s'entraîner

4 ★★

Résoudre les équations suivantes :

1° $15x^2 - 5x = 0$; 2° $x^2 - 7 = 0$. → Corrigé p. 58

5 ★★

On considère l'équation $E = (4x - 3)^2 - 9$.

1° Factoriser E.

2° Résoudre $E = 0$. → Corrigé p. 58

6 ★★★

Deux sociétés proposent les formules d'abonnement suivantes :
M (Société Mobile France) : 20 € pour un forfait de 2 h et 0,50 € par minute de dépassement du forfait ;
P (Société Portable Europe) : 26 € pour un forfait de 2 h et 0,30 € par minute de dépassement du forfait.

1° Soit x la durée (en minutes) de dépassement au-delà du forfait de 2 h. Exprimer en fonction de x :

a) le prix P_1 à payer avec la formule M proposée par la société Mobile France ;

b) le prix P_2 à payer avec la formule P proposée par la société Portable Europe.

2° *a*) Résoudre l'équation : $0{,}5x + 20 = 0{,}3x + 26$.

b) Que signifie ce résultat dans le problème posé ci-dessus ? → Corrigé p. 59

Sujets du brevet

7 ★

2 est-il solution de l'équation $2a^2 - 3a - 5 = 1$? Justifier.

→ Corrigé p. 59

8 ★★

Armelle souhaite travailler quelques heures par mois dans un musée, afin de gagner un peu d'argent. À la suite d'un entretien, deux possibilités d'indemnisation lui sont proposées :
– Somme d'argent S_1 : 8 euros par heure.
– Somme d'argent S_2 : versement de 90 euros en début de mois, puis 5 euros par heure.
1° Soit x le nombre d'heures effectuées par Armelle pendant un mois dans ce musée. Exprimer en fonction de x les sommes d'argent $S_1(x)$ et $S_2(x)$ versées à Armelle selon les deux formules d'indemnisation proposées.
2° Résoudre l'équation $8x = 5x + 90$.
À quoi correspond la solution de cette équation ?

→ Corrigé p. 59

9 ★★★

On donne les deux équations $(x - 6)(x + 1) = 0$ et $x^2 - 3x = 18$.
1° Vérifier que 6 et −1 sont solutions de l'équation $(x - 6)(x + 1) = 0$.
On admet que ce sont les seules solutions de cette équation.
2° Combien ces deux équations ont-elles de solutions communes ?
a) Aucune solution commune. *b*) Une solution commune.
c) Deux solutions communes.
Choisir la bonne réponse parmi les trois proposées.

→ Corrigé p. 59

10 ★

Résoudre l'équation $5x - 2 = 3x + 7$.

→ Corrigé p. 60

11 ★★★

Arthur vide sa tirelire et constate qu'il possède 21 billets.
Il a des billets de 5 € et des billets de 10 € pour une somme totale de 125 €. Combien de billets de chaque sorte possède-t-il ?
On pourra noter x le nombre de billets de 5 € et résoudre une équation.

→ Corrigé p. 60

12 ★★

Trouver le nombre auquel je pense.
• Je pense à un nombre et je lui soustrais 10.
• J'élève le tout au carré.
• Je soustrais au résultat le carré du nombre auquel je pensais.
• J'obtiens alors −340.

→ Corrigé p. 60

13 ★★★

Il existe différentes unités de mesure de la température. En France, on utilise le degré Celsius (°C), aux États-Unis, on utilise le degré Fahrenheit (°F).
Voici deux représentations de cette correspondance :

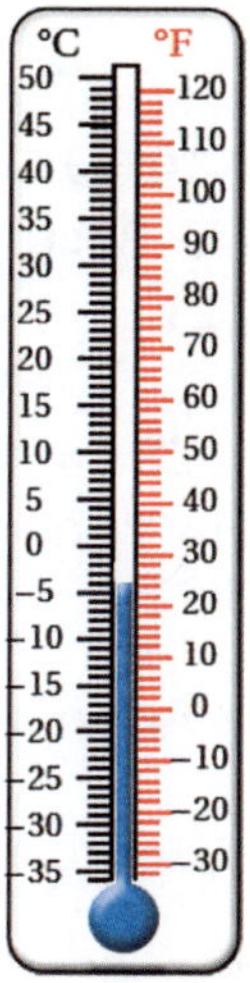

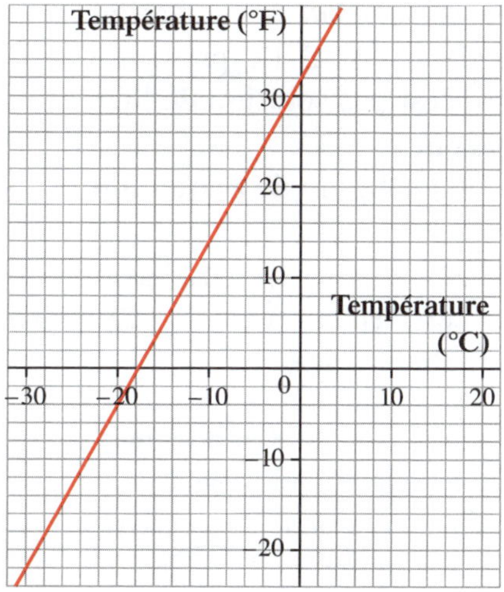

1° En vous appuyant sur les représentations précédentes, déterminer s'il y a proportionnalité entre la température en degré Celsius et la température en degré Fahrenheit. Justifier la réponse.

2° Soit f la fonction qui, à une température x en degré Celsius, associe la température $f(x)$ en degré Fahrenheit correspondante. On propose trois expressions de $f(x)$:

Proposition 1	Proposition 2	Proposition 3
$f(x) = x + 32$	$f(x) = 1{,}8x + 32$	$f(x) = 2x + 30$

L'une des trois propositions est correcte. Un élève affirme : « Les propositions 1 et 3 ne peuvent pas être correctes. C'est donc la proposition 2 qui convient. » Justifier cette affirmation.

3° On considère la fonction f définie par $f(x) = 1{,}8x + 32$.

a) Calculer $f(37)$.

b) Le corps humain a une température normale de 37° Celsius.
À quelle température en Fahrenheit cela correspond-il ?

4° Un Européen en voyage aux USA tombe malade.
Le médecin américain lui annonce une température de 104°. À quelle température européenne cela correspond-il ?

→ *Corrigé p. 61*

1 → Énoncé p. 55 *a*) Pour $x = -3$, l'expression $2x + 5$ vaut : $2 \times (-3) + 5 = -6 + 5 = -1$.
–3 est solution de l'équation $2x + 5 = -1$.
b) Pour $x = -3$, l'expression $x^2 + 10$ vaut : $(-3)^2 + 10 = 9 + 10 = 19$.
–3 n'est pas solution de l'équation $x^2 + 10 = 1$.
c) Pour $x = -3$, l'expression $x(x - 4)$ vaut : $-3 \times (-3 - 4) = -3 \times (-7) = 21$.
–3 est solution de l'équation $x(x - 4) = 21$.

> **Piège à éviter**
> Il ne s'agit pas de résoudre, mais de tester si le nombre –3 est solution.

2 → Énoncé p. 55 L'équation $14x - 28 = 0$ donne successivement : $14x - 28 + 28 = 0 + 28$; $14x = 28$; $x = 28 \div 14$.
La solution est 2.

> **Conseil**
> Simplifier le quotient.

3 → Énoncé p. 55 On obtient $5 \times 7 - 5 \times 2{,}2x = 9 - 6x$.
On a donc $35 - 11x = 9 - 6x$.
L'équation donne successivement :
$-11x + 6x = 9 - 35$
$-5x = -26$
donc $x = \dfrac{-26}{-5} = \dfrac{26}{5}$.

> **Conseil**
> Développer avant de résoudre l'équation.

> **Méthode**
> Commencer par regrouper les termes en x dans le même membre.

4 → Énoncé p. 55 1° $15x^2 - 5x = 5x \times 3x - 5x \times 1 = 5x(3x - 1)$
l'équation devient donc $5x(3x - 1) = 0$.
Si $A \times B = 0$ alors $A = 0$ ou $B = 0$.
On a donc $5x = 0$ ou $3x - 1 = 0$.
Ainsi $x = 0$ ou $x = \dfrac{1}{3}$.
Les solutions sont 0 et $\dfrac{1}{3}$.

> **Méthode**
> Commencer par factoriser le membre de droite.

2° $x^2 - 7 = x^2 - \sqrt{7}^2 = (x - \sqrt{7})(x + \sqrt{7})$
Résoudre l'équation $x^2 - 7 = 0$ revient donc à résoudre :
$(x - \sqrt{7})(x + \sqrt{7}) = 0$
Si $A \times B = 0$ alors $A = 0$ ou $B = 0$.
On a donc : $x - \sqrt{7} = 0$ ou $x + \sqrt{7} = 0$.
Ainsi $x = \sqrt{7} = 0$ ou $x = -\sqrt{7}$.

> **Rappel**
> $\sqrt{a}^2 = a$.

5 → Énoncé p. 55 1° On reconnaît l'identité remarquable $a^2 - b^2 = (a + b)(a - b)$
avec $a = 4x - 3$ et $b = 3$
car $E = (4x - 3)^2 - 3^2$ donc $E = (4x - 3 + 3)(4x - 3 - 3) = 4x(4x - 6)$.

L'expression factorisée de E est : $4x(4x - 6)$.

2° Résoudre $E = 0$ revient donc à résoudre $4x(4x - 6) = 0$.
Si $A \times B = 0$ alors $A = 0$ ou $B = 0$. On a donc :

$4x = 0$ ou $4x - 6 = 0$ ainsi $\boldsymbol{x = 0}$ **ou** $\boldsymbol{x = \frac{6}{4} = \frac{2}{3}}$.

6 → *Énoncé p. 55* 1° *a*) On a : $\boldsymbol{P_1 = 20 + 0{,}5x}$.

b) On a aussi: $\boldsymbol{P_2 = 26 + 0{,}3x}$.

2° *a*) On veut : $0{,}5x + 20 = 0{,}3x + 26$,
soit : $0{,}5x - 0{,}3x = 26 - 20$,
ou encore : $0{,}2x = 6$.
On a : $x = 6 \div 0{,}2$.

La solution est 30.

> **Astuce**
> L'équation de la question 2° *a*) permet de vérifier les résultats des questions précédentes.

b) **Cela signifie que, pour un dépassement de 30 minutes du temps du forfait, les deux formules M et P sont équivalentes.**
Cela correspond à 2 h 30 min d'utilisation mensuelle.

7 → *Énoncé p. 56* Pour $a = 2$, l'expression $2a^2 - 3a - 5$ vaut :
$2 \times 2^2 - 3 \times 2 - 5 = 8 - 6 - 5 = -3$; ce n'est pas 1.
2 n'est pas solution de l'équation $\boldsymbol{2a^2 - 3a - 5 = 1}$.

> **Conseil**
> Faire comme si l'équation était écrite avec des *x* comme inconnue.

8 → *Énoncé p. 56* 1° Les sommes d'argent sont $\boldsymbol{S_1(x) = 8x}$ et $\boldsymbol{S_2(x) = 5x + 90}$.

2° On veut $8x = 5x + 90$, soit $8x - 5x = 90$ ou encore $3x = 90$.
On a donc $x = 90 \div 3$, soit $x = 30$.
La solution de l'équation $\boldsymbol{8x = 5x + 90}$ est 30.
Cela signifie que, pour 30 heures de travail, les deux formules d'indemnisation sont équivalentes.

> **Astuce**
> L'équation de la question 2° permet de vérifier les résultats des questions précédentes.

9 → *Énoncé p. 56* 1° Pour $x = 6$, l'expression $(x - 6)(x + 1)$ vaut :
$(6 - 6)(6 + 1) = 0 \times 7 = 0$.
6 est solution de l'équation $\boldsymbol{(x - 6)(x + 1) = 0}$.
Pour $x = -1$, l'expression $(x - 6)(x + 1)$ vaut :
$(-1 - 6)(-1 + 1) = -7 \times 0 = 0$.
$\boldsymbol{-1}$ est solution de l'équation $\boldsymbol{(x - 6)(x + 1) = 0}$.

2° On a $6^2 - 3 \times 6 = 18$, donc le nombre 6 est aussi solution de l'équation $x^2 - 3x = 18$.
Comme on a $(-1)^2 - 3 \times (-1) = 4$, le nombre -1 n'est pas solution de l'équation $x^2 - 3x = 18$.
Les deux équations $(x - 6)(x + 1) = 0$ et $x^2 - 3x = 18$ **ont une seule solution commune** qui vaut 6.

> **Méthode**
> Tester les solutions de la première équation dans la seconde.

10 → *Énoncé p. 56* $5x - 2 = 3x + 7$ donne successivement :

$5x - 3x = 7 + 2$;
$2x = 9$;
$x = 9 \div 2$;
$x = 4{,}5$.

> **Méthode**
> Commencer par regrouper les termes en x dans le même membre.

La solution de l'équation $5x - 2 = 3x + 7$ est 4,5.

11 → *Énoncé p. 56* Soit x le nombre de billets de 5 €.
Arthur possède 21 billets, donc il possède $21 - x$ billets de 10 €.
Le montant en euros est $5x + 10(21 - x)$, mais aussi 125.
On a donc $5x + 10(21 - x) = 125$, ce qui donne successivement :

$5x + 210 - 10x = 125$;
$-5x = 125 - 210$;
$-5x = -85$;
$x = -85 \div (-5)$;
$x = 17$.

> **Conseil**
> Commencer par exprimer le nombre de billets de 10 € en fonction de x avant d'écrire une équation.

On a aussi : $21 - 17 = 4$.
Arthur possède 17 billets de 5 euros et 4 billets de 10 euros.

12 → *Énoncé p. 56* Soit x le nombre choisi au départ.
On calcule $(x - 10)^2 - x^2$ et on obtient -340.
On a donc $(x - 10)^2 - x^2 = -340$, ce qui donne successivement :

$x^2 - 20x + 100 - x^2 = -340$;
$-20x + 100 = -340$;
$-20x = -340 - 100$;
$-20x = -440$;
$x = -440 \div (-20)$;
$x = 22$.

> **Méthode**
> Nommer x le nombre inconnu et poser une équation.

Le nombre choisi au départ est 22.

13 → *Énoncé p. 57* 1° Comme la représentation graphique n'est pas une droite passant par l'origine du repère, **il n'y a pas proportionnalité entre la température en degré Celsius et la température en degré Fahrenheit.**

2° On lit sur le thermomètre qu'une température de 45° Celsius correspond à environ 112° Fahrenheit.
Avec la proposition 1, on a $f(45) = 45 + 32 = 77$, donc la proposition 1 n'est pas correcte.
Avec la proposition 3, on a $f(45) = 2 \times 45 + 30 = 120$, donc la proposition 3 n'est pas correcte.
Comme il y a une proposition correcte, c'est donc la proposition 2.
L'affirmation « Les propositions 1 et 3 ne peuvent pas être correctes. C'est donc la proposition 2 qui convient. » est donc juste.

3° *a)* Avec $f(x) = 1{,}8x + 32$, on a $f(37) = 1{,}8 \times 37 + 32 =$ **98,6**.

b) Le corps humain a une température normale de 37° Celsius, soit **98,6° Fahrenheit**.

4° On cherche x tel que $f(x) = 104$, ce qui donne successivement :
$1{,}8x + 32 = 104$; $1{,}8x = 104 - 32$; $1{,}8x = 72$;
$x = 72 \div 1{,}8$; $x = 40$.
La température de 104° Fahrenheit du malade correspond à **40° Celsius**.

Conseil
Pour l'Européen malade, résoudre l'équation $1{,}8x + 32 = 104$.

CHAPITRE 6

Programmes de calcul

1. Définition

On appelle **programme de calcul** une suite d'opérations permettant d'obtenir un résultat à partir d'une donnée.

Exemple

On considère le programme de calcul suivant :

- **Choisir un nombre.**
- **Soustraire 2.**
- **Prendre le double du résultat.**
- **Soustraire 3.**

Donner en fonction du nombre de départ une expression algébrique simplifiée du résultat.

Soit x le nombre de départ.	← On nomme par une variable le nombre de départ.
En soustrayant 2, on a $x - 2$. En prenant le double du résultat, on a $2(x - 2)$. En soustrayant 3, on obtient :	← On applique une par une les étapes du programme.
$2(x - 2) - 3$; $= 2x - 4 - 3$; $= 2x - 7$.	← On simplifie l'expression algébrique.
À x, le programme associe comme résultat $2x - 7$.	← On conclut.

2. Rappels sur les priorités

Pour évaluer une expression de calcul comportant plusieurs opérations, il faut respecter les priorités dans l'ordre suivant :

1. les calculs dans les parenthèses,
2. les puissances,
3. les multiplications et les divisions dans l'ordre d'écriture,
4. les additions et les soustractions dans l'ordre d'écriture.

Appliquer un programme de calcul

Énoncé **On considère le programme de calcul suivant :**

- **Choisir un nombre.**
- **Ajouter 7.**
- **Multiplier le résultat par le nombre choisi.**
- **Prendre le carré du résultat.**

Quelle valeur obtient-on en choisissant le nombre – 4 ?

Corrigé pas à pas

À partir de -4, on a :	← On part du nombre -4.
$-4+7=3$;	← On ajoute 7.
$3\times(-4)=-12$;	← On multiplie le résultat par le nombre de départ, soit par (-4).
$(-12)^2=144$.	← On prend le carré du résultat.
Le résultat est 144.	← On conclut.

Déterminer le nombre de départ dans un programme de calcul

Énoncé **On considère le programme de calcul suivant :**

- **Choisir un nombre.**
- **Ajouter 5.**
- **Multiplier le résultat par 3.**
- **Soustraire 11.**

Quel nombre faut-il choisir pour avoir 20 comme résultat ?

Corrigé pas à pas

Soit x le nombre de départ. Le programme donne : $(x+5)\times 3-11=3x+15-11$ $=3x+4$.	← On nomme par une variable le nombre de départ et on exprime en fonction de x le résultat du programme.
On veut $3x+4=20$, ce qui donne successivement : $3x=20-4$; $3x=16$; $x=16\div 3$.	← On pose une équation qu'on résout.
Il faut choisir $\frac{16}{3}$ comme nombre de départ pour obtenir 20 comme résultat.	← On conclut.

Pour bien débuter

1 ★

Soit le programme de calcul suivant :

- Choisir un nombre.
- Lui soustraire 3.
- Prendre le carré de la différence.
- Soustraire du résultat le carré de 4.

Quel résultat donne le programme en choisissant :

a) le nombre –2 ? *b*) le nombre 0,6 ?

→ Corrigé p. 69

2 ★★

On donne le programme de calcul suivant :

- Choisir un nombre.
- Lui ajouter 1.
- Calculer le carré de cette somme.
- Enlever 16 au résultat obtenu.

1° *a*) Vérifier que, lorsque le nombre de départ est 4, on obtient comme résultat 9.

b) Lorsque le nombre de départ est (–1), quel résultat obtient-on ?

2° *a*) Le nombre de départ étant x, exprimer le résultat final en fonction de x. On appelle P cette expression.

b) Vérifier que $P = x^2 + 2x - 15$.

c) Vérifier que $(x - 3)(x + 5) = P$.

→ Corrigé p. 69

3 ★★

On donne le programme de calcul suivant :

- Choisir un nombre.
- Lui ajouter 3.
- Multiplier cette somme par 4.
- Enlever 12 au résultat obtenu.

1° Montrer que, si le nombre choisi au départ est 2, on obtient comme résultat 8.

2° On note x le nombre de départ.

a) Exprimer le résultat en fonction du nombre de départ.

b) Quel nombre faut-il choisir pour obtenir 2 016 comme résultat ?

→ Corrigé p. 69

Pour s'entraîner

4 ★★★

On donne le programme de calcul suivant :

- Choisir un nombre.
- Lui soustraire 3.
- Multiplier la différence par le nombre choisi.
- Ajouter le triple du nombre choisi au résultat.
- Soustraire 9 au résultat.

1° Donner le résultat donné par le programme quand le nombre choisi est :
a) -5 ; *b*) $\frac{2}{3}$.

2° On note x le nombre de départ.
a) Exprimer en fonction de x, le résultat obtenu.
b) Montrer que ce résultat peut *s*'écrire sous le forme $(x-a)(x+a)$, où a est un nombre à déterminer.

➔ *Corrigé p. 69*

5 ★★

On propose deux programmes de calcul :

Programme A
- Choisir un nombre.
- Multiplier ce nombre par 3.
- Ajouter 7.

Programme B
- Choisir un nombre.
- Multiplier ce nombre par 5.
- Retrancher 4.
- Multiplier par 2.

1° On choisit 3 comme nombre de départ.
Montrer que le résultat du programme B est 22.

2° On choisit (–2) comme nombre de départ.
Quel est le résultat avec le programme A ?

3° ***a)*** Quel nombre de départ faut-il choisir pour que le résultat du programme A soit (–2) ?

b) Quel nombre de départ faut-il choisir pour que le résultat du programme B soit 0 ?

4° Quel nombre doit-on choisir pour obtenir le même résultat avec les deux programmes ?

→ *Corrigé p. 70*

Sujets du brevet

6 ★★

On considère le programme de calcul ci-dessous :

- Choisir un nombre de départ.
- Multiplier ce nombre par (–2).
- Ajouter 5 au produit.
- Multiplier le résultat par 5.
- Écrire le résultat obtenu.

1° *a*) Vérifier que, lorsque le nombre de départ est 2, on obtient 5.
b) Lorsque le nombre de départ est 3, quel résultat obtient-on ?
2° Quel nombre faut-il choisir au départ pour que le résultat obtenu soit 0 ?
3° Arthur prétend que, pour n'importe quel nombre de départ, l'expression $(x-5)^2 - x^2$ permet d'obtenir le résultat du programme de calcul. A-t-il raison ?

→ *Corrigé p. 71*

7 ★★★

Voici un programme de calcul :

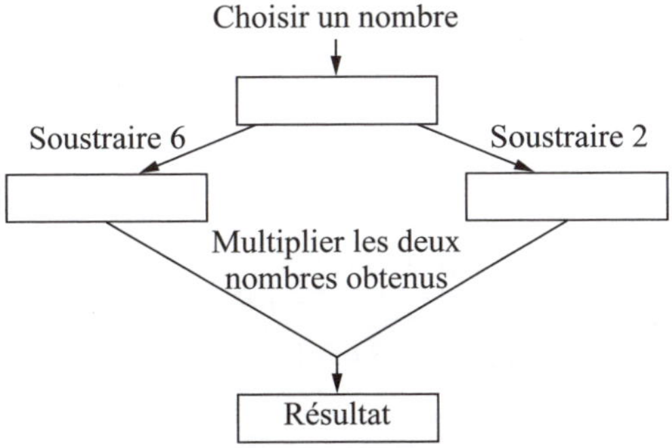

1° Montrer que, si l'on choisit 8 comme nombre de départ, le programme donne 12 comme résultat.
2° Pour chacune des affirmations suivantes, indiquer si elle est vraie ou fausse. On rappelle que les réponses doivent être justifiées.
a) *Proposition 1 :* Le programme peut donner un résultat négatif.
b) *Proposition 2 :* Si l'on choisit $\frac{1}{2}$ comme nombre de départ, le programme donne $\frac{33}{4}$ comme résultat.
c) *Proposition 3 :* La fonction qui, au nombre choisi au départ, associe le résultat du programme est une fonction linéaire.

→ *Corrigé p. 71*

8 ★★★

Tom doit calculer $3{,}5^2$.

« Pas la peine de prendre la calculatrice », lui dit Julie, « tu n'as qu'à effectuer le produit de 3 par 4 et rajouter 0,25. »

1° Effectuer le calcul proposé par Julie et vérifier que le résultat obtenu est bien le carré de 3,5.

2° Proposer une façon simple de calculer $7{,}5^2$ et donner le résultat.

3° Julie propose la conjecture suivante : $(n + 0{,}5)^2 = n(n + 1) + 0{,}25$, avec n un nombre entier positif.

Prouver que la conjecture de Julie est vraie (quel que soit le nombre n).

→ *Corrigé p. 72*

1 → *Énoncé p. 64* *a*) On a :
-2 ; $-2 - 3 = -5$; $(-5)^2 = 25$; $25 - 4^2 = 9$.
Le résultat est 9.
b) On a :
0,6 ; $0{,}6 - 3 = -2{,}4$; $(-2{,}4)^2 = 5{,}76$; $5{,}76 - 4^2 = -10{,}24$.
Le résultat est –10,24.

> **Rappel**
> Un carré d'un nombre négatif est un nombre positif.

2 → *Énoncé p. 64* 1° *a*) En partant de 4, on a :
- $4 + 1 = 5$;
- $5^2 = 25$;
- $25 - 16 = 9$.

Lorsque le nombre de départ est 4, **on obtient comme résultat 9**.
b) En partant de –1, on a :
- $-1 + 1 = 0$;
- $0^2 = 0$;
- $0 - 16 = -16$.

Lorsque le nombre de départ est (–1), **on obtient –16** comme résultat.
2° *a*) En partant de x, on calcule $\boldsymbol{P = (x + 1)^2 - 16}$.
b) On a : $P = x^2 + 2 \times x \times 1 + 1^2 - 16 = x^2 + 2x + 1 - 16$.
On a bien : $\boldsymbol{P = x^2 + 2x - 15}$.
c) On a aussi :
$P = (x + 1)^2 - 16 = (x + 1)^2 - 4^2 = (x + 1 - 4)(x + 1 + 4)$.
On a bien : $\boldsymbol{(x - 3)(x + 5) = P}$.

> **Astuce**
> Il est plus simple de développer que de vouloir factoriser.

3 → *Énoncé p. 64* 1° En partant de 2, on a successivement :
$2 + 3 = 5$;
$5 \times 4 = 20$;
$20 - 12 = 8$.
Si le nombre choisi au départ est 2, on obtient comme résultat 8.
2° *a*) Si x est le nombre de départ, on a successivement :
$x + 3$; $(x + 3) \times 4 = 4x + 12$; $4x + 12 - 12 = 4x$.
b) On veut obtenir 2 016, soit $4x = 2\,016$.
On fait $x = 2\,016 \div 4$, soit $x = 504$.
Pour obtenir 2 016, il faut partir de 504.

> **Méthode**
> Utiliser une équation pour trouver le nombre qui permet d'obtenir 2 016 comme résultat.

4 → *Énoncé p. 65* 1° *a*) On obtient avec le programme de calcul suivant :
$(-5 - 3) \times (-5) + 3 \times (-5) - 9 = -8 \times (-5) - 15 - 9 = 40 - 15 - 9 = 16$
En appliquant le programme de calcul à –5, on obtient 16.

b) On obtient avec le programme de calcul :

$$\left(\frac{2}{3}-3\right)\times\frac{2}{3}+3\times\frac{2}{3}-9=\left(\frac{2}{3}-\frac{9}{3}\right)\times\frac{2}{3}+\frac{6}{3}-9=\frac{-7}{3}\times\frac{2}{3}+2-9$$

$$=\frac{-14}{9}-7=\frac{-14-63}{9}=\frac{-77}{9}$$

En appliquant le programme de calcul à $\frac{2}{3}$, on obtient $\frac{-77}{9}$.

2° *a*) Avec x on obtient :

$(x-3)x+3x-9=x^2-3x+3x-9=\mathbf{x^2-9}$.

b) On factorise en utilisant l'identité remarquable :

$x^2-9=x^2-3^2=\mathbf{(x+3)(x-3)}$.

> **Rappel**
> $a^2-b^2=(a+b)(a-b)$.

5 → *Énoncé p. 65* 1° On a :

$3\times5=15$;

$15-4=11$;

$11\times2=22$.

Si l'on choisit 3 comme nombre de départ, le résultat du programme B est 22.

2° On a :

$(-2)\times3=-6$;

$-6+7=1$.

Si l'on choisit (–2) comme nombre de départ, le résultat avec le programme A est 1.

3° *a*) Soit x le nombre de départ.

On veut $3x+7=-2$, ce qui donne successivement :

$3x=-2-7$; $3x=-9$; $x=-9\div3$; $x=-3$.

En choisissant –3 comme nombre de départ, le résultat du programme A est (–2).

> **Conseil**
> Pour déterminer un nombre de départ, exprimer en fonction de x de départ le résultat d'un programme et résoudre une équation.

b) Soit x le nombre de départ.

On veut $(5x-4)\times2=0$, ce qui donne successivement :

$10x-8=0$; $10x=8$; $x=8\div10$; $x=0{,}8$.

En choisissant 0,8 comme nombre de départ, le résultat du programme B est 0.

4° Soit x le nombre de départ.

On veut $3x+7=(5x-4)\times2$, ce qui donne successivement :

$3x+7=10x-8$; $3x-10x=-8-7$; $-7x=-15$; $x=-15\div(-7)$.

En choisissant $\frac{15}{7}$ comme nombre de départ, on obtient le même résultat avec les deux programmes.

6 → *Énoncé p. 67* 1° *a*) En partant de 2, on a successivement :
$2 \times (-2) = -4$; $-4 + 5 = 1$; $1 \times 5 = 5$.
Lorsque le nombre de départ est 2, on obtient 5.
b) En partant de 3, on a successivement :
$3 \times (-2) = -6$;
$-6 + 5 = -1$;
$-1 \times 5 = -5$.
Lorsque le nombre de départ est 3, on obtient –5.
2° En partant de x, on a successivement :
$x \times (-2) = -2x$;
$-2x + 5$;
$(-2x + 5) \times 5 = -10x + 25$.
On veut $-10x + 25 = 0$, ce qui donne :
$-10x = -25$;
$x = -25 \div (-10)$;
$x = 2{,}5$.
Il faut choisir 2,5 au départ pour que le résultat obtenu soit 0.
3° En choisissant x comme nombre de départ, le résultat est : $-10x + 25$.
On a aussi :
$(x - 5)^2 - x^2$
$= (x - 5)(x - 5) - x^2$
$= x^2 - 5x - 5x + 25 - x^2$
$= -10x + 25$.
Arthur a raison.

> **Méthode**
> Exprimer en fonction de x de départ le résultat du programme et comparer avec le développement de $(x - 5)^2 - x^2$.

7 → *Énoncé p. 67* 1° Si l'on choisit 8 comme nombre de départ, on a, d'une part, $8 - 6 = 2$ et, d'autre part, $8 - 2 = 6$.
Le résultat du programme est 2 × 6, soit 12.
2° *a*) *Proposition 1 :* Le programme peut donner un résultat négatif.
Si l'on choisit 4 comme nombre de départ, on a, d'une part, $4 - 6 = -2$ et, d'autre part, $4 - 2 = 2$.
Le résultat du programme est -2×2, soit -4.
La proposition 1 est juste.

b) *Proposition 2 :* Si l'on choisit $\frac{1}{2}$ comme nombre de départ, on a, d'une part, $\frac{1}{2} - 6 = \frac{1}{2} - \frac{12}{2} = \frac{-11}{2}$ et, d'autre part, $\frac{1}{2} - 2 = \frac{1}{2} - \frac{4}{2} = \frac{-3}{2}$.

Le résultat du programme est : $\frac{-11}{2} \times \frac{-3}{2}$, soit $\frac{33}{4}$.

La proposition 2 est juste.

c) *Proposition 3 :* La fonction qui, au nombre choisi au départ, associe le résultat du programme est : $x \mapsto (x - 6)(x - 2)$.

Comme on ne peut pas l'écrire sous la forme $x \mapsto ax$, ce n'est pas une fonction linéaire.

La proposition 3 est fausse.

> **Rappel**
> Une fonction *f* linéaire s'écrit sous la forme $f(x) = ax$.

8 → *Énoncé p. 68* 1° On a $3 \times 4 = 12$ et, en ajoutant 0,25, on obtient **12,25** qui est bien le carré de 3,5.

2° Pour calculer $7{,}5^2$, on calcule 7×8 et on ajoute 0,25 au résultat.
On a $7 \times 8 = 56$ et, en ajoutant 0,25, on obtient **56,25** comme carré de 7,5.

3° Soit *n* un nombre. On a :

$$\begin{aligned}(n + 0{,}5)^2 &= (n + 0{,}5)(n + 0{,}5)\\ &= n^2 + 0{,}5n + 0{,}5n + 0{,}25\\ &= n^2 + n + 0{,}25\\ &= n(n + 1) + 0{,}25.\end{aligned}$$

> **Rappel**
> $(a + b)^2 = a^2 + 2ab + b^2$

La conjecture de Julie est vraie (quel que soit le nombre *n*).

Organisation et gestion des données, fonctions

CHAPITRE 7

Proportionnalité Pourcentage

1. Proportionnalité

- Deux grandeurs x et y sont **proportionnelles** s'il existe un réel a tel que $y = ax$.

- La représentation graphique d'une situation de proportionnalité est un ensemble de points alignés avec l'origine du repère.

2. Pourcentage

Prendre a % d'une valeur x, c'est calculer $\frac{a}{100} \times x$.

3. Variation en pourcentage

- Augmenter une valeur de a % revient à la multiplier par $\left(1 + \frac{a}{100}\right)$.

- Diminuer une valeur de a % revient à la multiplier par $\left(1 - \frac{a}{100}\right)$.

Exemple

Combien coûte un article à 80 € avec une remise de 30 % ?

On a 30 % de remise sur l'article à 80 €.	← On rappelle qu'il s'agit d'une remise de 30 %.
Diminuer une valeur de a % revient à la multiplier par $\left(1 - \frac{a}{100}\right)$.	← On écrit la propriété sur les variations en pourcentage.
On a : $80 \times \left(1 - \frac{30}{100}\right) = 56$.	← On applique la propriété.
L'article coûte 56 €.	← On conclut.

Reconnaître une situation de proportionnalité

Énoncé **Pour chaque graphique, dire s'il représente ou non une situation de proportionnalité.**
Justifier les réponses.

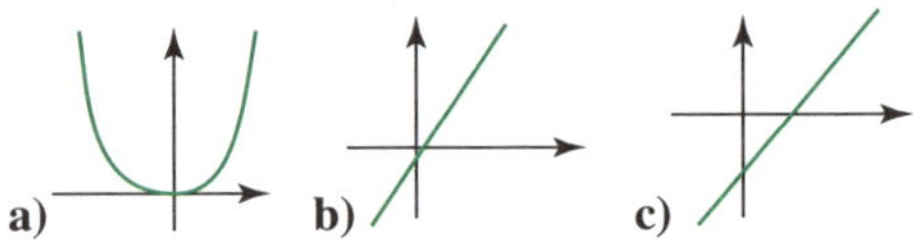

Corrigé pas à pas

Le graphique **b)** est une droite passant par l'origine du repère, donc il représente une situation de proportionnalité.

← Une droite passant par l'origine du repère est la représentation d'une situation de proportionnalité.

Les graphiques **a)** et **c)** ne sont pas des droites passant par l'origine du repère, donc ils ne représentent pas une situation de proportionnalité.

← Un graphique qui n'est pas une droite passant par l'origine du repère n'est pas la représentation d'une situation de proportionnalité.

Appliquer un pourcentage

Énoncé **Dans un gâteau de 850 grammes, il y a 32 % de farine. Calculer la masse de farine dans ce gâteau.**

Corrigé pas à pas

La farine représente 32 % des 850 grammes du gâteau.

← On rappelle ce que représente la farine.

On a : $\frac{32}{100} \times 850 = 272$.

← On calcule 32 % de 850.

Il y a 272 grammes de farine dans le gâteau.

← On conclut.

Énoncé **Dans un groupe de 300 skieurs, 24 % d'entre eux ont moins de 20 ans. Calculer le nombre de skieurs de moins de 20 ans.**

Corrigé pas à pas

Les skieurs de moins de 20 ans représentent 24 % des 300 skieurs.

← On rappelle ce que représentent les skieurs de moins de 20 ans.

On a : $\frac{24}{100} \times 300 = 72$.

← On calcule 24 % de 300.

Il y a 72 skieurs de moins de 20 ans dans le groupe.

← On conclut.

Exprimer une proportion en pourcentage

Énoncé **Dans une ville de 6 000 habitants, on dénombre 1 560 enfants de moins de 18 ans. Exprimer en pourcentage la proportion des enfants de moins de 18 ans.**

Corrigé pas à pas

La proportion d'enfants de moins de 18 ans est :

$$\frac{\text{nombre d'enfants}}{\text{nombre de personnes}} = \frac{1\,500}{6\,000} = 0{,}26.$$

← On calcule la proportion des enfants de moins de 18 ans en divisant leur effectif par l'effectif total de la ville.

Les enfants de moins de 18 ans représentent 26 % de la population.

← On exprime cette proportion en pourcentage.

Appliquer une variation de *a* %

Énoncé **Un ouvrier a un salaire de 1 100 € par mois. Ce salaire est augmenté de 3,7 %. Calculer le nouveau salaire de l'ouvrier.**

Corrigé pas à pas

Le salaire augmente de 3,7 %.

← On rappelle qu'il s'agit d'une augmentation de 3,7 %.

Augmenter une valeur de a % revient à la multiplier par $\left(1+\frac{a}{100}\right)$.

← On écrit la propriété sur les variations en pourcentage.

On a : $1\,100 \times \left(1+\frac{3,7}{100}\right) = 1\,140{,}7.$

← On applique la propriété.

Le nouveau salaire est de 1 140,70 €.

← On conclut.

Pour bien débuter

1 ★

Pour se connecter à Internet, les clients ont le choix entre deux tarifs *A* et *B*.

Sur le diagramme ci-contre, la droite (d) représente le tarif *A* et la droite (d') représente le tarif *B*.

Pour chacun des deux tarifs *A* et *B*, préciser, en justifiant la réponse, si le coût est proportionnel ou non à la durée des communications.

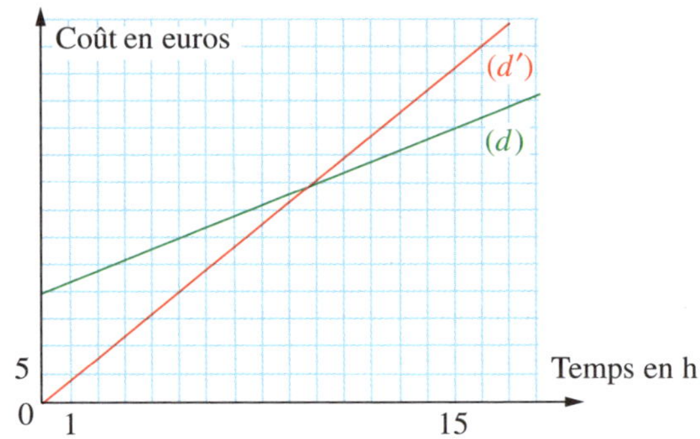

→ Corrigé p. 82

2 ★★

Pour son usage domestique, chaque Français utilise chaque jour 140 litres d'eau, dont seulement 7 % nécessitent qu'elle soit potable.

Calculer le volume d'eau potable réellement nécessaire à un Français par jour. Arrondir ce résultat à l'unité.

→ Corrigé p. 82

Pour s'entraîner

3 ★★

Le tableau ci-dessous donne la répartition, selon la surface en m^2, des magasins d'un centre commercial. L'effectif total est de 67.

Surface d'un magasin en m^2	65	66	69	74	81
Effectif	13	22	17		6

1° Combien de magasins ont une surface de 74 m^2 ?

2° Quel est le pourcentage de magasins dont la superficie est inférieure ou égale à 69 m^2 ?

→ Corrigé p. 82

4 ★★★

Un commerçant augmente les prix de tous ses articles de 8 %. Un objet coûte x euros. Après avoir subi cette augmentation, il coûte y euros.

1° Exprimer y en fonction de x.

2° Un lecteur de DVD coûte, avant augmentation, 329 euros. Combien coûtera-t-il après ?

3° Un téléviseur coûte, après augmentation, 540 euros. Combien coûtait-il avant ?

→ Corrigé p. 82

Sujets du brevet

5 ★★

La masse du thon jaune représente en moyenne 17 % de la masse totale des trois espèces de thon pêché.

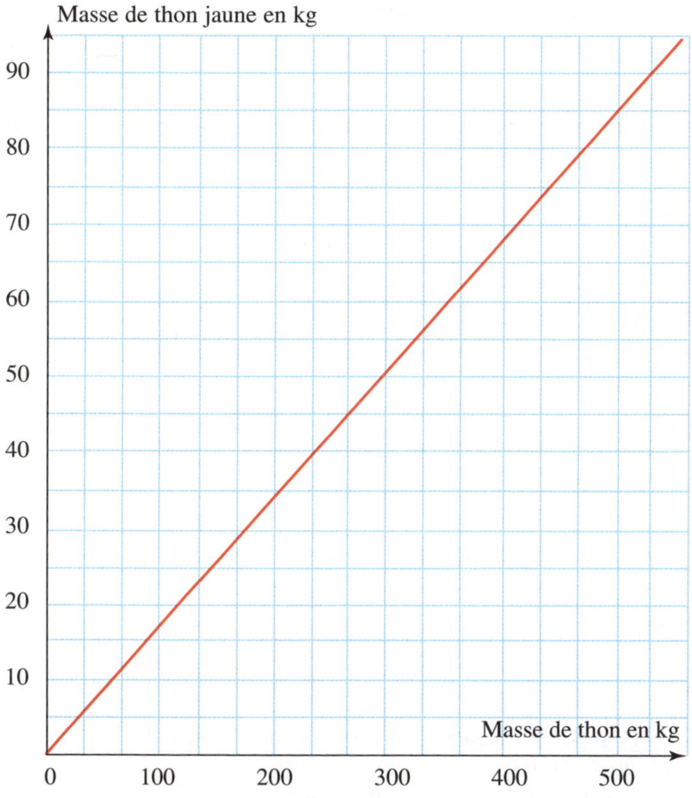

Le graphique ci-dessus représente la masse de thon jaune pêché par rapport à la masse totale de thon pêché.

a) Est-ce que la masse de thon jaune est proportionnelle à la masse totale de thon pêché ? Justifier.

b) L'équipe de Moana a pêché 400 kg de thon.
Calculer la masse de thon jaune pêché.

→ *Corrigé p. 82*

6 ★★★

Soit x un nombre compris entre 0 et 12.
On considère un carré $MNPQ$ tel que $MN = 0{,}75x$.

1° Soit $A(x)$ l'aire du carré $MNPQ$ en fonction de x.
Montrer que $A(x) = 0{,}562\,5x^2$.

2° Recopier et compléter le tableau suivant :

x	0	2	4	6	8	10	12
$A(x)$							

3° Placer dans un repère orthogonal les points d'abscisse x et d'ordonnée $A(x)$ donnés par le tableau. On placera l'origine en bas à gauche et on prendra 1 cm pour une unité en abscisse et 1 cm pour 10 unités en ordonnée.

4° L'aire de $MNPQ$ est-elle proportionnelle à x ? Justifier à l'aide du graphique.

→ Corrigé p. 83

7 ★★

L'air, dans l'environnement terrestre, est un mélange constitué :
- de 78 % de diazote ;
- de dioxygène ;
- d'autres gaz (ozone, argon, vapeur d'eau, dioxyde de carbone…).

1° L'air contenu dans un ballon de football pèse 47,06 g. Déterminer alors la masse, en grammes, de diazote à l'intérieur du ballon.

2° Une salle de classe de volume 30 m^3 contient 6,3 m^3 de dioxygène. Trouver le pourcentage de dioxygène et le pourcentage des gaz présents dans l'air, autres que le diazote et le dioxygène.

→ Corrigé p. 83

8 ★★

Une voiture coûte 12 000 €. Son prix augmente de 5 %.
Quel sera son nouveau prix :
a) 12 600 € ? *b*) 12 500 € ? *c*) 11 400 € ?
Choisir la bonne réponse parmi les trois proposées.

→ Corrigé p. 84

9 ★★★

En 3e A, sur 30 élèves, il y a 40 % de filles. En 3e B, sur 20 élèves, il y a 60 % de filles.
Lorsque les deux classes sont réunies, quel est le pourcentage de filles dans le groupe :
a) 36 % de filles ? *b*) 48 % de filles ? *c*) 50 % de filles ?
Choisir la bonne réponse parmi les trois proposées.

→ Corrigé p. 84

10 ★★★

Le poids d'un corps sur un astre dépend de la masse et de l'accélération de la pesanteur. On peut montrer que la relation est $P = mg$, P est le poids (en Newton) d'un corps sur un astre (c'est-à-dire la force que l'astre exerce sur le corps), m la masse (en kg) de ce corps, g l'accélération de la pesanteur de cet astre.

1° Sur la Terre, l'accélération de la pesanteur de la Terre g_T est environ 9,8.
Calculer le poids (en Newton) sur Terre d'un homme ayant une masse de 70 kg.

2° Sur la Lune, la relation $P = mg$ est toujours valable.
On donne le tableau ci-dessous de correspondance Poids-Masse sur la Lune :

Masse (kg)	3	10	25	40	55
Poids (N)	5,1	17	42,5	68	93,5

a) Est-ce que le tableau ci-dessus est un tableau de proportionnalité ?
b) Calculer l'accélération de la pesanteur sur la Lune notée g_L.
c) Est-il vrai que l'on pèse environ 6 fois moins lourd sur la Lune que sur la Terre ?

3° Le dessin ci-contre représente un cratère de la Lune.
BCD est un triangle rectangle en *D*.
a) Calculer la profondeur du cratère. Arrondir au dixième de km près.

b) On considère que la longueur *CD* représente 20 % du diamètre du cratère. Calculer la longueur *AB* du diamètre du cratère.

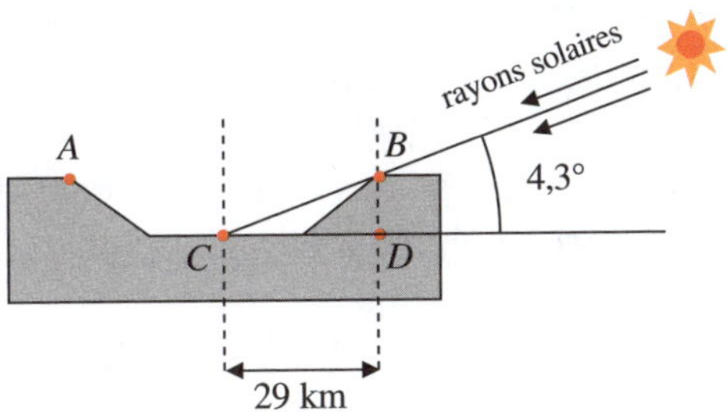

➔ Corrigé p. 84

1 → Énoncé p. 78 • La droite (d), qui représente le tarif A, ne passe pas par l'origine du repère. **Pour le tarif A, le coût n'est pas proportionnel à la durée des communications.**
• La droite (d'), qui représente le tarif B, passe par l'origine du repère. **Pour le tarif B, le coût est proportionnel à la durée des communications.**

> **Rappel**
> Une situation de proportionnalité est représentée par une droite passant par l'origine du repère.

2 → Énoncé p. 78 7 % des 140 litres d'eau nécessitent qu'elle soit potable.

On a : $\frac{7}{100} \times 140 = 9{,}8$.

Un Français a besoin de 10 litres d'eau potable par jour.

> **Rappel**
> Prendre a % d'une valeur x, c'est calculer $\frac{a}{100} \times x$.

3 → Énoncé p. 78 1° L'effectif de la surface 74 m^2 s'obtient en ôtant de l'effectif total 67 les effectifs des autres surfaces. On a : $67 - 13 - 22 - 17 - 6 = 9$.

9 magasins ont une surface de 74 m^2.

2° $13 + 22 + 17 = 52$; 52 magasins ont une superficie inférieure ou égale à 69 m^2.

On a : $52 \div 67 \times 100$ % $= 77{,}6$ % à 0,1 près.

Environ 77,6 % des magasins ont une superficie inférieure ou égale à 69 m^2.

> **Piège à éviter**
> Ne pas prendre que les magasins d'une superficie de 69 m^2.

4 → Énoncé p. 78 1° La valeur x augmente de 8 %.

Augmenter une valeur de a %, c'est la multiplier par $\left(1 + \frac{a}{100}\right)$.

Comme $1 + \frac{8}{100} = 1{,}08$, on a $\boldsymbol{y = 1{,}08x}$.

2° On a : $1{,}08 \times 329 = 355{,}32$.

Le prix du lecteur de DVD après augmentation est de 355,32 euros.

> **Rappel**
> Augmenter une grandeur de a % revient à multiplier cette grandeur par $\left(1 + \frac{a}{100}\right)$.

3° Soit x le prix du téléviseur avant augmentation ; on veut : $1{,}08x = 540$; soit $x = 540 \div 1{,}08 = 500$.

Avant augmentation, le téléviseur coûtait 500 euros.

5 → Énoncé p. 79 *a)* Le graphique donnant la masse de thon jaune en fonction de la masse totale de thon pêché est une droite passant par l'origine du repère.

> **Rappel**
> Prendre a % d'une valeur x, c'est calculer $\frac{a}{100} \times x$.

La masse de thon jaune est donc proportionnelle à la masse totale de thon pêché.

b) 17 % de 400, c'est $\frac{17}{100} \times 400$ ou encore 68.

Avec 400 kg de thon pêché, l'équipe de Moana a pris 68 kg de thon jaune.

6 → Énoncé p. 80 1° *MNPQ* étant est un carré, son aire est MN^2 soit $(0{,}75x)^2$.

L'aire de *MNPQ* est : $A(x) = 0{,}562\ 5x^2$ (en cm²).

2°

x	0	2	4	6	8	10	12
$A(x)$	0	2,25	9	20,25	36	56,25	81

3°

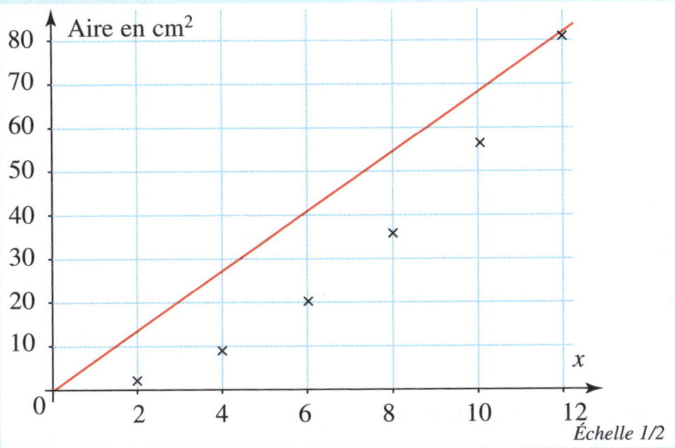

Rappel

Une situation de proportionnalité est représentée par une droite passant par l'origine du repère.

4° **L'aire de *MNPQ* n'est pas proportionnelle à x** car les points du graphique du 3° ne sont pas alignés (ils ne forment pas une droite).

7 → Énoncé p. 80 1° Il y a 78 % de diazote parmi les 47,06 g.

On a : $\frac{78}{100} \times 47{,}06 = 36{,}7068$.

Il y a environ 36,71 grammes de diazote dans le ballon.

2° La proportion de dioxygène est : $6{,}3 \div 30 = 0{,}21$.

Il y a 21 % de dioxygène dans l'air.

On a 100 % – 78 % – 21 % = 1 %.

Les gaz autres que le diazote et le dioxygène représentent 1 % de l'air de la classe.

Astuce

Dans un partage, la somme des parts en pourcentage vaut 100 %.

8 → *Énoncé p. 80* Augmenter le prix de 5 % revient à le multiplier par $\left(1 + \frac{5}{100}\right)$, soit par 1,05. On a : 12 000 × 1,05 = 12 600.
Le nouveau prix sera de 12 600 € : **réponse a)**.

> **Conseil**
> Dans ce QCM, traiter la question posée sans regarder les réponses proposées et ensuite vérifier que votre résultat est dans les réponses proposées.

9 → *Énoncé p. 80* En 3e A, il y a 40 %de filles parmi 30 élèves, soit 12 filles $\left(\frac{40}{100} \times 30\right)$ et en 3e B, il y a 60 % de filles parmi 20 élèves soit 12 filles $\left(\frac{60}{100} \times 20\right)$.
Il y a en tout 24 filles parmi 50 élèves, soit 48 %.
Lorsque les deux classes sont réunies, il y a 48 % de filles : **réponse b)**.

> **Piège à éviter**
> Attention à ne pas additionner des pourcentages : il faut déterminer le nombre total de filles.

10 → *Énoncé p. 81* 1° On a : $P = 70 \times 9{,}8 = 686$.
Sur la Terre, un homme ayant une masse de 70 kg pèse **686 N**.
2° *a*) On a : $\frac{5{,}1}{3} = 1{,}7$; $\frac{17}{10} = 1{,}7$; $\frac{42{,}5}{25} = 1{,}7$; $\frac{68}{40} = 1{,}7$ et $\frac{93{,}5}{55} = 1{,}7$
Le tableau donné est un tableau de proportionnalité.

> **Méthode**
> Calculer dans chaque colonne le quotient du poids par la masse.

b) De $P = mg$, on obtient $g = P \div m$.
D'après la question *a*) l'accélération de la pesanteur sur la Lune est $\boldsymbol{g_L = 1{,}7}$.
c) On a : $\frac{g_T}{g_L} = \frac{9{,}8}{1{,}7} \approx 5{,}76$. L'accélération de la pesanteur est presque 6 fois plus forte sur la Terre que sur la Lune, donc **l'affirmation « l'on pèse environ 6 fois moins lourd sur la Lune que sur la Terre » est vraie.**
3° *a*) Dans le triangle *BCD* rectangle en *D*,
on a $\tan(\widehat{BCD}) = \frac{\text{côté opposé à } \widehat{C}}{\text{côté adjacent à } \widehat{C}} = \frac{BD}{CD}$, soit $\tan(\widehat{BCD}) \times CD = BD$.
On a donc $\tan(4{,}3°) \times 29 = BD$.
La profondeur du cratère est 2,2 km au dixième près.
b) On a $0{,}2 \times AB = CD$, d'où $AB = CD \div 0{,}2 = 29 \div 0{,}2 = 145$.
Le diamètre du cratère est de 145 km.

CHAPITRE 8 Fonctions (généralités)

1. Définition et notation

On définit une **fonction numérique** f sur un ensemble D lorsqu'à chaque réel x de D, on associe au plus un réel y.
On note $f : x \mapsto y$ ou $f(x) = y$.
Exemple : Associer à chaque réel x son carré diminué de 3 revient à définir la fonction f qu'on note soit $f : x \mapsto x^2 - 3$, soit $f(x) = x^2 - 3$.

2. Représentation graphique

La **représentation graphique** d'une fonction est une courbe constituée de points $M(x\,;f(x))$.

3. Images

Soit f une fonction et x un élément pour lequel $f(x)$ existe, $f(x)$ est l'**image** de x par f.
Un élément x ne peut posséder qu'une seule image par f.

Exemple

On considère la fonction f définie par $f(x) = x^2 - 7$.
Calculer l'image de 4 par f, puis l'image de –2 par f.

$f(4) = 4^2 - 7$ $= 16 - 7$ $= 9$	← On remplace x par la valeur dont on cherche l'image. ← On effectue les calculs en respectant les priorités.
L'image de 4 par f est 9.	← On conclut.
$f(-2) = (-2)^2 - 7$ $= 4 - 7$ $= -3$ **L'image de –2 par f est –3.**	← Attention au carré qui est positif.

4. Antécédents

Soit f une fonction et y un réel.
On appelle **antécédent** de y par f tout réel x tel que $f(x) = y$.
Un élément y peut avoir zéro, un ou plusieurs antécédents par f.

Exemple

On considère la fonction f définie par $f(x) = 5x + 3$.
Calculer l'antécédent de 38 par f, puis l'antécédent de –4 par f.

On veut $f(x) = 38$, ce qui donne : $5x + 3 = 38$ $5x = 38 - 3$ $5x = 35$ $x = 35 \div 5$	← On pose l'équation $f(x) = 38$ et on la résout.
La solution est 7 : **l'antécédent de 38 par f est 7.**	← La solution est l'antécédent de 38 par f.
On veut $f(x) = -4$, ce qui donne : $5x + 3 = -4$ $5x = -4 - 3$ $5x = -7$ $x = -7 \div 5$ La solution est –1,4 : **l'antécédent de –4 par f est –1,4.**	← On fait de même en résolvant l'équation $f(x) = -4$ pour déterminer l'antécédent de –4 par f.

Exploiter un tableau de valeurs d'une fonction

Énoncé **On considère une fonction f associée au tableau de valeurs ci-dessous :**

x	–5	–3	–1	1	5	7
$f(x)$	**120**	**50**	**12**	**6**	**90**	**120**

1° Donner l'image de –3 par f et celle de 5.
2° Donner deux antécédents de 120 par f.

Corrigé pas à pas

1° L'image de –3 par f est **50**.
L'image de 5 par f est **90**.

← La ligne $f(x)$ représente les images des nombres de la ligne x.

2° Des antécédents de 120 par f sont **–5 et 7**.

← La ligne x représente des antécédents des nombres de la ligne $f(x)$.

Exploiter la représentation graphique d'une fonction

Énoncé **On considère la fonction f représentée par la courbe rouge ci-dessous dans le repère (O, I, J).**
Par lecture graphique, déterminer :
a) les images respectives par f de 2 et de 0 ;
b) les antécédents de –1 par f.

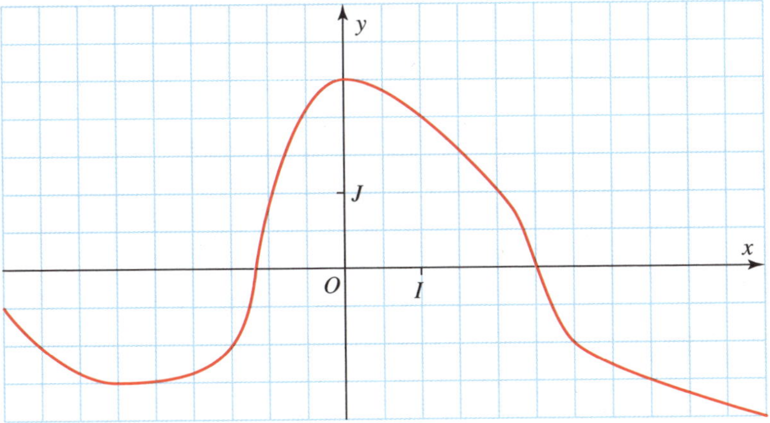

Corrigé pas à pas

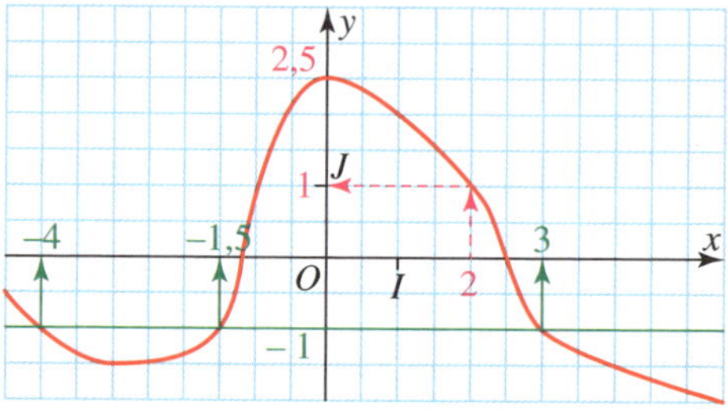

a) Graphiquement, l'image de 2 par f est $\mathbf{f(2) = 1}$.

← On place 2 sur l'axe des abscisses, on joint verticalement la courbe, puis horizontalement l'axe des ordonnées pour y lire $f(2)$.

Graphiquement, l'image de 0 par f est $\mathbf{f(0) = 2{,}5}$.

← L'image de 0 par f est l'ordonnée du point de la courbe situé sur l'axe des ordonnées : on dit que c'est « l'ordonnée à l'origine ».

b) Graphiquement, les antécédents de –1 par f sont **–4, –1,5 et 3**.

← Pour trouver les antécédents de –1 par f, on part de la valeur –1 sur l'axe des ordonnées et on cherche les abscisses des points de la courbe dont l'ordonnée vaut –1.

Pour bien débuter

1 ★

Soit f la fonction définie par $f(x) = x^2 - 6x + 2$.

Déterminer les images de 0, de 3, de –2 et de $\frac{1}{2}$ par f.

→ Corrigé p. 95

2 ★

Soit f la fonction définie par $f(x) = -4x + 7$.
Déterminer l'antécédent de 0 par f, puis celui de 7.

→ Corrigé p. 95

3 ★

Soit f la fonction définie pour tout réel x par $f(x) = -x^2 + 4x - 1$.
Elle est associée au tableau de valeurs ci-dessous :

x	–1	0	1	1,5	2	2,5	3	4	5
$f(x)$	–6	–1	2	2,75	3	2,75	2	–1	–6

1° Quelle est l'image de –1 par f ? et celle de 2,5 ?

2° Donner les antécédents de –1 par f.

→ Corrigé p. 95

4 ★★

Soit f la fonction définie par la courbe représentative ci-dessous :

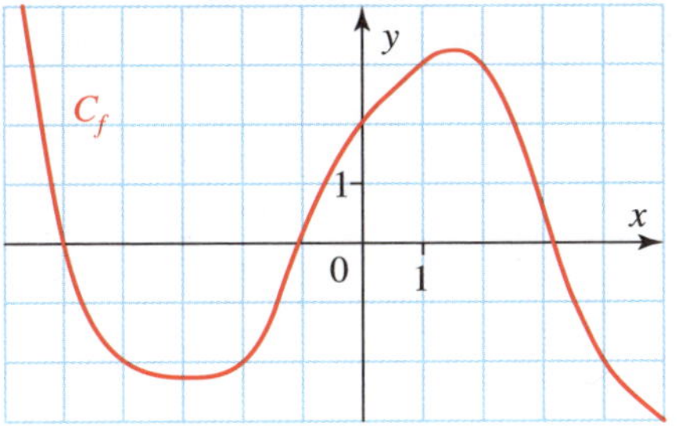

Préciser les images par f des nombres suivants :
a) 2 ; *b)* 0 ; *c)* –1.

→ Corrigé p. 95

5 ★★

On utilise la fonction f et la courbe de l'exercice 4.
Quels sont les antécédents de –2 par f ?

→ Corrigé p. 95

Pour s'entraîner

6 ★★

Pour chaque fonction f, déterminer l'antécédent de k par f.
a) $f(x) = 2x - 3$ et $k = 17$.
b) $f(x) = 6(3x - 2)$ et $k = 12$.

→ Corrigé p. 95

7 ★★★

Soit les fonctions f et g définies par : $f(x) = -x^2 + 5$ et $g(x) = (3x + 6)(x - 9)$.

1° *a)* Calculer $f(2)$, $f(-1)$ et $f(-3)$.
b) Calculer $g(4)$, $g(-4)$ et $g(2)$.
c) Calculer l'image de 0 par f et g.

2° *a)* Déterminer si les antécédents de 5 et de 9 par f existent.
b) Déterminer les antécédents de 0 par g.

→ Corrigé p. 96

Sujets du brevet

8 ★★

f est la fonction affine définie par $f(x) = 4x - 2$.
L'affirmation « l'image de 2 par la fonction *f* est aussi le double de l'antécédent de 10 » est-elle exacte ? Justifier la réponse.

→ *Corrigé p. 96*

9 ★★

Soit *f* la fonction associée au tableau de valeurs suivant :

x	–4	–2	0	1	2	5	9
$f(x)$	3	2	0	3	–4	–2	2

Pour chacune des affirmations suivantes, dire si elle est vraie ou fausse en justifiant la réponse :
a) L'image de –4 par *f* est 2.
b) Un antécédent de –2 par *f* est 5.
c) L'antécédent de 2 par *f* est –2.
d) Le point de coordonnées (2 ; 9) appartient à la représentation graphique de *f*.

→ *Corrigé p. 97*

10 ★★

Le graphique ci-dessous donne le niveau de bruit (en décibels) d'une tondeuse à gazon en marche, en fonction de la distance (en mètres) entre la tondeuse et l'endroit où s'effectue la mesure.

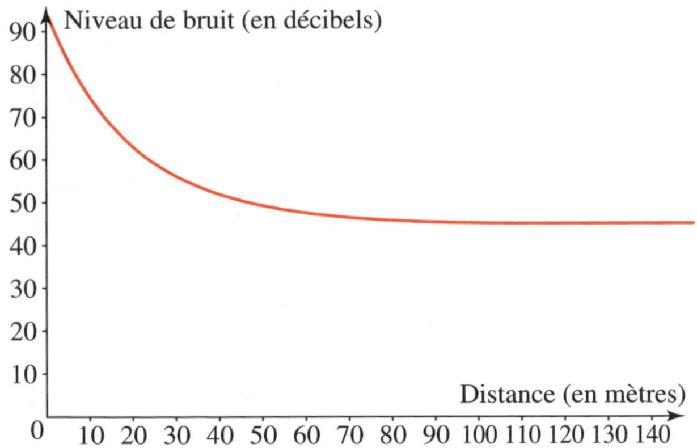

En utilisant ce graphique, répondre aux deux questions suivantes (aucune justification n'est attendue) :

a) Quel est le niveau de bruit à une distance de 100 m de la tondeuse ?
b) À quelle distance de la tondeuse se trouve-t-on quand le niveau de bruit est égal à 60 décibels ?

→ Corrigé p. 97

11 ★★

Il existe différentes unités de mesure de la température : en France, on utilise le degré Celsius (°C) ; aux États-Unis, on utilise le degré Fahrenheit (°F). Pour passer des degrés Celsius aux degrés Fahrenheit, on multiplie le nombre de départ par 1,8 et on ajoute 32 au résultat.

1° *a*) Si l'on note x la température en degré Celsius et $f(x)$ la température en degré Fahrenheit, exprimer $f(x)$ en fonction de x.
b) Quelle est l'image de 5 par la fonction f ?
c) Quel est l'antécédent de 5 par la fonction f ?
d) Traduire en terme de conversion de température la relation $f(10) = 50$.

2° Qu'indiquerait un thermomètre en degrés Fahrenheit si on le plongeait dans une casserole d'eau qui gèle ? On rappelle que l'eau gèle à 0 °C.

3° Qu'indiquerait un thermomètre en degrés Celsius si on le plongeait dans une casserole d'eau portée à 212 °F ? Que se passe-t-il ?

→ Corrigé p. 97

12 ★★★

Soit f la fonction définie par sa courbe représentative ci-dessous :

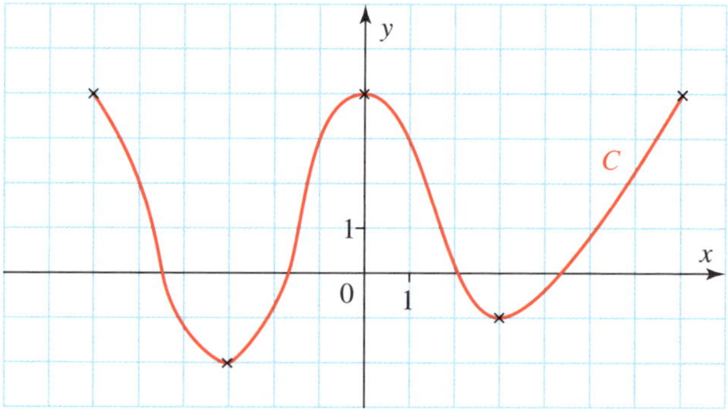

1° Lire les antécédents de –1 par f.

2° Quel est le maximum de f ? En quelle(s) valeur(s) est-il atteint ?

→ Corrigé p. 98

13 ★★

Soit f une fonction dont on donne le tableau de valeurs suivant :

x	-1	$0,5$	2	$3,5$
$f(x)$	$-1,75$	2	$1,25$	-4

1° Lire les images de –1, de 0,5 et de 3,5 par f. Donner $f(2)$.

2° Quel est l'antécédent de 2 par f ?

3° Parmi les expressions suivantes, quelle est celle qui correspond au tableau de valeurs ? Justifier la réponse.

a) $f_1(x) = 2,5x + 0,75$.

b) $f_2(x) = \dfrac{x^2 - 0,5x + 2}{2x}$.

c) $f_3(x) = -x^2 + 2x + 1,25$.

→ Corrigé p. 98

14 ★★★

On étudie plus précisément le remplissage d'une écluse pour faire passer une péniche de l'amont vers l'aval.

Principe : Il s'agit de faire monter le niveau de l'eau de l'écluse jusqu'au niveau du canal en amont afin que l'on puisse faire passer la péniche dans l'écluse.

Ensuite l'écluse se vide et le niveau descend à celui du canal en aval. La péniche peut alors sortir de l'écluse et poursuivre dans le canal en aval.

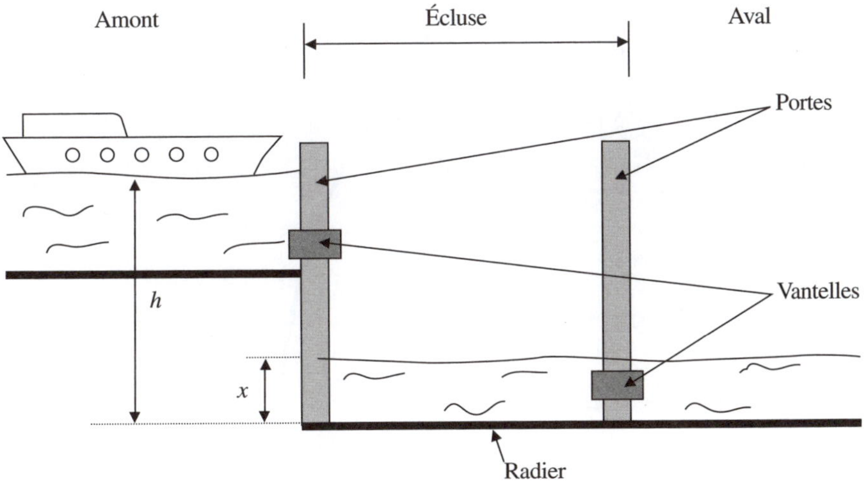

Toutes les mesures de longueur sont exprimées en mètre.

On notera h la hauteur du niveau de l'eau en amont et x la hauteur du niveau de l'eau dans l'écluse.

Ces hauteurs sont mesurées à partir du radier (fond) de l'écluse (voir schéma page précédente).
Lorsque la péniche se présente à l'écluse, on a $h = 4{,}3$ m et $x = 1{,}8$ m.
La vitesse de l'eau s'écoulant par la vantelle (vanne) est donnée par la formule suivante :

$$v = \sqrt{2g(h-x)}$$

où $g = 9{,}81$ (accélération en mètre par seconde au carré noté m.s^{-2})
et v est la vitesse (en mètre par seconde noté m.s^{-1}).

1° Calculer l'arrondi à l'unité de la vitesse de l'eau s'écoulant par la vantelle à l'instant de son ouverture. *(On considère l'ouverture comme étant instantanée.)*

2° Pour quelle valeur de x, la vitesse d'écoulement de l'eau sera-t-elle nulle ?
Qu'en déduit-on pour le niveau de l'eau dans l'écluse dans ce cas ?

3° Le graphique ci-après représente la vitesse de l'écoulement de l'eau par la vantelle en fonction du niveau x de l'eau dans l'écluse.
Déterminer, par lecture graphique, la vitesse d'écoulement lorsque la hauteur de l'eau dans l'écluse est de 3,4 m.

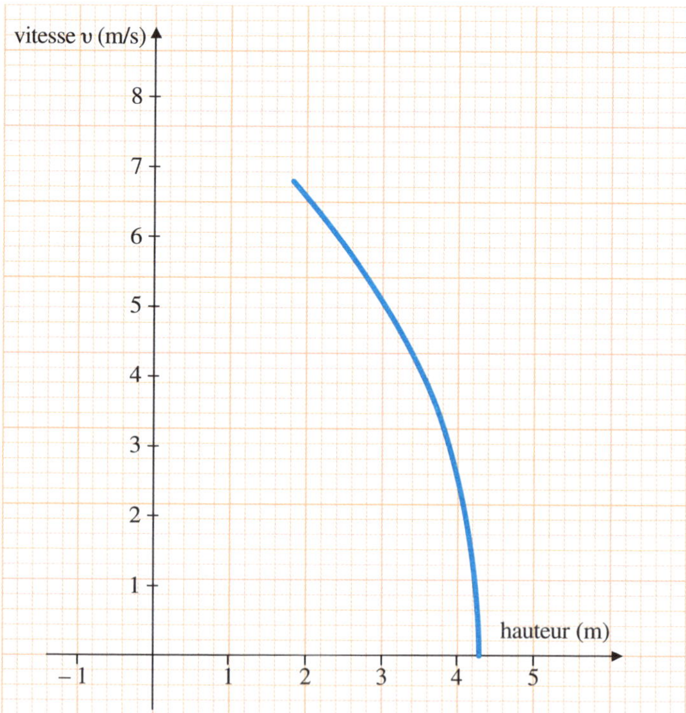

→ Corrigé p. 99

1 → Énoncé p. 89 L'image de 0 par f est :
$f(0) = 0^2 - 6 \times 0 + 2 = \mathbf{2}$.
L'image de 3 par f est :
$f(3) = 3^2 - 6 \times 3 + 2 = 9 - 18 + 2 = \mathbf{-7}$.
L'image de (–2) par f est :
$f(-2) = (-2)^2 - 6 \times (-2) + 2 = 4 + 12 + 2 = \mathbf{18}$.
L'image de $\frac{1}{2}$ par f est :

$$f\left(\frac{1}{2}\right) = \left(\frac{1}{2}\right)^2 - 6 \times \frac{1}{2} + 2 = \frac{1}{4} - 3 + 2 = \frac{1}{4} - 1 = \mathbf{\frac{-3}{4}}.$$

> **Piège à éviter**
> Un carré d'un nombre négatif est un nombre positif.

2 → Énoncé p. 89 L'antécédent de 0 par f est solution de $f(x) = 0$, ce qui donne :
$-4x + 7 = 0$; $-4x = -7$; $x = -7 \div (-4)$; $x = 1{,}75$.
L'antécédent de 0 par f est 1,75.
L'antécédent de 7 par f est solution de $f(x) = 7$, ce qui donne :
$-4x + 7 = 7$; $-4x = 0$; $x = 0 \div (-4)$; $x = 0$.
L'antécédent de 7 par f est 0.

> **Rappel**
> Il faut résoudre une équation pour trouver l'antécédent.

3 → Énoncé p. 89 1° Dans la colonne où $x = -1$, on a $f(x) = -6$, donc **l'image de –1 par f est –6**. De même, sous le nombre 2,5 on lit 2,75, donc **l'image de 2,5 par f est 2,75.**
2° On trouve deux fois le nombre –1 sur la ligne $f(x)$ et, au-dessus de ces deux occurrences, on lit les nombres 0 et 4. **Les antécédents de –1 par f sont donc 0 et 4.**

> **Méthode**
> Les images se lisent sur la ligne $f(x)$. Les antécédents se lisent sur la ligne x.

4 → Énoncé p. 89 *a*) L'image de 2 par f est l'ordonnée du point de la courbe d'abscisse 2. On a $f(2) = \mathbf{3}$.
b) De même, l'image de 0 par f est $f(0) = \mathbf{2}$.
c) De même, l'image de –1 par f est $f(-1) = \mathbf{0}$.

> **Rappel**
> L'image de a est l'ordonnée du point de la courbe d'abscisse a.

5 → Énoncé p. 90 Les nombres qui sont les antécédents de –2 par f sont les abscisses de tous les points de C_f dont l'ordonnée vaut –2.
–4, –2 et 4 sont les antécédents de –2 par f.

> **Méthode**
> Les antécédents d'un nombre k sont les abscisses **de tous** les points de la courbe d'ordonnées k.

6 → Énoncé p. 90 *a*) $f(x) = 17$ donne successivement :
$2x - 3 = 17$; $2x = 20$; $x = 20 \div 2$; $x = 10$.

L'antécédent de 17 par f est 10.

b) $f(x) = 6$ donne successivement :

$6(3\,x - 2) = 6$; $18x - 12 = 12$; $18x = 12 + 12$;

$18x = 24$; $x = \dfrac{18}{24} = \dfrac{3}{4}$.

Donc, l'antécédent de 12 par f est $\dfrac{3}{4}$.

> **Rappel**
> Pour b non nul, $\dfrac{a}{b} = c$ s'écrit aussi $a = bc$.

7 → *Énoncé p. 90* **1°** *a)* $f(2) = -(2)^2 + 5 = -4 + 5 = \mathbf{1}$.

$f(-1) = -(-1)^2 + 5 = -1 + 5 = \mathbf{4}$.

$f(-3) = -(-3)^2 + 5 = -9 + 5 = \mathbf{-4}$.

b) $g(4) = (3 \times 4 + 6)(4 - 9) = (12 + 6) \times (-5) = 18 \times (-5) = \mathbf{-90}$

$g(-4) = (3 \times (-4) + 6)(-4 - 9) = (-12 + 6) \times (-13) = (-6)\times(-13) = \mathbf{78}$

$g(2) = (3 \times 2 + 6)(2 - 9) = (6 + 6) \times (-7) = 12 \times (-7) = \mathbf{-84}$

c) L'image de 0 par f est donnée par le calcul de $f(0)$:

$f(0) = -0^2 + 5 = \mathbf{5}$

L'image de 0 par g est donnée par le calcul de $g(0)$:

$g(0) = (3 \times 0 + 6)(0 - 9) = 6 \times (-9) = \mathbf{-54}$

2° *a)* $f(x) = 5$ donne $-x^2 + 5 = 5$; $-x^2 = 0$; $x^2 = 0$; $x = 0$.

L'antécédent de 5 par f est 0.

$f(x) = 9$ donne $-x^2 + 5 = 9$; $-x^2 = 9 - 5$; $-x^2 = 4$; $x^2 = -4$: ce qui est impossible.

9 n'a pas d'antécédent par f.

b) Pour trouver le ou les antécédent(s) de 0 par g, on doit résoudre l'équation : $g(x) = 0$ c'est-à-dire $(3x + 6)(x - 9) = 0$.

C'est une équation produit.

Si $AB = 0$ alors $A = 0$ ou $B = 0$.

Donc on obtient : $3x + 6 = 0$ ou $x - 9 = 0$,

ainsi $x = -2$ ou $x = 9$.

Les antécédents de 0 par g sont -2 et 9.

8 → *Énoncé p. 91* L'image de 2 par f est $f(2) = 4 \times 2 - 2 = 6$.

L'antécédent de 10 par f est solution de $f(x) = 10$, ce qui donne : $4x - 2 = 10$; $4x = 10 + 2$; $x = 12 \div 4$; $x = 3$.

Comme 6 est le double de 3, **l'affirmation** « l'image de 2 par la fonction f est aussi le double de l'antécédent de 10 » **est exacte**.

> **Conseil**
> Déterminer d'abord l'image de 2 et l'antécédent de 10.

9 → *Énoncé p. 91* *a*) L'affirmation « L'image de –4 par *f* est 2 » est **fausse** car l'image de –4 par *f* est 3. –4 est aussi l'image de 2 par *f*.

b) L'affirmation « Un antécédent de –2 par *f* est 5 » est **vraie** car $f(5) = -2$.

c) L'affirmation « L'antécédent de 2 par *f* est –2 » est **fausse** car 2 a plusieurs antécédents par *f* (–2 et 9 d'après le tableau de valeurs) et non un seul.

d) L'affirmation « Le point de coordonnées (2 ; 9) appartient à la représentation graphique de *f* » est **fausse** car l'image de 2 par *f* est –4 ; ainsi la courbe représentative de *f* passe par le point de coordonnées (2 ; –4) et elle ne passe donc pas par le point de coordonnées (2 ; 9).

Rappel de cours
La courbe représentative d'une fonction *f* est l'ensemble des points de coordonnées (x ; $f(x)$).

10 → *Énoncé p. 91* *a*) Graphiquement, le niveau de bruit à une distance de 100 m de la tondeuse est de **45 décibels**.

b) Le niveau de bruit est égal à 60 décibels à une distance de **25 m de la tondeuse**.

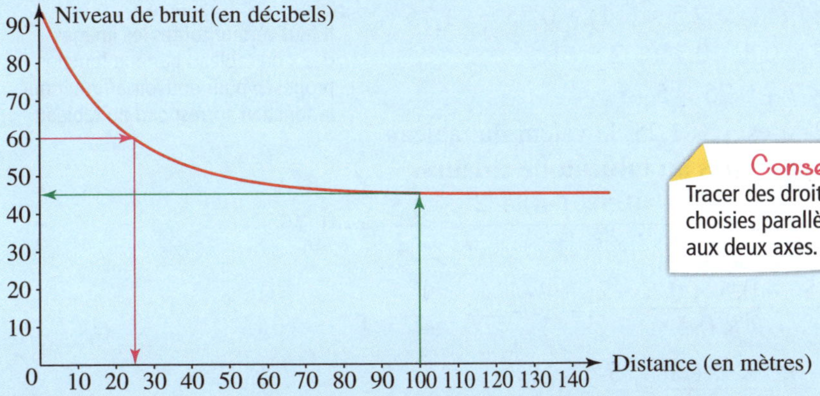

Conseil
Tracer des droites bien choisies parallèles aux deux axes.

11 → *Énoncé p. 92* 1° *a*) On utilise la fonction *f* définie par $f(x) = 1{,}8x + 32$.

b) $f(5) = 1{,}8 \times 5 + 32 = 9 + 32 = 41$. **L'image de 5 par *f* est 41.**

c) $f(x) = 5$ donne successivement :

$1{,}8x + 32 = 5$; $1{,}8x = 5 - 32$; $1{,}8x = -27$; $x = -27 \div 1{,}8$; $x = -15$.

L'antécédent de 5 par *f* est –15.

d) La relation $f(10) = 50$ signifie qu'**une température de 10° Celsius correspond à une température de 50° Fahrenheit**.

2° L'eau gèle à 0 °C. On fait $f(0) = 1{,}8 \times 0 + 32 = 32$.

Un thermomètre en Fahrenheit indique **32 °F** si on le plonge dans de l'eau qui gèle.

3° On veut $f(x) = 212$, ce qui donne successivement :
$1{,}8x + 32 = 212$; $1{,}8x = 212 - 32$; $1{,}8x = 180$;
$x = 180 \div 1{,}8$; $x = 100$.
Un thermomètre en Celsius plongé dans une casserole d'eau portée à 212 °F indique **100 °C : l'eau bout.**

Astuce
Résoudre une équation avec $f(x)$ pour trouver la température en degré Celsius.

12 → Énoncé p. 92 1° Les antécédents de –1 par f sont les abscisses des points de la courbe C qui ont pour ordonnée –1 : les antécédents de –1 par f sont **3, environ –2,2 et environ –4,2.**

2° Le maximum de f vaut **4**. Il est atteint **en –6, en 0 et en 7**.

13 → Énoncé p. 93 1° L'image de –1 par f est **–1,75**, celle de 0,5 est **2** et celle de 3,5 est **–4**. On a aussi $f(2) = $ **1,25**.
2° L'antécédent de 2 par f est **0,5**.
3° *a)* On a : $f_1(-1) = 2{,}5 \times (-1) + 0{,}75 = -1{,}75$;
$f_1(0{,}5) = 2{,}5 \times 0{,}5 + 0{,}75 = 2$;
$f_1(2) = 2{,}5 \times 2 + 0{,}75 = 5{,}75$.
Comme $f_1(2)$ n'est pas 1,25, la valeur du tableau, **f_1 ne correspond pas au tableau de valeurs.**

Méthode
Il faut vérifier toutes les images des x du tableau par une fonction proposée pour pouvoir affirmer que la fonction correspond au tableau.

b) On a : $f_2(-1) = \dfrac{(-1)^2 - 0{,}5 \times (-1) + 2}{2 \times (-1)} = \dfrac{3{,}5}{-2} = -1{,}75$;

$f_2(0{,}5) = \dfrac{0{,}5^2 - 0{,}5 \times 0{,}5 + 2}{2 \times 0{,}5} = \dfrac{2}{1} = 2$;

$f_2(2) = \dfrac{2^2 - 0{,}5 \times 2 + 2}{2 \times 2} = \dfrac{5}{4} = 1{,}25$;

$f_2(3{,}5) = \dfrac{3{,}5^2 - 0{,}5 \times 3{,}5 + 2}{2 \times 3{,}5} = \dfrac{12{,}5}{7}$, soit environ 1,8.

Comme $f_2(3{,}5)$ n'est pas –4, la valeur du tableau, **f_2 ne correspond pas au tableau de valeurs.**

c) On a : $f_3(-1) = -(-1)^2 + 2 \times (-1) + 1{,}25 = -1 - 2 + 1{,}25 = -1{,}75$;
$f_3(0{,}5) = -(0{,}5)^2 + 2 \times 0{,}5 + 1{,}25 = -0{,}25 + 1 + 1{,}25 = 2$;
$f_3(2) = -(2)^2 + 2 \times 2 + 1{,}25 = -4 + 4 + 1{,}25 = 1{,}25$;
$f_3(3{,}5) = -(3{,}5)^2 + 2 \times 3{,}5 + 1{,}25 = -12{,}25 + 7 + 1{,}25 = -4$.
Comme les quatre images des valeurs de x du tableau par f_3 correspondent aux images du tableau, **f_3 est la fonction recherchée.**

14 → *Énoncé p. 93* 1° Avec $g = 9{,}81$, $h = 4{,}3$ et $x = 1{,}8$, la formule $v = \sqrt{2g(h-x)}$ donne :

$v = \sqrt{2 \times 9{,}81 \times (4{,}3 - 1{,}8)}$, soit environ 7,00.

Arrondie à l'unité, **la vitesse d'écoulement de l'eau par la vantelle à l'instant de l'ouverture est de 7 m.s^{-1}**.

2° Pour que la formule $v = \sqrt{2g(h-x)}$ donne un résultat nul, il faut que le facteur $h - x$ soit nul, c'est-à-dire que $h = x$.

Astuce
L'eau ne s'écoule que s'il existe une différence de niveau.

La vitesse d'écoulement de l'eau sera nulle **quand $x = 4{,}3$**. On en déduit que le niveau de l'eau dans l'écluse sera égal à celui de l'eau dans la partie amont.

3° Graphiquement, le point de la courbe d'abscisse 3,4 a pour ordonnée 4,2. La vitesse d'écoulement lorsque la hauteur de l'eau dans l'écluse est de 3,4 m est de **4,2 m.s^{-1}**.

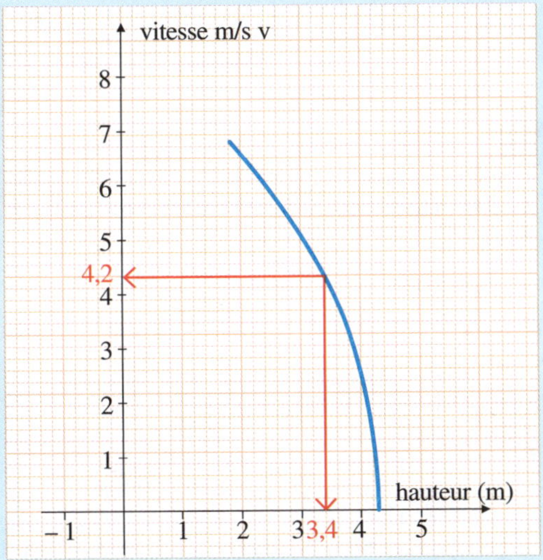

CHAPITRE 9 Fonction linéaire et fonction affine

1. Fonction linéaire

• Une fonction f définie par $f(x) = ax$ est une **fonction linéaire**.

• La représentation graphique d'une fonction linéaire est une droite passant par l'origine du repère.

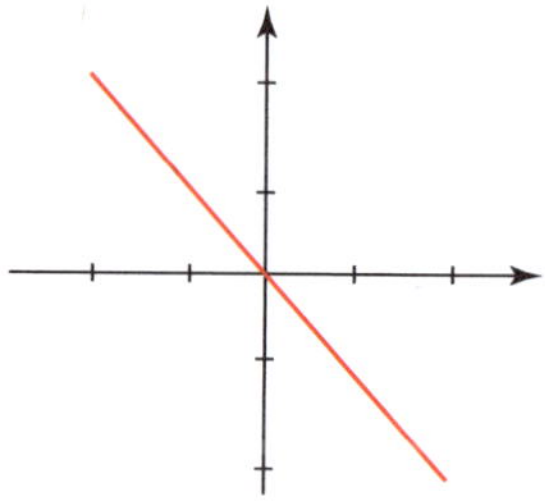

2. Fonction affine

• Une fonction f telle que $f(x) = ax + b$ est une fonction **affine**.

• La représentation graphique d'une fonction affine est une droite sécante à l'axe des ordonnées d'équation $y = ax + b$.

• a est le **coefficient directeur de la droite** et b est son **ordonnée à l'origine**.
Si $a > 0$ alors f est **croissante**.
Si $a = 0$ alors f est **constante**.
Si $a < 0$ alors f est **décroissante**.

Exemple

On considère les fonctions $f : x \mapsto 1{,}5x - 3$ et $g : x \mapsto -2x$.

1° *a)* Préciser la nature de la fonction f.

***b)* Que peut-on en déduire concernant sa représentation graphique ?**

***c)* Représenter graphiquement la fonction f.**

2° Représenter graphiquement la fonction g dans le même repère que f.

1° *a)* f est une fonction **affine**.

← Ayant la forme $x \mapsto ax + b$, on reconnaît une fonction affine.

b) Sa représentation est une **droite (*d*)**.

← On en déduit que la représentation est une droite.

c) On a :
$f(0) = 1{,}5 \times 0 - 3 = -3$;
le point $A(0 ; -3)$ est sur (d).
On a :
$f(4) = 1{,}5 \times 4 - 3 = 3$;
le point $B(4 ; 3)$ est sur (d).

← En choisissant deux valeurs de x, on détermine deux points de (d).

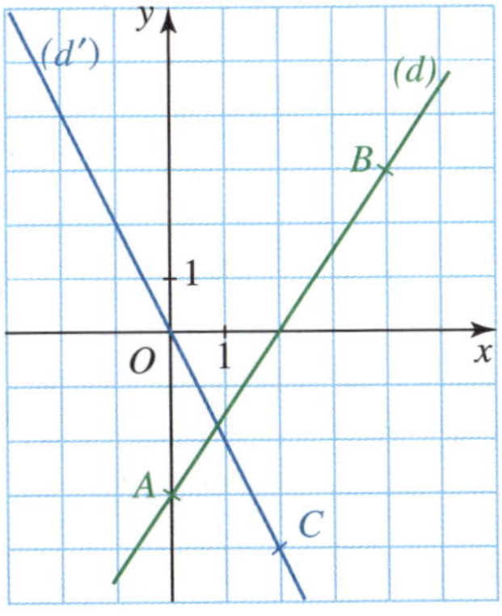

← On place les points A et B, puis on trace la droite (d).

2° g est une fonction **linéaire**.

← Ayant la forme $x \mapsto ax$, on reconnaît une fonction linéaire.

Sa représentation est une **droite (*d′*)** qui passe par O.

← On en déduit que la représentation est une droite passant par l'origine O.

On a : $g(2) = -2 \times 2 = -4$;

← En choisissant une valeur non nulle de x, on détermine un point de (d').

le point $C(2 ; -4)$ est sur (d').
Voir le graphique ci-dessus.

← On place le point C, puis on trace la droite (d').

3. Ordonnée à l'origine

L'ordonnée à l'origine : c'est l'ordonnée du point d'intersection entre la droite qui représente la fonction et l'axe des ordonnées.

Exemple

En utilisant le graphique ci-dessous, donner l'ordonnée à l'origine et le signe du coefficient directeurs des fonctions affines *f* et *g*.

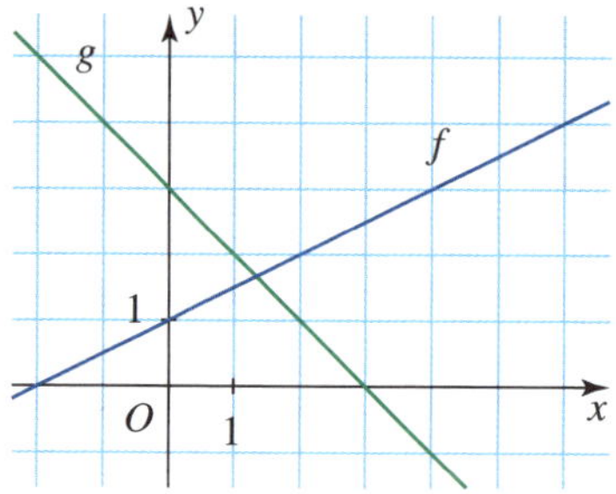

Pour la fonction *f*, le coefficient directeur est positif et l'ordonnée à l'origine est 2.

Pour la fonction *g*, le coefficient directeur est négatif et l'ordonnée à l'origine est 3.

← On voit que la droite bleue représentative de la fonction *f* monte.
On voit qu'elle coupe l'axe des ordonnées en 2.

← On voit que la droite verte représentative de la fonction *g* descend.
On voit qu'elle coupe l'axe des ordonnées en 3.

Exploiter la représentation graphique d'une fonction

Énoncé **Une barre métallique a été chauffée à 100 °C pour être courbée. On la laisse ensuite refroidir. La droite ci-dessous représente sa température en fonction du temps de refroidissement.**

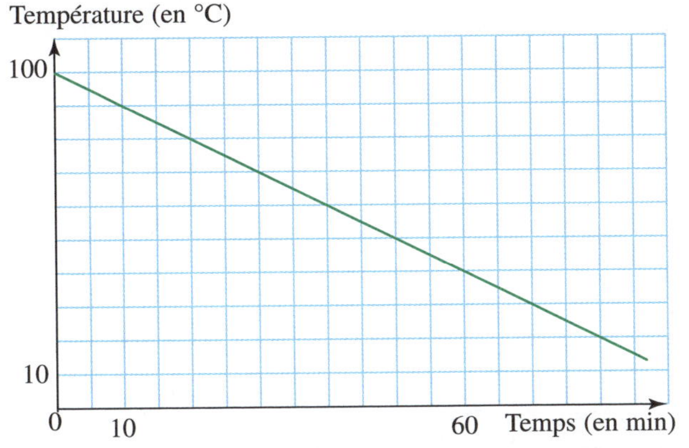

a) **Déterminer graphiquement la température de la barre au bout de 20 minutes.**

b) **Combien de temps la barre doit-elle refroidir pour être à 30 °C ?**

Corrigé pas à pas

a) Au bout de 20 minutes, **la barre est à 80°C**.

← On part du point d'abscisse 20 sur l'axe des temps, on monte sur la droite et on revient horizontalement sur l'axe des températures.

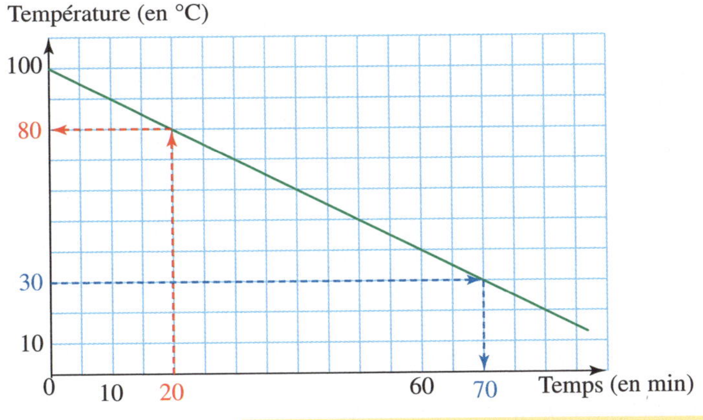

b) Pour être à 30 °C, la barre doit refroidir 70 minutes.

← On part du point d'ordonnée 30 sur l'axe des températures, on joint horizontalement la droite et on redescend sur l'axe des temps.

Pour bien débuter

1 ★

Représenter graphiquement les 2 fonctions affines f et g suivantes dans un même repère :

- $f : x \mapsto -2x + 4$;
- $g : x \mapsto 0{,}5x - 1$

→ Corrigé p. 108

2 ★★

Représenter graphiquement les 2 fonctions affines f et g suivantes dans un même repère :

- $f : x \mapsto 0{,}75x$;
- $g : x \mapsto 2{,}5$.

→ Corrigé p. 108

Pour s'entraîner

3 ★★

Pour se connecter à Internet, les clients ont le choix entre deux tarifs A et B.
Sur le diagramme ci-dessous, la droite (d) représente le tarif A et la droite (d') représente le tarif B.

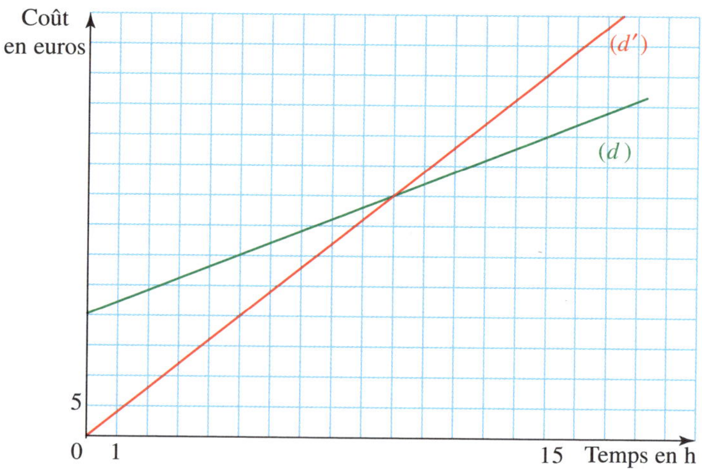

En faisant apparaître sur le graphique précédent les traits nécessaires, répondre aux deux questions suivantes :

a) Coralie, qui a choisi la formule B, a payé 26 €. Combien de temps a-t-elle été connectée ?

b) Jean se connecte 14 h dans le mois. Combien va-t-il payer selon qu'il choisit la formule A ou la formule B ?

→ Corrigé p. 108

Sujets du brevet

4 ★★

Un cybercafé propose à ses clients les trois tarifs suivants pour accéder à Internet :
Tarif A : abonnement 25 € par mois pour une connexion illimitée ;
Tarif B : 1,5 € par heure de connexion ;
Tarif C : abonnement 14 € par mois et 0,5 € par heure de connexion.

1° Reproduire et compléter le tableau suivant :

		Nombres d'heures de connexion par mois			
		6 heures	18 heures	24 heures	x heures
Prix (en €)	Tarif A				
	Tarif B				
	Tarif C				

2° On considère les fonctions f, g et h définies de la façon suivante :
- $f(x) = 25$;
- $g(x) = 1{,}5x$;
- $h(x) = 0{,}5x + 14$.

Tracer les représentations graphiques de ces trois fonctions dans un repère orthogonal.
On prendra comme unités graphiques :
– 1 cm pour 2 heures en abscisse ;
– 1 cm pour 5 € en ordonnée.

3° Un premier client pense se connecter 8 heures ce mois-ci.
Déterminer graphiquement le tarif le plus intéressant pour lui.
On laissera apparents les traits de construction.

4° Un second client dispose de 24 €.
a) Déterminer graphiquement le tarif qui lui permettra de se connecter le plus longtemps possible.
On laissera apparents les traits de construction.
b) Retrouver ce résultat par calcul.

5° Résoudre l'équation suivante : $1{,}5x = 0{,}5x + 14$.
Interpréter la réponse obtenue.

→ Corrigé p. 109

5 ★★

On considère les fonctions affines f et g telles que :

$$f : x \mapsto 4x \text{ et } g : x \mapsto 24 - \frac{4}{3}x.$$

1° Calculer $f(0)$, $f(6)$, $g(0)$ et $g(6)$.

2° Sur une feuille de papier, représenter graphiquement f et g dans un repère orthonormé :
– origine du repère : en bas à gauche de la feuille de papier millimétré ;
– unité : le centimètre.

3° *a*) Déterminer par le calcul la valeur de x pour laquelle $f(x) = g(x)$.
b) Retrouver cette valeur sur le graphique ; faire apparaître les pointillés nécessaires.

→ Corrigé p. 110

6 ★★★

« Ti moun » et « Colibri » sont deux associations sportives qui proposent des activités omnisports hebdomadaires pour les jeunes enfants. Les parents paient :
- chez « Ti moun » : 1,20 euro par séance ;
- chez « Colibri » : une adhésion de 8 euros puis 0,90 euro par séance.

1° *a*) Recopier et compléter le tableau suivant :

Nombre de séances		10	17	30
Coût chez « Ti moun »	6	12		
Coût chez « Colibri »		17		

b) Le coût chez « Colibri » est-il proportionnel au nombre de séances ?

2° Exprimer en fonction du nombre x de séances le coût en euros payé pour une saison :
- avec l'association « Ti moun » ;
- avec l'association « Colibri ».

3° Sur une feuille de papier millimétré, prendre dans un repère orthonormal :
– en abscisse : 1 cm pour 2 séances ;
– en ordonnée : 1 cm pour 2 euros.
On placera l'origine du repère en bas à gauche de la feuille, l'axe des abscisses étant tracé sur le petit côté de la feuille.
Tracer dans ce repère les représentations graphiques des fonctions affines définies par :

$$t(x) = 1{,}2x \quad \text{et} \quad c(x) = 0{,}9x + 8.$$

4° En utilisant le graphique précédent (les traits de construction seront apparents) :
a) déterminer le coût le plus avantageux pour les parents si leur enfant participe à 20 séances ;
b) si les parents prévoient un budget de 40 euros, à combien de séances leur enfant pourra-t-il participer avec l'association « Colibri » ?

→ Corrigé p. 112

7 ★★

Armelle souhaite travailler quelques heures par mois dans un musée, afin de gagner un peu d'argent. À la suite d'un entretien, deux possibilités d'indemnisation lui sont proposées :
– Somme d'argent s_1 : 8 euros par heure ;
– Somme d'argent s_2 : versement de 90 euros en début de mois, puis 5 euros par heure.
Ne sachant pas quelle forme d'indemnisation privilégier, elle décide d'étudier ces deux propositions.

1° Reproduire et compléter le tableau :

		Nombre d'heures effectuées par mois	
		20 heures	**25 heures**
Somme d'argent perçue par mois en €	s_1		
	s_2		

2° Soit x le nombre d'heures effectuées par Armelle pendant un mois dans ce musée. Exprimer en fonction de x les sommes d'argent $s_1(x)$ et $s_2(x)$, versées à Armelle selon les deux formes d'indemnisation proposées.

3° Résoudre l'équation $8x = 5x + 90$.
À quoi correspond la solution de cette équation ?

4° Le plan est rapporté à un repère orthogonal avec :
– 1 cm pour 5 heures en abscisse ;
– 1 cm pour 40 euros en ordonnée.
Représenter graphiquement les deux fonctions suivantes :

$$s_1 : x \mapsto 8x \text{ et } s_2 : x \mapsto 5x + 90.$$

5° ***a)*** Utiliser une couleur pour marquer les traits qui permettent de déterminer graphiquement le résultat de la question **3°**.
b) Utiliser une autre couleur pour marquer les traits qui permettent de déterminer graphiquement l'indemnisation la plus avantageuse pour Armelle si elle souhaite effectuer 35 heures par mois. Indiquer alors la somme d'argent perçue.

6° En s'aidant du graphique, indiquer à Armelle l'indemnisation la plus avantageuse en fonction du nombre d'heures effectuées par mois dans ce musée.

→ *Corrigé p. 113*

1 → Énoncé p. 104 • f est une fonction affine, donc elle est représentée par une droite (d). On a : $f(0) = -2 \times 0 + 4 = 4$; le point $A(0\ ;\ 4)$ est sur (d).
On a : $f(3) = -2 \times 3 + 4 = -2$; le point $B(3\ ;\ -2)$ est sur (d).
• g est une fonction affine donc elle est représentée par une droite (d').
On a : $g(0) = 0{,}5 \times 0 - 1 = -1$; le point $A'(0\ ;\ -1)$ est sur (d').
On a : $g(6) = 0{,}5 \times 6 - 1 = 2$; le point $B'(6\ ;\ 2)$ est sur (d').

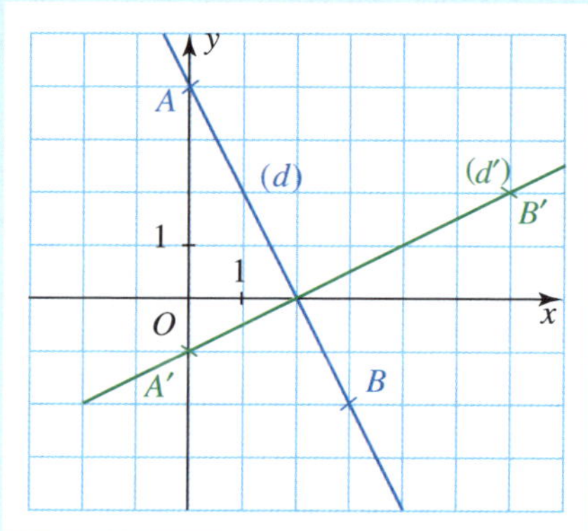

Méthode
Il faut déterminer deux points, donc deux images, pour tracer une droite représentant une fonction affine.

2 → Énoncé p. 104 f est une fonction linéaire, donc elle est représentée par une droite (d) qui passe par O l'origine du repère.
On a : $f(4) = 0{,}75 \times 4 = 3$; le point $A(4\ ;\ 3)$ est sur (d).
g est une fonction affine constante, donc elle est représentée par une droite (d') parallèle à l'axe des abscisses et qui passe par le point $B(0\ ;\ 2{,}5)$.

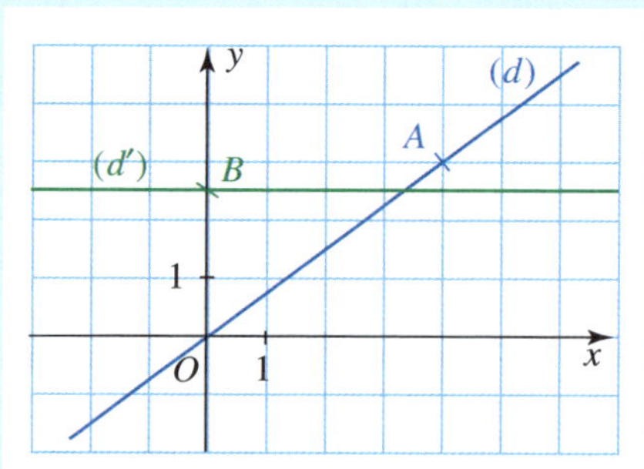

Astuce
Pour une fonction linéaire, la droite représentative passe par l'origine.
Pour une fonction constante, elle est parallèle à l'axe des abscisses.

3 → Énoncé p. 104 *a)* Graphiquement, pour 26 euros avec la formule *B*, Coralie a été connectée 6,5 h, soit **6 h 30 min**.
b) En se connectant 14 heures, Jean paie **48 euros avec la formule *A* et 56 euros avec la formule *B*.**

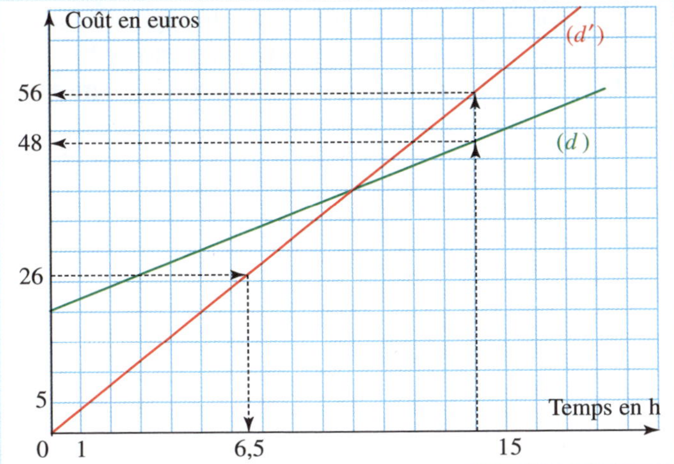

Conseil
Tracer des droites bien choisies parallèles aux deux axes.

4 → *Énoncé p. 105* 1°

		Nombres d'heures de connexion par mois			
		6 heures	**18 heures**	**24 heures**	***x* heures**
Prix (en €)	**Tarif *A***	**25**	**25**	**25**	**25**
	Tarif *B*	**9**	**27**	**36**	**1,5*x***
	Tarif *C*	**17**	**23**	**26**	**0,5*x* + 14**

Conseil
Identifier chacune des fonctions avec le tarif correspondant.

2° • f est une fonction constante, donc elle est représentée par une droite (d_1) parallèle à l'axe des abscisses et qui passe par le point $A(0 ; 25)$.

• La fonction g est linéaire, donc elle est représentée par une droite (d_2) qui passe par l'origine du repère.

$g(20) = 1,5 \times 20 = 30$: $B(20 ; 30)$ est sur (d_2).

• La fonction h est affine, donc elle est représentée par une droite (d_3).

$h(0) = 0,5 \times 0 + 14 = 14$: $C(0 ; 14)$ est sur (d_3).

$h(20) = 0,5 \times 20 + 14 = 24$: $E(20 ; 24)$ est sur (d_3).

3° Graphiquement, pour 8 heures de connexion, le tarif le plus intéressant est **le tarif *B***.

4° *a*) Graphiquement, pour un client disposant de 24 €, le tarif qui lui permettra de se connecter le plus longtemps possible est **le tarif *C***.

b) Avec 24 €, il est impossible d'utiliser le tarif *A* qui coûte 25 €.

Avec 24 €, le nombre d'heures de connexion avec le tarif *B* est solution de l'équation $1,5x = 24$. On a alors $x = 24 \div 1,5$, soit $x = 16$.

Avec 24 €, le nombre d'heures de connexion avec le tarif C est solution de l'équation $0{,}5x + 14 = 24$. On a alors $0{,}5x = 24 - 14$, soit $x = 10 \div 0{,}5$. On obtient $x = 20$.
Avec 24 €, c'est donc le tarif *C* le plus intéressant avec 20 heures de connexion.

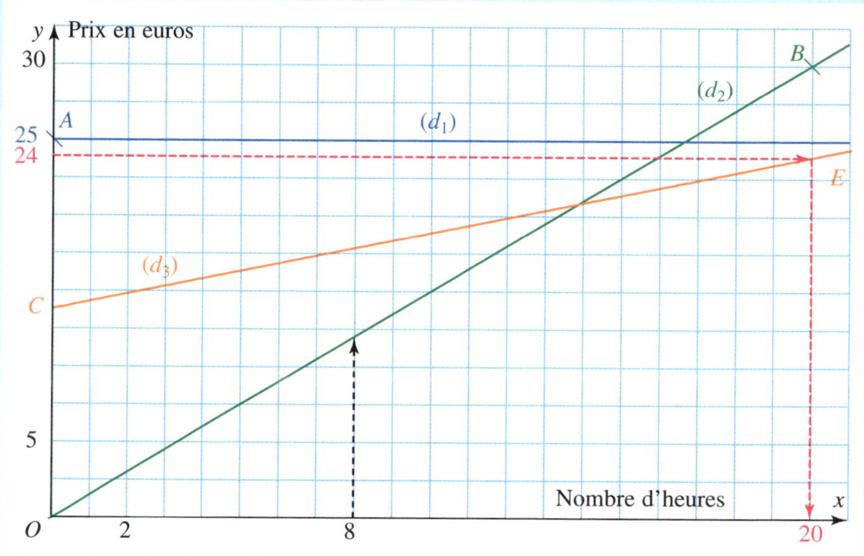

5° On veut $1{,}5x = 0{,}5x + 14$, ce qui donne successivement :
$1{,}5x - 0{,}5x = 14$; $x = 14$.
La solution de l'équation est 14.
Cela signifie que les deux tarifs *B* et *C* sont équivalents pour 14 heures de connexion.

5 → *Énoncé p. 105* 1° $f(0) = 4 \times 0$, donc $\boldsymbol{f(0) = 0}$.
$f(6) = 4 \times 6$, donc $\boldsymbol{f(6) = 24}$.
$g(0) = 24 - \dfrac{4}{3} \times 0$, donc $\boldsymbol{g(0) = 24}$.

$g(6) = 24 - \dfrac{4}{3} \times 6$, donc $\boldsymbol{g(6) = 16}$.

2° f est une fonction linéaire, donc elle est représentée par une droite (d) qui passe par l'origine du repère.
Comme on a $f(6) = 24$, la droite (d) passe par le point $A(6 ; 24)$.
g est une fonction affine, donc elle est représentée par une droite (d').
Comme on a $g(0) = 24$, la droite (d') passe par le point $B(0 ; 24)$.
Comme on a $g(6) = 16$, la droite (d') passe par le point $C(6 ; 16)$.

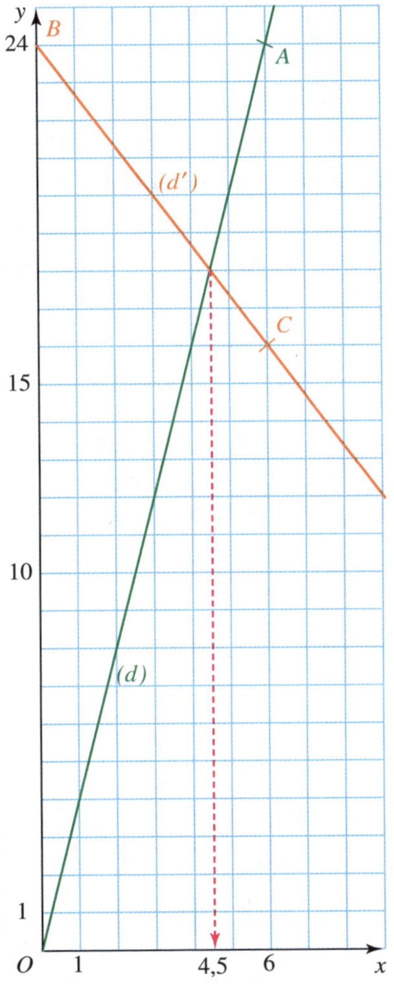

Échelle 1/2

3° *a*) On veut $f(x) = g(x)$, soit $4x = 24 - \frac{4}{3}x$, ou encore $4x + \frac{4}{3}x = 24$.

On a donc : $\frac{12}{3}x + \frac{4}{3}x = \frac{72}{3}$, soit $16x = 72$.

On fait : $x = 72 \div 16$, donc $x = 4,5$.

Pour $x = 4,5$, on a $f(x) = g(x)$.

b) Graphiquement, on a bien $f(x) = g(x)$ pour $x = 4,5$.

Astuce
Les images calculées permettent de faire les représentations graphiques.

6 → *Énoncé p. 106* 1° *a*)

Nombre de séances	**5**	10	17	30
Coût chez « Ti moun »	6	12	**20,40**	**36**
Coût chez « Colibri »	**12,50**	17	**23,30**	**35**

b) On a 12,50 ÷ 5 = 2,50 et 17 ÷ 10 = 1,7. Les quotients sont différents, donc **le coût chez « Colibri » n'est pas proportionnel au nombre de séances.**

2° • Avec l'association « Ti moun », **le coût de x séances est $1,2x$**.

• Avec l'association « Colibri », **le coût de x séances est $0,9x + 8$**.

3° • La fonction t telle que $t(x) = 1,2x$ est linéaire, donc représentée par une droite (d_1) qui passe par l'origine du repère.

$t(30) = 1,2 \times 30 = 36$, donc $A(30\ ;\ 36)$ est sur (d_1).

• La fonction c telle que $c(x) = 0,9x + 8$ est affine, donc représentée par une droite (d_2).

$c(0) = 0,9 \times 0 + 8 = 8$, donc $B(0\ ;\ 8)$ est sur (d_2).

$c(30) = 0,9 \times 30 + 8 = 35$, donc $C(30\ ;\ 35)$ est sur (d_2).

Rappel

La représentation graphique d'une fonction affine (et en particulier d'une fonction linéaire) est une droite.

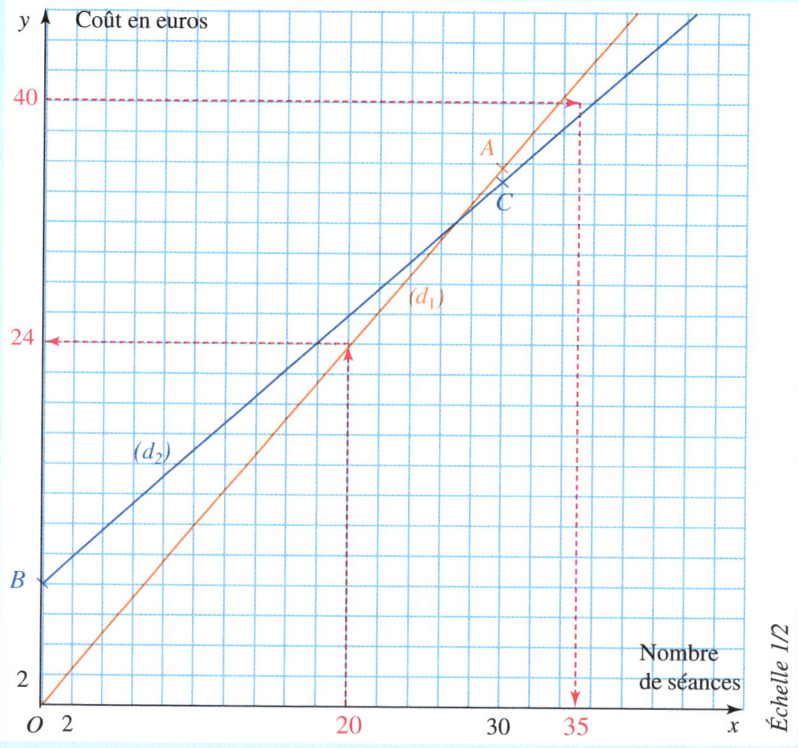

4° *a)* Graphiquement, le coût le plus avantageux pour les parents si leur enfant participe à 20 séances est de **24 euros** avec l'association « Ti moun ».
b) Graphiquement, si les parents prévoient un budget de 40 euros, leur enfant pourra participer avec l'association « Colibri » à **35 séances**.

7 → *Énoncé p. 107* 1°

		Nombre d'heures effectuées par mois	
		20 heures	**25 heures**
Somme d'argent perçue par mois en €	s_1	**160**	**200**
	s_2	**190**	**215**

2° Les sommes d'argent sont : $\mathbf{s_1(x) = 8x}$ et $\mathbf{s_2(x) = 5x + 90}$.

3° On veut $8x = 5x + 90$, soit $8x - 5x = 90$, ou encore $3x = 90$.
On a donc $x = 90 \div 3$ soit $x = 30$.
La solution de l'équation $8x = 5x + 90$ est 30.
Cela signifie que, pour 30 heures de travail, les deux formules d'indemnisation sont équivalentes.

> **Méthode**
> Les fonctions recherchées sont des fonctions affines.

4° s_1 est une fonction linéaire, donc elle est représentée par une droite (d) qui passe par l'origine du repère.
Comme on a $s_1(20) = 160$, la droite (d) passe par le point $A(20 ; 160)$.
s_2 est une fonction affine, donc elle est représentée par une droite (d'). On a $s_2(0) = 90$, donc $B(0 ; 90)$ est sur la droite (d').
On a $s_2(30) = 5 \times 30 + 90 = 240$, donc $C(30 ; 240)$ est sur la droite (d').

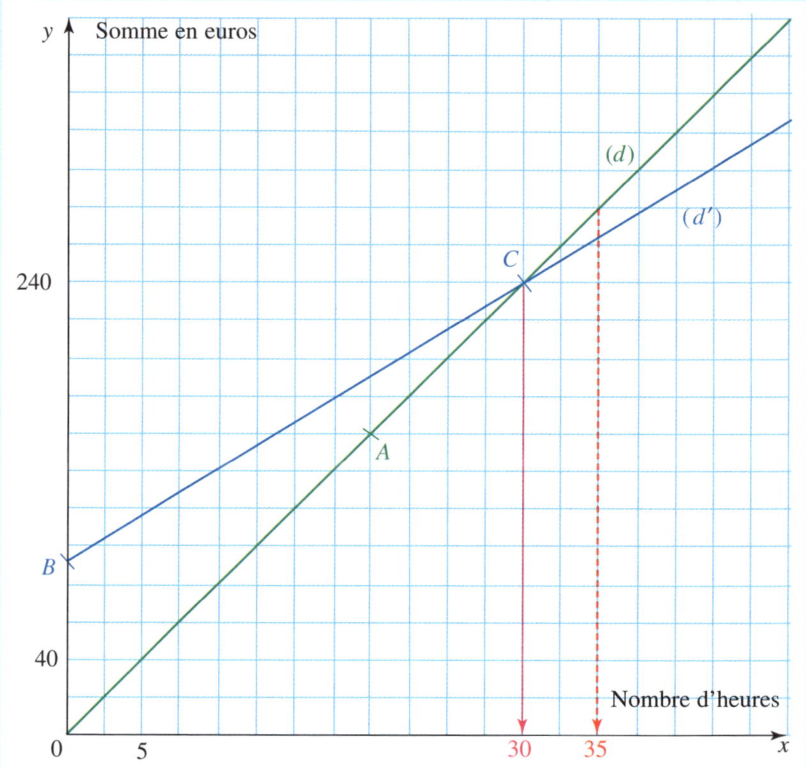

5° *a*) On retrouve graphiquement avec l'abscisse de l'intersection de (*d*) et de (*d*′) que les deux indemnisations sont équivalentes pour 30 heures de travail.

b) Graphiquement, si Armelle souhaite effectuer 35 heures par mois, **la proposition s_1 est la plus avantageuse** car la droite (*d*) est alors au-dessus de la droite (*d*′). On a $35 \times 8 = 280$. **Armelle percevra alors 280 euros.**

6° Graphiquement, pour x inférieur à 30, la droite (*d*′) est au-dessus de (*d*) et pour x supérieur à 30, la droite (*d*′) est au-dessous de (*d*).

Pour moins de 30 heures de travail, l'indemnisation s_2 est la plus avantageuse et pour plus de 30 heures de travail, l'indemnisation s_1 est la plus avantageuse.

CHAPITRE 10

Statistiques

1. Fréquence

• Dans une série statistique, la **fréquence** d'une valeur est l'effectif de cette valeur divisé par l'effectif total. Elle peut s'exprimer par un nombre inférieur à 1 ou par un pourcentage.

• Dans une série statistique, on appelle **effectif cumulé croissant (ECC)** d'une valeur la somme de l'effectif de cette valeur et des effectifs des valeurs plus petites.

• On appelle **fréquence cumulée croissante** d'une valeur le quotient de son effectif cumulé croissant par l'effectif total de la série.

2. Moyenne

• La **moyenne** d'une série de valeurs est le quotient de la somme des valeurs par l'effectif total.

• Une **moyenne pondérée** s'obtient en divisant la somme des produits de chaque valeur par son effectif par la somme des effectifs.

3. Médiane et étendue

• On appelle **médiane** d'une série de valeurs un nombre *méd* tel que la série comporte autant de valeurs inférieures ou égales à *méd* que de valeurs supérieures ou égales à *méd*.

• L'**étendue** d'une série de valeurs est la différence entre la plus grande valeur de la série et la plus petite.

4. Exploiter une série statistique

Exemple

29 élèves d'une classe de sixième font germer des graines de blé chez eux. Leur professeur donne un protocole expérimental à suivre :
- **mettre en culture sur du coton dans une boîte placée dans une pièce éclairée de température entre 20° et 25° ;**
- **arroser une fois par jour ;**
- **il est possible de couvrir les graines avec un film transparent pour éviter l'évaporation de l'eau.**

Tailles des plantules des 29 élèves 10 jours après la mise en germination :

Taille en cm	0	8	12	14	16	17	18	19	20	21	22
Effectif	1	2	2	4	2	2	3	3	4	4	2

1° **Combien de plantules ont une taille qui mesure au plus 12 cm ?**
2° **Donner l'étendue de cette série.**
3° **Calculer la moyenne de cette série. Arrondir au dixième près.**
4° **Déterminer la médiane de cette série et interpréter le résultat.**

1° On a 1 + 2 + 2 = 5.
5 plantules ont une taille qui mesure au plus 12 cm.

← On lit dans le tableau les effectifs des plantules dont la taille est inférieure ou égale à 12 cm, et on calcule leur somme.

2° 22 – 0 =22.
L'étendue de la série est 22.

← L'étendue d'une série est la différence entre la plus grande valeur de la série (ici 22) et la plus petite (ici 0).

3° $m = \frac{0\times1+8\times2+12\times2+14\times4+16\times2+17\times2+18\times3+19\times3+20\times4+21\times4+22\times2}{1+2+2+4+2+2+3+3+4+4+2}$
$= \frac{481}{29}$.
La taille moyenne des plantules est 16,6 cm.

← Pour effectuer la moyenne pondérée, on ajoute les produits des tailles par leurs effectifs et on divise par l'effectif total.

4°

Taille en cm	0	8	12	14	16	17	18	19	20	21	22
Effectif	1	2	2	4	2	2	3	3	4	4	2
ECC	1	3	5	9	11	13	16	19	23	27	29

← On calcule les effectifs cumulés croissants (ECC).

Il y a 29 valeurs, donc la médiane est la 15ᵉ valeur de la série ordonnée.
D'après les effectifs cumulés croissants, **cette médiane vaut 18**.

← On conclut.

Calculer une moyenne pondérée

Énoncé **Voici la série des notes sur 10 d'un groupe d'élèves à un contrôle :**
Calculer la moyenne de ce groupe.

Note	4	5	6	8
Effectif	2	3	4	1

Corrigé pas à pas

On calcule la moyenne des notes pondérée par les effectifs.

$$M = \frac{4 \times 2 + 5 \times 3 + 6 \times 4 + 8 \times 1}{2 + 3 + 4 + 1}$$
$$= \frac{55}{10}.$$

← On effectue une moyenne pondérée : on ajoute les produits des notes par les effectifs et on divise par l'effectif total.

La moyenne de ce groupe au contrôle est de 5,5.

← On conclut.

Estimer une moyenne à partir d'un regroupement en classes

Énoncé **Dans une entreprise, on a la répartition ci-contre des salaires.**
Déterminer une estimation du salaire moyen.

Salaire S (en €)	Effectif
$1\,000 \leqslant S < 1\,200$	3
$1\,200 \leqslant S < 1\,400$	7
$1\,400 \leqslant S < 1\,600$	2

Corrigé pas à pas

Pour la classe $1\,000 \leqslant S < 1\,200$, le centre est $\frac{1\,000 + 1\,200}{2}$, soit 1 100.
De même, les centres des autres classes sont 1 300 et 1 500.

← On détermine les centres de chacune des classes.

Soit m la moyenne. On a :

$$m = \frac{1\,100 \times 3 + 1\,300 \times 7 + 1\,500 \times 2}{3 + 7 + 2}$$
$$= \frac{15\,400}{12}.$$

← On calcule la moyenne des centres pondérée par les effectifs.

La moyenne des salaires est d'environ 1 283 euros.

← On conclut.

Déterminer la médiane d'une série statistique

Énoncé **Déterminer la médiane de la série statistique A suivante :**

14 ; 12 ; 17 ; 8 ; 7 ; 11 ; 5 ; 19.

Corrigé pas à pas

On a dans l'ordre croissant :
5 ; 7 ; 8 ; 11 ; 12 ; 14 ; 17 ; 19.

← On ordonne la série.

On a 8 valeurs : toute valeur comprise entre la quatrième valeur (11) et la cinquième valeur (12) est une médiane.

← On compte le nombre de valeurs dans la série et on détermine l'emplacement d'une médiane au « milieu » de la série ordonnée.

La moyenne de 11 et de 12 est 11,5.

← On choisit en général comme médiane la moyenne des deux valeurs centrales.

La médiane de la série A est 11,5.

← On conclut par une phrase.

Représenter des données par un diagramme semi-circulaire

Énoncé **Pierre possède 4 billes bleues, 5 rouges et 3 vertes.**
Présenter ces données dans un tableau avec les effectifs et les angles permettant de représenter la répartition par un diagramme semi-circulaire. Réaliser un tel diagramme.

Corrigé pas à pas

On a :

Couleur	B	R	V	Total
Effectif	4	5	3	12
Angle	60°	75°	45°	180°

← On dresse un tableau avec une colonne « total ». La somme des angles du diagramme semi-circulaire vaut 180°. On remplit la ligne des angles par proportionnalité.

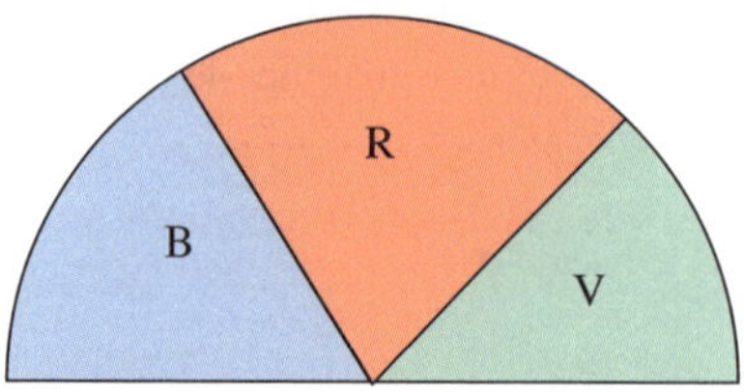

B : billes bleues
R : billes rouges
V : billes vertes

← On dessine le diagramme avec une légende.

Calculer des fréquences

Énoncé **Le tableau suivant représente la série des notes obtenues dans une classe de 3e.**

Note	5	6	8	10	12	14	15	16	19
Effectif	2	2	4	6	5	3	4	3	1

1° **Calculer la fréquence des élèves ayant eu la moyenne.**

2° **Parmi les élèves ayant eu la moyenne, calculer la fréquence de ceux qui ont eu 16 ou plus.**

Corrigé pas à pas

1° L'effectif total est de 30 élèves.

← Pour pouvoir calculer des fréquences, on a besoin de l'effectif de référence. Ici, on calcule par rapport à la classe entière, il faut donc l'effectif total.

Il y a 6 + 5 + 3 + 4 + 3 + 1 = 22 élèves.

$\frac{22}{30} \approx 0{,}733$.

← On calcule l'effectif des élèves ayant eu la moyenne.
On fait le rapport entre $\frac{\text{effectif de la valeur}}{\text{effectif total}}$.

La fréquence des élèves ayant eu la moyenne est 0,733 ou 73,3 %.

← On exprime la fréquence par un nombre inférieur à 1 ou par un pourcentage.

2° L'effectif des élèves ayant eu la moyenne est de 22 élèves.
Il y a eu 3 + 1 = 4 élèves qui ont eu 16 ou plus.

← Pour pouvoir calculer des fréquences, on a besoin de l'effectif de référence. Ici, on calcule par rapport aux élèves ayant eu la moyenne.

$\frac{4}{22} \approx 0{,}182$.

← On calcule l'effectif des élèves ayant eu 16 ou plus et on fait le rapport $\frac{\text{effectif de la valeur}}{\text{effectif total considéré}}$.

La fréquence des élèves ayant eu 16 ou plus parmi ceux qui ont eu la moyenne est de 0,182 ou 18,2 %.

← On exprime la fréquence par un nombre inférieur à 1 ou par un pourcentage.

Pour bien débuter

1 ★

Parmi 80 restaurants d'une région, 5 restaurants ont 2 salariés, 7 en ont 3, 14 en ont 4, 17 en ont 5, 21 en ont 6, 10 en ont 7 et 6 en ont 8.
Calculer le nombre moyen de salariés par restaurant. → Corrigé p. 123

2 ★★

Au cours d'une course d'athlétisme (400 m), le temps mis par chaque coureur a été chronométré. Ces mesures sont données ci-après :
48,65 ; 52,05 ; 49,20 ; 50 ; 52,60 ; 51,90 ; 50,45 ; 53,28 ; 50,13 ; 51,80 ; 51,85 ; 52,20 ; 51 ; 50,12.
Donner la médiane de cette série. → Corrigé p. 123

Pour s'entraîner

3 ★★

Une station de ski réalise une enquête auprès de 300 skieurs qui la fréquentent. Les résultats sont notés dans le tableau ci-dessous et indiquent la répartition en classe des skieurs en fonction de leur âge (en années) :

Âge	[0 ; 10[	[10 ; 20[	[20 ; 30[	[30 ; 40[	[40 ; 50[	[50 ; 60[	[60 ; 70[	[70 ; 80[	[80 ; 90[
Centre de classes	15								
Effectifs	27	45	48	39	42	36	33	24	6
E.C.C.	27	72	120						

1° Recopier et compléter ce tableau.
2° Calculer l'âge moyen des skieurs fréquentant cette station.
3° À quelle classe appartient l'âge médian ? → Corrigé p. 123

4 ★★★

Voici les résultats d'un sondage effectué dans une classe de troisième concernant les moyens de transport utilisés par ses élèves pour venir au collège. Recopier et compléter le tableau suivant, puis construire un diagramme semi-circulaire de 3 cm de rayon :

Mode	Voiture	Bus	À pied	Booster	Total
Fréquence	45 %	25 %	20 %	10 %	
Angle					

→ Corrigé p. 124

Sujets du brevet

5 ★★

L'histogramme ci-dessous illustre une enquête faite sur l'âge des 30 adhérents d'un club de badminton mais le rectangle correspondant aux adhérents de 16 ans a été effacé.

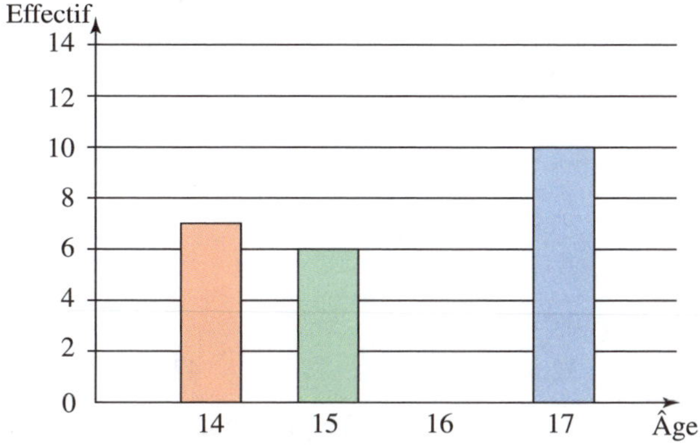

1° Calculer le nombre d'adhérents ayant 16 ans.

2° Quel est le pourcentage du nombre d'adhérents ayant 15 ans ?

3° Quel est l'âge moyen des adhérents du club ? Donner la valeur arrondie au dixième.

4° Reproduire et compléter le tableau ci-dessous pour réaliser un diagramme semi-circulaire représentant la répartition des adhérents selon leur âge (on prendra un rayon de 4 cm).

Âge	14 ans	15 ans	16 ans	17 ans	Total
Nombre d'adhérents	7	6		10	30
Mesure de l'angle (en degrés)					180

→ *Corrigé p. 124*

6 ★★★

Le tableau ci-dessous donne la répartition des notes obtenues à un contrôle de maths pour les 26 élèves d'une classe de 3e :

Notes	3	5	7	8	10	11	13	14	17
Effectifs	1	2	1	5	4	1	7	3	2

1° Calculer la note moyenne arrondie à l'unité.

2° Déterminer la note médiane.

3° Calculer le pourcentage d'élèves ayant une note inférieure ou égale à 8.
On arrondira le résultat au dixième près.

→ *Corrigé p. 125*

7 ★★★

Voici les résultats au lancer de javelot lors d'un championnat d'athlétisme. Les longueurs sont exprimées en mètres.

36	42	37	43	38	44	32	40	44	36	46	39	40
40	41	41	45	37	43	43	46	39	44	47	48	

1° Compléter le tableau suivant :

Longueur l du lancer (en mètres)	$30 \leqslant l < 35$	$35 \leqslant l < 40$	$40 \leqslant l < 45$	$45 \leqslant l < 50$	Total
Nombre de sportifs		7		5	
Fréquence	0,04			0,2	
Valeur centrale	32,5		42,5		

2° En utilisant les valeurs centrales, calculer la longueur moyenne d'un lancer.

3° Quel est le pourcentage de sportifs ayant lancé à au moins 40 mètres ?

→ *Corrigé p. 125*

8 ★★

Pour commercialiser des tomates, une coopérative les calibre en fonction du diamètre. On a relevé, ci-dessous, le diamètre de 30 tomates (en millimètres).

49 - 52 - 59 - 57 - 51 - 55 - 50 - 56 - 49 - 48
58 - 49 - 52 - 51 - 53 - 56 - 49 - 56 - 55 - 50
52 - 56 - 57 - 54 - 53 - 49 - 51 - 55 - 56 - 59

1° Reproduire et compléter le tableau suivant :

Diamètres	[48 ; 51[	[51 ; 54[	[54 ; 57[	[57 ; 60[
Effectif	8			
Centre des classes		52,5		

2° À partir de ce tableau des effectifs, vérifier que le diamètre moyen d'une tomate, arrondi à l'unité, est 54 mm. Déterminer le volume, en mm^3, d'une tomate de diamètre moyen, modélisée comme une boule. Arrondir à l'unité.

On rappelle que le volume d'une boule de rayon R est $\frac{4}{3}\pi R^3$.

→ *Corrigé p. 126*

1 → *Énoncé p. 120* On effectue une moyenne pondérée :

$$m = \frac{2\times 5 + 3\times 7 + 4\times 14 + 5\times 17 + 6\times 21 + 7\times 10 + 8\times 6}{8+7+14+17+21+10+6}$$
$$= \frac{416}{80}$$
$$= 5,2.$$

Le nombre moyen de salariés par restaurant est 5,2.

> **Conseil**
> Utiliser une moyenne pondérée où les valeurs sont les nombres de salariés et les coefficients les nombres de restaurants.

2 → *Énoncé p. 120* On ordonne la série :
48,65 ; 49,20 ; 50 ; 50,12 ; 50,13 ; 50,45 ; 51 ; 51,80 ; 51,85 ; 51,90 ; 52,05 ; 52,20 ; 52,60 ; 53,28.
Il y a 14 valeurs.
On prend comme médiane la moyenne de la septième valeur (51) et de la huitième valeur (51,80).

> **Piège à éviter**
> Attention : la série n'est pas ordonnée.

On a : $\frac{51 + 51,80}{2} = \frac{102,80}{2} = 51,40.$

La médiane de cette série est 51,40.

3 → *Énoncé p. 120* 1°

Âge	[0 ; 10[	[10 ; 20[	[20 ; 30[	[30 ; 40[	[40 ; 50[	[50 ; 60[	[60 ; 70[	[70 ; 80[	[80 ; 90[
Centre de classes	5	**15**	**25**	**35**	**45**	**55**	**65**	**75**	**85**
Effectifs	27	45	48	39	42	36	33	24	6
ECC	27	72	120	**159**	**201**	**237**	**270**	**294**	**300**

2° Pour estimer l'âge moyen, on effectue une moyenne des centres des classes pondérée par les effectifs.

> **Rappel**
> Dans une série regroupée en classes, on utilise les centres des classes comme valeurs et on calcule une moyenne pondérée par les effectifs.

$5\times 27 + 15\times 45 + 25\times 48 + 35\times 39 + 45\times 42 + 55\times 36 + 65\times 33 + 75\times 24 + 85\times 6 = 11\,700$;
$11\,700 \div 300 = 39$.

L'âge moyen des skieurs fréquentant cette station est 39 ans.

3° Il y a 300 valeurs, donc la médiane est comprise entre la 150ᵉ et la 151ᵉ valeur.
Or ces deux valeurs appartiennent à la classe [30 ; 40[.

L'âge médian appartient à la classe [30 ; 40[.

4 → Énoncé p. 120

Mode	Voiture	Bus	À pied	Booster	Total
Fréquence	45 %	25 %	20 %	10 %	**100 %**
Angle	**81°**	**45°**	**36°**	**18°**	**180°**

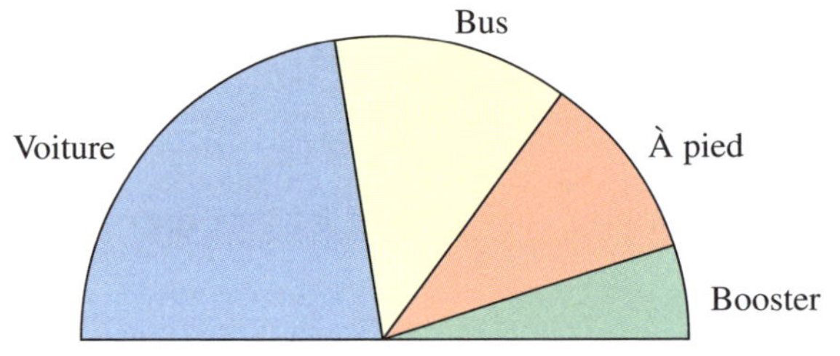

Rappel
Dans un diagramme semi-circulaire, la somme des mesures des secteurs angulaires vaut 180°.

5 → Énoncé p. 121 1° 30 – 7 – 6 – 10 = 7.

Le club a 7 adhérents âgés de 16 ans.

2° 6 adhérents parmi les 30 sont âgés de 15 ans.

$6 \div 30 \times 100\ \% = 20\ \%$.

20 % des adhérents sont âgés de 15 ans.

3° On effectue une moyenne des âges pondérée par les effectifs.

$$\frac{14 \times 7 + 15 \times 6 + 16 \times 7 + 18 \times 10}{7 + 6 + 7 + 10} = \frac{470}{30}.$$

L'âge moyen des adhérents du club est de 15,7 ans, valeur arrondie au dixième.

4° Il y a proportionnalité entre l'effectif et la mesure de l'angle. Le coefficient de proportionnalité est 180 ÷ 30, soit 6.

Âge	14 ans	15 ans	16 ans	17 ans	Total
Nombre d'adhérents	7	6	**7**	10	30
Mesure de l'angle (en degrés)	**42**	**36**	**42**	**60**	180

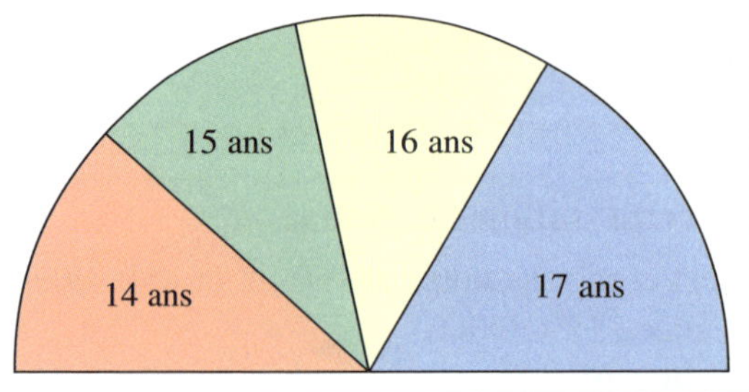

Rappel
Dans la représentation semi-circulaire, les mesures des secteurs angulaires sont proportionnelles aux effectifs.

6 → *Énoncé p. 121* 1° On effectue une moyenne pondérée.

$$m = \frac{3 \times 1 + 5 \times 2 + 7 \times 1 + 8 \times 5 + 101 + 13 \times 7 + 14 \times 3 + 17 \times 2}{1 + 2 + 1 + 5 + 4 + 1 + 9 + 3 + 2} = \frac{278}{26}.$$

Arrondie à l'unité, la moyenne est de 11.

2° Pour déterminer la note médiane, on utilise les effectifs cumulés croissants (ECC).

Notes	3	5	7	8	10	11	13	14	17
Effectifs	1	2	1	5	4	1	7	3	2
ECC	1	3	4	9	13	14	21	24	26

> **Méthode**
> Il s'agit ici d'une moyenne pondérée pour calculer la note moyenne.

Il y a 26 notes, donc la note médiane est la moyenne entre la 13e note et la 14e note qui valent respectivement 10 et 11.

La note médiane est 10,5.

3° D'après le tableau avec les effectifs cumulés croissants, il y a 9 notes inférieures ou égales à 8 parmi les 26 notes. On a $\frac{9}{26} \approx 0,3461$, donc **34,6 % des élèves ont une note inférieure ou égale à 8**.

7 → *Énoncé p. 122* 1°

Longueur l du lancer (en mètres)	$30 \leqslant l < 35$	$35 \leqslant l < 40$	$40 \leqslant l < 45$	$45 \leqslant l < 50$	Total
Nombre de sportifs	**1**	7	**1**	5	**25**
Fréquence	0,04	**0,28**	**0,48**	0,2	**1**
Valeur centrale	32,5	**37,5**	42,5	**47,5**	

2° Soit m la moyenne.

$$m = \frac{32,5 \times 1 + 37,5 \times 7 + 42,5 \times 12 + 47,5 \times 5}{1 + 7 + 12 + 4}$$
$$= \frac{1\,042,5}{25}.$$

> **Rappel**
> La valeur centrale d'une classe $a \leqslant l < b$ est $\frac{a+b}{2}$.

La longueur moyenne d'un lancer est 41,7 m.

3° L'effectif total des classes $40 \leqslant l < 45$ et $45 \quad l < 50$ est 12 + 5, soit 17.

On a $\frac{17}{25} \times 100~\% = 68~\%$.

68 % des sportifs ont lancé à au moins 40 mètres.

8 → *Énoncé p. 122* 1°

Diamètres	[48 ; 51[	[51 ; 54[	[54 ; 57[	[57 ; 60[
Effectif	8	**8**	**9**	5
Centre des classes	**49,5**	52,5	**55,5**	**58,5**

2° On effectue une moyenne des centres pondérée par les effectifs :

$$m = \frac{8 \times 49{,}5 + 8 \times 52{,}5 + 9 \times 55{,}5 + 5 \times 58{,}5}{8 + 8 + 9 + 5} = \frac{1\,068}{30}.$$

Le diamètre moyen d'une tomate, arrondi à l'unité, est 54 mm.

Une tomate de diamètre moyen 54 mm a donc un rayon de 27 mm.

Son volume est : $\frac{4}{3}\pi \times 27^3$.

Le volume d'une tomate de diamètre moyen, modélisée comme une boule, est de 82 448 mm^3, arrondi à l'unité près.

> **Piège à éviter**
> Dans la classe [48 ; 51[, il y a la valeur 48, mais pas la valeur 51.

CHAPITRE 11 Probabilités

1. Probabilités à une épreuve

• Chacun des résultats possibles lors d'une expérience aléatoire est un **événement**.

• La **probabilité** d'un événement A représente les chances que l'événement se réalise lors d'une expérience aléatoire.
Cette probabilité se note $p(A)$: c'est un nombre compris entre 0 et 1.

• L'événement **contraire** d'un événement A est l'événement non A.
On a : $p(\text{non A}) = 1 - p(\text{A})$.

• Deux événements A et B qui ne peuvent pas se réaliser en même temps sont dits « **incompatibles** ».
On a alors : $p(A \text{ ou } B) = p(A) + p(B)$.

2. Probabilités à deux épreuves

• On peut représenter les différentes issues d'une expérience à deux épreuves à l'aide d'un **arbre**.

Exemple

On effectue 2 fois de suite une expérience aléatoire où les résultats possibles sont « T » ou « non T » avec $p(\text{T}) = \frac{1}{3}$. On définit l'événement A : obtenir « non T » au premier lancer et « T » au second lancer. Représenter cette expérience à l'aide d'un arbre en traçant en bleu la branche de l'événement A. Calculer la probabilité de cet événement.

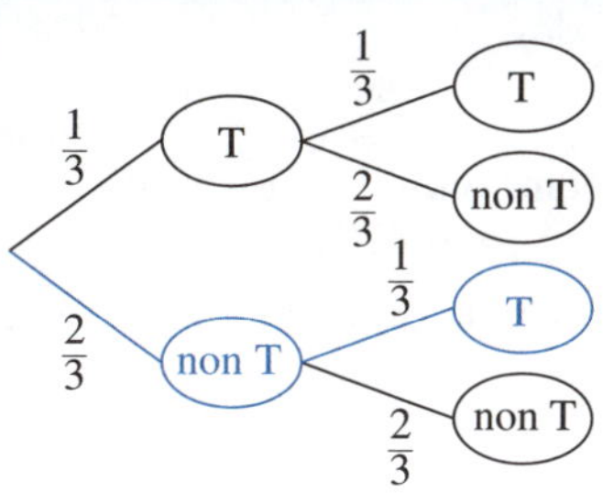

La branche en bleu représente l'événement A.

Sa probabilité est : $\frac{2}{3} \times \frac{1}{3}$, soit $\mathbf{\frac{2}{9}}$.

← On dessine la première partie de l'arbre correspondant au premier lancer et on indique la probabilité $\left(\frac{1}{3} \text{ ou } \frac{2}{3}\right)$ de chaque résultat.

← On complète l'arbre à l'extrémité des branches précédentes par les branches correspondant au deuxième lancer et on indique de la même façon la probabilité $\left(\frac{1}{3} \text{ ou } \frac{2}{3}\right)$ de chaque résultat.

← On calcule et on conclut.

Calculer une probabilité à partir d'une fréquence

Énoncé **Pierre possède 10 billes rouges, 3 bleues, 5 vertes et 2 mauves.**

1° **Quelle est la fréquence des billes bleues ?**

2° **Il choisit une boule au hasard parmi ses billes. Quelle est la probabilité que Pierre prenne une bille bleue ?**

Corrigé pas à pas

1° En tout, il y a 10 + 3 + 5 + 2 billes, soit 20.

← Pour calculer une fréquence, on détermine l'effectif total.

La fréquence des billes bleues est : $\frac{3}{20}$, soit **0,15**.

← La fréquence d'une valeur est le quotient de l'effectif de la valeur par l'effectif total.

2° La probabilité que Pierre prenne une bille bleue est **0,15**.

← Le choix s'effectuant au hasard, on assimile probabilité et fréquence.

Calculer la probabilité de l'événement contraire

Énoncé **Quand Jean tire à l'arc, il atteint sa cible 9 fois sur 10. Jean se présente pour tirer une flèche. On note T l'événement « Jean atteint la cible ».**

1° **Définir de deux manières en français l'événement « non T ».**

2° **Donner $p(T)$. En déduire $p(\text{non } T)$ et exprimer ce résultat en français.**

Corrigé pas à pas

1° L'événement « non T » est : **« Jean n'atteint pas la cible »** ou **« Jean rate la cible »**.

← On exprime un événement contraire avec ou sans négation.

2° D'après l'énoncé, on a :

$$p(T) = 9 \div 10 = 0,9.$$

On en déduit que :

$$p(\text{non } T) = 1 - p(T) = 0,1.$$

← $p(T)$ étant connue, on utilise la formule : $p(\text{non } T) = 1 - p(T)$.

Quand Jean tire à l'arc, il rate sa cible une fois sur 10.

← On exprime le résultat à l'aide d'une phrase.

Calculer une probabilité avec des événements incompatibles

Énoncé **Lors d'un tirage au sort à l'aide d'une roue partagée en trois secteurs, on a trois résultats possibles : blanc (*B*), rouge (*R*) et noir (*N*).**
On sait que $p(B) = 0,2$ et $p(N) = 0,5$.

1° Comment qualifie-t-on les événements *B* et *N* ?

2° Calculer $p(B \text{ ou } N)$.

Corrigé pas à pas

1° Les résultats blanc et noir désignent des parties différentes de la roue.
Ils ne peuvent pas se réaliser en même temps.
Les événements *B* et *N* sont incompatibles.

← On explique pourquoi les événements sont incompatibles.

2° Comme *B* et *N* sont incompatibles, on a :

$p(B \text{ ou } N) = p(B) + p(N)$
$= 0,2 + 0,5.$

On obtient : $\boldsymbol{p(B \text{ ou } N) = 0,7}$.

← *B* et *N* étant incompatibles, on peut additionner les probabilités.

Représenter une situation à l'aide d'un arbre

Énoncé **Une expérience consiste à choisir au hasard un cube de couleur bleue, verte ou rouge parmi trois cubes, puis une boule de couleur rouge ou noire parmi deux boules. On s'intéresse aux couleurs des objets.**
Représenter cette expérience par un arbre pondéré.

Corrigé pas à pas

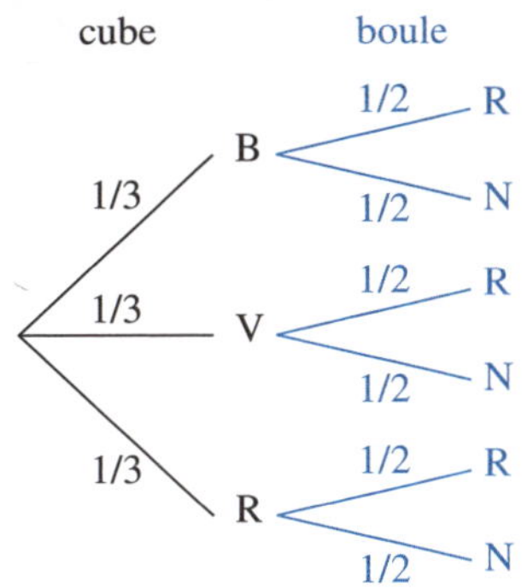

← On commence par dessiner un arbre à trois branches correspondant aux trois choix pour le cube. Sur chaque branche, on porte la probabilité 1/3 (partie de l'arbre en noir).

← À l'extrémité des branches précédentes, on dessine un arbre à deux branches correspondant aux deux choix pour la boule. Sur chaque branche, on porte la probabilité 1/2 (partie de l'arbre en bleu).

Pour bien débuter

1 ★

Dans une région, 5 restaurants ont 2 salariés, 7 en ont 3, 14 en ont 4, 17 en ont 5, 21 en ont 6, 10 en ont 7 et 6 en ont 8.
On choisit un restaurant au hasard. Calculer la probabilité d'avoir choisi :
1° un restaurant avec 2 salariés ;
2° un restaurant avec 5 salariés.

→ Corrigé p. 136

2 ★★

Après un contrôle, les notes de 25 copies ont été regroupées dans le tableau ci-dessous :
Donner la médiane de cette série.

Notes n	$0 \leqslant n < 4$	$4 \leqslant n < 8$	$8 \leqslant n < 12$	$12 \leqslant n < 16$	$16 \leqslant n < 20$
Nombre d'élèves	1	6	7	8	3

On prélève une copie au hasard parmi les 25 copies corrigées et on regarde la note.

1° Soit A l'événement « avoir une note strictement inférieure à 4 ».
Définir en français l'événement « non A ».

2° *a)* Quelle est la probabilité de l'événement A ?
b) En déduire la probabilité d'avoir une note supérieure ou égale à 4.

→ Corrigé p. 136

Pour s'entraîner

3 ★★

Une association de jeunes dessinateurs a imprimé et vendu 240 exemplaires d'un livret de trois façons différentes :
– 72 exemplaires par l'intermédiaire du site Internet de l'association ;
– 60 exemplaires par l'intermédiaire d'un libraire ;
– 108 exemplaires par l'intermédiaire des membres de l'association.
On interroge au hasard un client qui a acheté un livret.
On note :
• L l'événement « le client a acheté le livret en librairie » ;
• M l'événement « le client a acheté le livret auprès d'un membre de l'association ».

1° Déterminer les probabilités $p(L)$ et $p(M)$.

2° *a)* Comment qualifie-t-on les événements L et M ?
b) En déduire la probabilité de l'événement L ou M.

→ Corrigé p. 136

4 ★★

Un touriste étranger a pris un menu à 12 € qui lui permet de prendre une entrée et un plat dans le menu ci-après :

Menu à 12 €

1 entrée au choix	**1 plat au choix**
Salade composée	Truite meunière et riz
Saumon fumé	Gigot d'agneau et haricots
	Veau Marengo et frites

Le client choisit au hasard l'entrée puis le plat.

1° *a*) Quelle est la probabilité qu'il mange du poisson en entrée ?

b) Quelle est la probabilité qu'il mange du poisson en plat ?

2° On désigne par P l'événement « le client mange du poisson ».

a) Recopier et compléter l'ébauche d'arbre suivante :

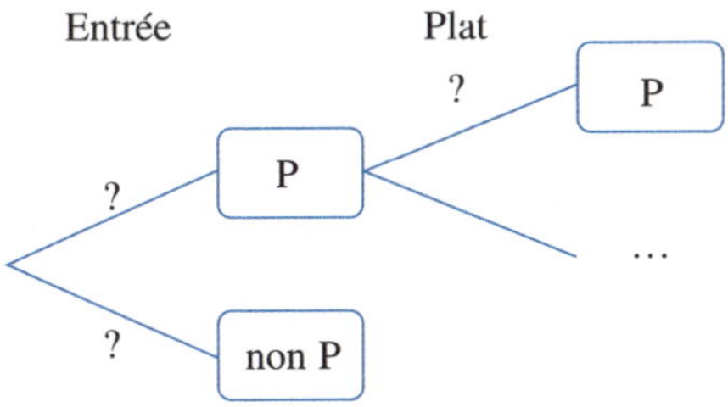

b) Quelle est la probabilité que le client mange deux fois du poisson ?

c) Quelle est la probabilité que le client ne mange pas de poisson ? → Corrigé p. 136

5 ★★★

Une expérience aléatoire consiste :
– à jeter un dé ordinaire à six faces ;
– puis à jeter un jeton dont les faces sont marquées 1 et 2.

Le résultat de l'expérience est la somme du nombre indiqué sur le dé et du nombre obtenu sur le jeton.

1° Dessiner un arbre dont le premier niveau représente les issues possibles pour le dé et le second niveau les issues pour les jetons. Au bout de chaque branche, indiquer le résultat de l'expérience.

2° Quelle est la probabilité d'avoir un résultat égal à 2 ? Égal à 8 ?

3° *a*) Quelles sont les deux manières d'obtenir un résultat égal à 5 ? Sont-elles incompatibles ?

b) En déduire la probabilité d'avoir 5 comme résultat. → Corrigé p. 137

Sujets du brevet

6 ★★

À un stand du « Heiva », on fait tourner la roue de loterie ci-dessous.
On admet que chaque secteur a autant de chance d'être désigné.
On regarde la lettre désignée par la flèche : A, T ou M, et on considère les événements suivants :

- A : « on gagne un autocollant » ;
- T : « on gagne un tee-shirt » ;
- M : « on gagne un tour de manège ».

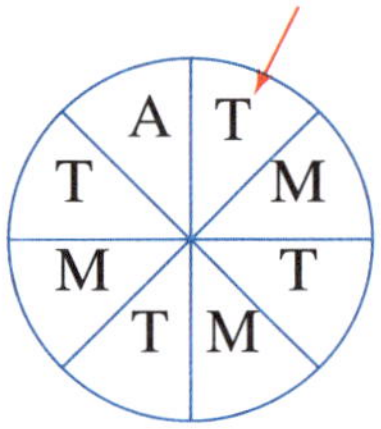

1° Quelle est la probabilité de l'événement A ?
2° Quelle est la probabilité de l'événement T ?
3° Quelle est la probabilité de l'événement M ?
4° Exprimer à l'aide d'une phrase ce qu'est l'événement « non A » puis donner sa probabilité.

→ Corrigé p. 137

7 ★

Cet exercice est un questionnaire à choix multiples. Aucune justification n'est demandée.
Pour chacune des questions, trois réponses sont proposées. Une seule est exacte. Chaque réponse exacte rapporte 1 point.
Une réponse fausse ou l'absence de réponse n'enlève aucun point.
Pour chacune des trois questions, indiquer sur la copie le numéro de la question et recopier la réponse exacte.
Énoncé :
Un sac contient six boules : quatre blanches et deux noires. Ces boules sont numérotées.
Les boules blanches portent les numéros 1 ; 1 ; 2 et 3 et les noires portent les numéros 1 et 2.

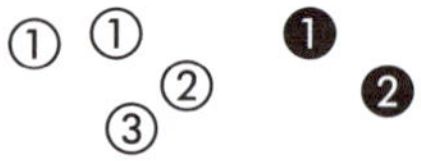

Numéro	Question	Réponse A	Réponse B	Réponse C
1°	Quelle est la probabilité de tirer une boule blanche ?	$\frac{2}{3}$	$\frac{6}{4}$	4
2°	Quelle est la probabilité de tirer une boule portant le numéro 2 ?	$\frac{1}{4}$	$\frac{1}{6}$	$\frac{1}{3}$
3°	Quelle est la probabilité de tirer une boule blanche numérotée 1 ?	$\frac{1}{3}$	$\frac{2}{4}$	$\frac{3}{6}$

→ Corrigé p. 138

8 ★★★

Trois personnes, Aline, Bernard et Claude, ont chacune un sac contenant des billes. Chacune tire une bille de son sac.

1° Le contenu des sacs est le suivant :

Sac d'Aline	Sac de Bernard	Sac de Claude
5 billes rouges	10 billes rouges et 30 billes noires	100 billes rouges et 3 billes noires

Laquelle de ces personnes a la probabilité la plus grande de tirer une boule rouge ?

2° On souhaite qu'Aline ait la même probabilité que Bernard de tirer une boule rouge. Avant le tirage, combien de billes noires faut-il ajouter pour cela dans le sac d'Aline ?

→ *Corrigé p. 138*

9 ★★

Le tableau ci-dessous donne la répartition, selon la surface en m², des magasins d'un centre commercial. L'effectif total est de 67.

Surface d'un magasin en m²	65	66	69	74	81
Effectif	13	22	17		6
Fréquence					

1° Recopier et compléter le tableau ci-dessus.
On donnera les fréquences en pourcentage arrondi au dixième près.

2° Quel est le pourcentage de magasins dont la superficie est inférieure ou égale à 69 m² ?

3° Dans cette partie, les résultats seront donnés sous forme de fraction.
Un client se rend au hasard dans l'un de ces magasins.
a) Quelle est la probabilité que la surface du magasin soit de 81 m² ?
b) En déduire la probabilité que la surface du magasin soit inférieure à 81 m².

→ *Corrigé p. 138*

10 ★★

Une expérience aléatoire consiste à lancer un dé cubique (faces numérotées de 1 à 6) et un dé tétraédrique (faces numérotées de 1 à 4). Le résultat est la somme des deux dés diminuée de 1. L'expérience a été effectuée 2 500 fois et on a étudié les fréquences des résultats.

On a obtenu le diagramme ci-après :

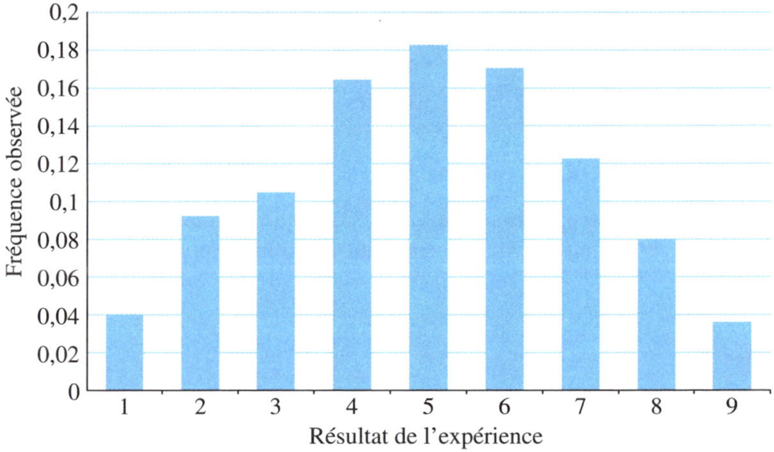

1° Par lecture graphique, donner la fréquence d'apparition du résultat 8.

2° Quel est le résultat qui a la plus grande fréquence ?

3° *a*) Décrire les lancers de dés qui permettent d'obtenir un résultat égal à 8.

b) En déduire la probabilité d'obtenir un résultat égal à 8 en lançant les dés. On exprimera cette probabilité en pourcentage. Expliquer pourquoi ce résultat est différent de celui de la question 1.

→ *Corrigé p. 139*

11 ★★

Un sac contient 20 jetons qui sont soit jaunes, soit verts, soit rouges, soit bleus. On considère l'expérience suivante : tirer au hasard un jeton, noter sa couleur et remettre le jeton dans le sac. Chaque jeton a la même probabilité d'être tiré.

1° Le professeur, qui connaît la composition du sac, a simulé un grand nombre de fois l'expérience avec un tableur. Il a représenté ci-après la fréquence d'apparition des différentes couleurs après 1 000 tirages.

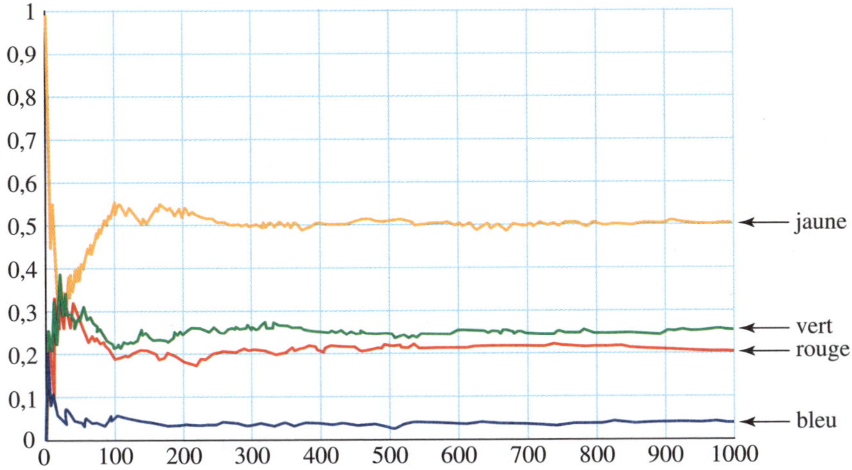

a) Quelle couleur est la plus présente dans le sac ?

b) Quelle semble être la probabilité de tirer cette couleur ?

2° On sait que la probabilité de tirer un jeton rouge est de $\frac{1}{5}$.

Combien y a-t-il de jetons rouges dans ce sac ?

→ Corrigé p. 139

12 ★★

On dispose de deux urnes. La première contient 4 boules noires numérotées 1, 2, 3 et 4. La seconde contient 3 boules blanches numérotées 2, 3 et 5.

Soit l'expérience aléatoire suivante : tirer au hasard une boule noire et une boule blanche, puis calculer la somme des 2 numéros tirés.

On a simulé l'expérience avec un tableur et obtenu les résultats suivants :

	A	B	C	D	E	F	G	H	I
1	Somme	3	4	5	6	7	8	9	Effectif total
2	Effectif	405	844	851	1 221	871	410	398	5 000

1° Quelle est la fréquence de la somme 9 au cours de ces 5 000 expériences ?

2° Donner une estimation de la probabilité d'obtenir la somme 3. Arrondir au centième.

→ Corrigé p. 139

1 → *Énoncé p. 130* Le nombre total de restaurants est :
$5 + 7 + 14 + 17 + 21 + 10 + 6 = 80$.

1° Il y a 5 restaurants avec 2 salariés parmi les 80 restaurants.
On a : $5 \div 80 = 0{,}0625$.
La probabilité que le restaurant ait 2 salariés est 0,0625.

2° Il y a 17 restaurants avec 5 salariés parmi les 80 restaurants.
On a : $17 \div 80 = 0{,}2125$.
La probabilité que le restaurant ait 5 salariés est 0,2125.

> **Conseil**
> Commencer par calculer le nombre total de restaurants.

2 → *Énoncé p. 130* 1° L'événement non *A* est « **ne pas avoir une note inférieure à 4** » ou bien « **avoir une note supérieure ou égale à 4** ».

2° *a)* 1 copie parmi les 25 a une note inférieure à 4.
La probabilité de l'événement *A* est : $p(A) = 1 \div 25$, soit **0,04**.

b) La probabilité d'avoir une note supérieure ou égale à 4 est :
$$p(\text{non } A) = 1 - p(A) = 1 - 0{,}04 = \mathbf{0{,}96}.$$

> **Rappel**
> On a :
> $p(\text{non } A) = 1 - p(A)$.

3 → *Énoncé p. 130* 1° Parmi les 240 clients, 60 clients ont acheté leur livret en librairie. $p(L) = 60 \div 240$, soit $p(L) = \mathbf{0{,}25}$.
Parmi les 240 clients, 108 clients ont acheté leur livret auprès d'un membre de l'association.
$p(M) = 108 \div 204$, soit $p(M) = \mathbf{0{,}45}$.

2° *a)* Les événements *L* et *M* ne peuvent pas se réaliser en même temps. **Les événements *L* et *M* sont incompatibles.**

b) On en déduit que :
$p(L \text{ ou } M) = p(L) + p(M)$, soit $\mathbf{p(L \text{ ou } M) = 0{,}7}$.

> **Rappel**
> Si *A* et *B* ne peuvent pas se réaliser en même temps, alors $p(A \text{ ou } B) = p(A) + p(B)$.

4 → *Énoncé p. 131* 1° *a)* Il y a une entrée avec du poisson parmi les deux. **La probabilité que le client mange du poisson en entrée est $\frac{1}{2}$.**

b) Il y a un plat avec du poisson parmi les trois. **La probabilité que le client mange du poisson en plat principal est $\frac{1}{3}$.**

2° *a)* Voir ci-contre.

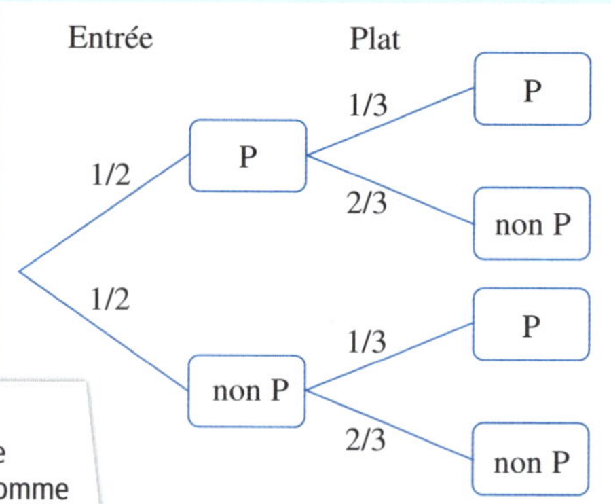

> **Astuce**
> Dans un arbre, à chaque nœud (séparation), la somme des probabilités vaut 1.

b) La probabilité que le client mange deux fois du poisson est $\frac{1}{2} \times \frac{1}{3}$, soit $\mathbf{\frac{1}{6}}$.

c) La probabilité que le client ne mange pas de poisson est $\frac{1}{2} \times \frac{2}{3}$, soit $\mathbf{\frac{1}{3}}$.

5 → *Énoncé p. 131* 1° Voir ci-contre.

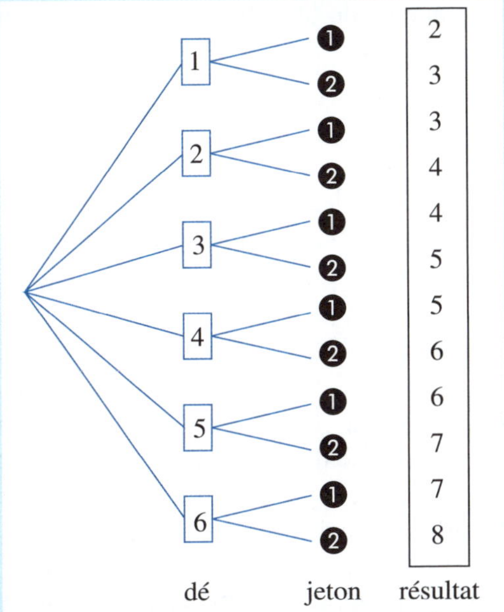

Conseil
Écrire à droite de l'arbre le résultat, c'est-à-dire la somme des chiffres obtenus sur le dé et sur le jeton.

2° Pour avoir un résultat égal à 2, il faut avoir 1 sur le dé (1 chance sur 6) et 1 sur le jeton (1 chance sur 2).

La probabilité d'avoir un résultat égal à 2 est $\mathbf{\frac{1}{12}}$. De même, la probabilité d'avoir un résultat égal à 8 est $\mathbf{\frac{1}{12}}$.

3° *a*) Pour obtenir un résultat égal à 5, on peut avoir **3 sur le dé et 2 sur le jeton ou 4 sur le dé et 1 sur le jeton. Ces deux manières sont incompatibles.**

b) Chacune de ces deux manières a une probabilité de $\frac{1}{12}$.

La probabilité d'avoir 5 comme résultat est $\frac{1}{12} + \frac{1}{12}$, soit $\mathbf{\frac{1}{6}}$.

6 → *Énoncé p. 132* 1° Il y a 1 secteur marqué *A* parmi les 8 secteurs de la roue : **la probabilité de l'événement *A* est $\frac{1}{8}$, soit 0,125.**

2° Il y a 4 secteurs marqués *T* parmi les 8 secteurs de la roue : **la probabilité de l'événement *T* est $\frac{4}{8}$, soit 0,5.**

3° De même, **la probabilité de l'événement *M* est $\frac{3}{8}$, soit 0,375.**

Astuce
Il suffit de compter les secteurs car ils ont tous la même taille.

4° L'événement « non A » est : « **on ne gagne pas un autocollant** ».
On a : $p(\text{non } A) = 1 - p(A) = 1 - 0{,}125 = 0{,}875$.
La probabilité de l'événement « non A » est 0,875.

7 → *Énoncé p. 132* 1° Il y a 4 boules blanches parmi les 6 boules : la probabilité de tirer une boule blanche est $\frac{4}{6} = \frac{2}{3}$: **réponse A**.

2° Il y a 2 boules portant le numéro 2 parmi les 6 boules : la probabilité de tirer une boule portant le numéro 2 est $\frac{2}{6} = \frac{1}{3}$: **réponse C**.

3° Il y a 2 boules blanches numérotées 1 parmi les 6 boules : la probabilité de tirer une boule blanche numérotée 1 est $\frac{2}{6} = \frac{1}{3}$: **réponse A**.

Méthode
Dans un QCM, traiter chaque question posée sans regarder les réponses proposées et ensuite vérifier que votre résultat est dans les réponses proposées.

8 → *Énoncé p. 137* 1° Pour Aline, il y a 5 billes rouges parmi un total de 5 boules.
La probabilité de tirer une boule rouge est : $5 \div 5$, soit 1.
Pour Bernard, il y a 10 billes rouges parmi un total de 40 boules.
La probabilité de tirer une boule rouge est : $10 \div 40$, soit 0,25.
Pour Claude, il y a 100 billes rouges parmi un total de 103 boules.
La probabilité de tirer une boule rouge est : $100 \div 103$, soit environ 0,97.
C'est Aline qui a la probabilité la plus grande de tirer une boule rouge.

2° Pour qu'Aline ait la même probabilité que Bernard de tirer une boule rouge, il faut que la fréquence des boules rouges dans le sac d'Aline soit 0,25. Le nombre total de boules doit être $5 \div 0{,}25$, soit 20.
Il faut ajouter 15 boules noires dans le sac d'Aline.

Conseil
Commencer par calculer le nombre total de billes que doit avoir Aline pour que son sac ait la même proportion de billes rouges que le sac de Bernard.

9 → *Énoncé p. 133* 1° L'effectif de la surface 74 s'obtient en ôtant de l'effectif total 67 les effectifs des autres surfaces.

Surface d'un magasin en m²	65	66	69	74	81
Effectif	13	22	17	**9**	6
Fréquence en %	**19,4**	**32,8**	**25,4**	**13,4**	**9,0**

Rappel
Une fréquence est le quotient d'un effectif par un effectif total.

2° $13 + 22 + 17 = 52$: 52 magasins ont une superficie inférieure ou égale à 69 m².
On a : $52 \div 67 \times 100\ \% = 77{,}6\ \%$ à 0,1 près.
Environ 77,6 % des magasins ont une superficie inférieure ou égale à 69 m².

3° *a*) Il y a 6 magasins de 81 m^2 parmi les 67 magasins.
La probabilité qu'un client qui se rend au hasard dans l'un de ces magasins entre dans un magasin dont la surface est de 81 m^2 est de $\mathbf{\frac{6}{67}}$.

b) La probabilité que la surface du magasin soit inférieure à 81 m^2 est :
$1 - \frac{6}{67} = \mathbf{\frac{61}{67}}$.

10 → Énoncé p. 134 1° Par lecture graphique, la fréquence d'apparition du résultat 8 est **0,08**.

2° C'est **le résultat 5** qui a la plus grande fréquence.

3° *a*) Pour obtenir un résultat égal à 8, on peut avoir 5 sur le dé cubique et 4 sur le dé tétraédrique (5 + 4 – 1 = 8) ou 6 sur le dé cubique et 3 sur le dé tétraédrique (6 + 3 – 1 = 8).

b) Cela représente 2 cas sur les 6 × 4 cas possibles.

Piège à éviter
« 2 sur le dé à 6 faces et 3 sur le dé à 4 faces » est différent de « 3 sur le dé à 6 faces et 2 sur le dé à 4 faces ».

La probabilité d'avoir une somme de 8 est $\frac{2}{24}$, soit **environ 0,0833333.**

On n'obtient pas la fréquence, mais un résultat proche car, dans la question 1, c'est une simulation et les résultats peuvent varier d'une simulation à une autre, alors que la probabilité est un résultat théorique.

11 → Énoncé p. 134 1° *a*) La couleur la plus présente dans le sac est **le jaune**.

b) La probabilité de cette couleur semble être **0,5**.

2° Parmi 20 jetons, la probabilité de tirer un jeton rouge est 0,2.
Le nombre de jetons rouges est 0,2 × 20, soit **4**.

Rappel
Quand on effectue un grand nombre de fois une expérience, la fréquence observée est proche de la probabilité théorique.

12 → Énoncé p. 135 1° La fréquence de la somme 9 est $\frac{398}{5\,000}$, soit **0,079 6**.

2° La fréquence de la somme 3 est $\frac{405}{5\,000}$, soit 0,081.

Une estimation de la probabilité d'obtenir une somme de 3 est, arrondie au centième, **0,08.**

Grandeurs et mesures

CHAPITRE 12 Calculs d'aire

1. Les unités

L'unité d'aire est le mètre carré (m^2).
On utilise aussi :
– ses multiples (km^2, hm^2, dam^2) ;
– ses sous-multiples (dm^2, cm^2, mm^2).

2. Les formules d'aire

Triangle

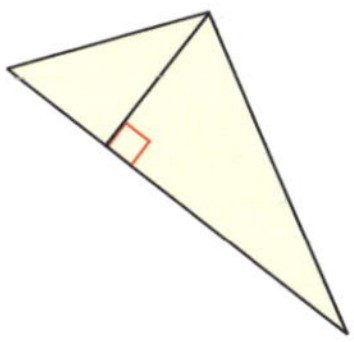

$$\mathscr{A} = \frac{\text{base} \times \text{hauteur}}{2}$$

Triangle rectangle en *A*

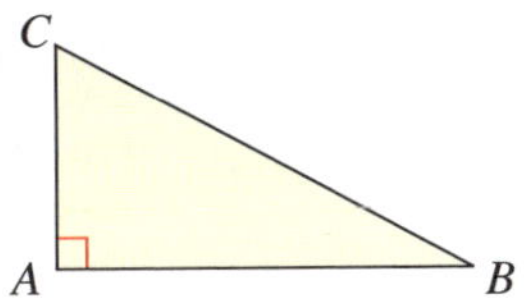

On utilise les côtés de l'angle droit comme base et hauteur.

$$\mathscr{A} = \frac{AB \times AC}{2}$$

Rectangle

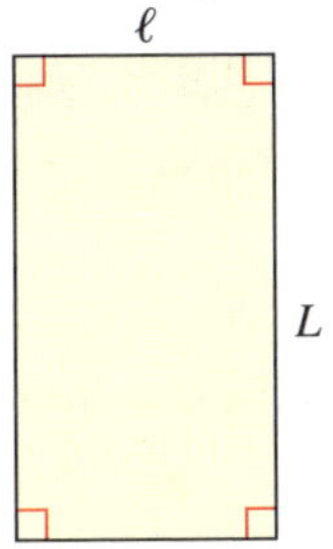

$$\mathscr{A} = l \times L$$

Exemple

Soit *FGH* un triangle rectangle en *G*.
On sait que *FG* = 4,8 cm, *GH* = 3,6 cm et *FH* = 6 cm.
Montrer que l'aire du triangle *FGH* est 8,64 cm².

FGH est un triangle rectangle en *G*.

On a : $\mathscr{A} = \frac{\text{base} \times \text{hauteur}}{2}$

← On écrit la nature de la surface et la formule d'aire.

On prend [*FG*] et [*HG*] les côtés de l'angle droit comme base et comme hauteur.

← On précise les côtés qui servent de base et de hauteur.

On a : $\mathscr{A} = \frac{4{,}8 \times 3{,}6}{2}$,
soit $\mathscr{A} = 8{,}64$.

← On remplace par les nombres et on effectue les calculs.

L'aire de *FGH* est de 8,64 cm².

← On conclut.

Parallélogramme	Carré	Disque
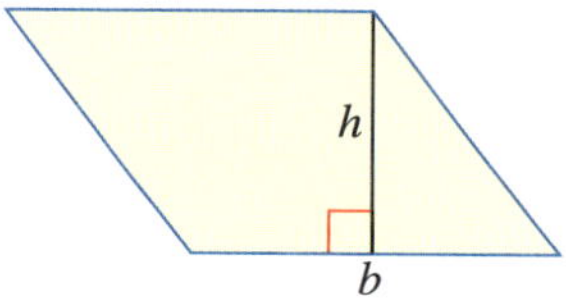	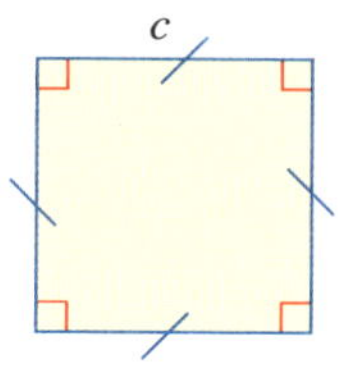	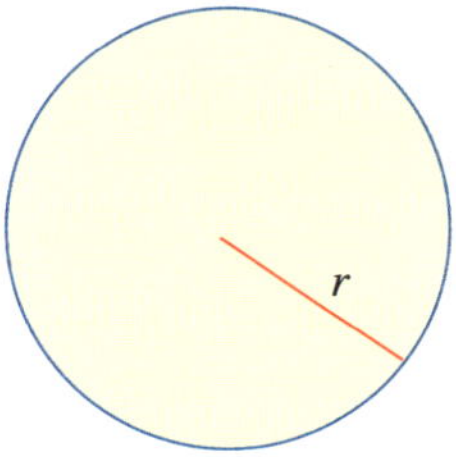
$\mathcal{A} = b \times h$	$\mathcal{A} = c^2$	$\mathcal{A} = \pi \times r^2$

Exemple

Un disque $\mathcal{D}$ a un rayon de 5 cm.
Calculer son aire en cm^2 : on arrondira le résultat au mm^2 près.

$\mathcal{D}$ est un disque. Son aire est : $\mathcal{A} = \pi \times r^2$.	← On écrit la nature de la surface et la formule d'aire.
$\mathcal{A} = \pi \times 5^2$	← On remplace r par sa valeur.
$\mathcal{A}$ = 78,54 cm^2 au mm^2 près.	← On conclut.

Utiliser un nombre inconnu dans un calcul d'aire

Énoncé **On donne la figure ci-contre.**

1° Exprimer l'aire du rectangle *ABCD* en fonction de x.

2° Déterminer l'aire du rectangle *ABCD* lorsque x vaut 6.

3° Déterminer la valeur de x pour que le rectangle ait une aire de 14 cm².

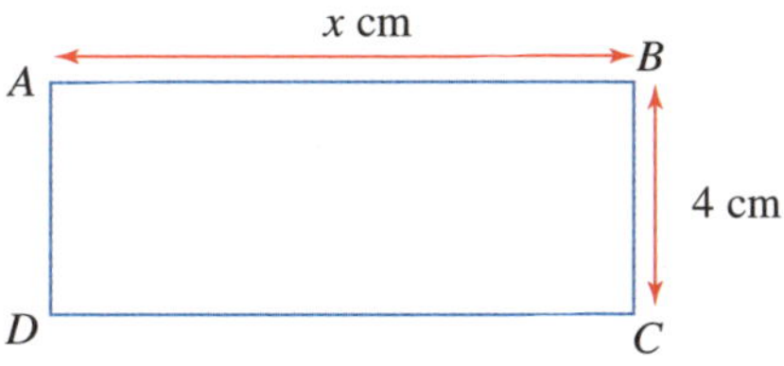

Corrigé pas à pas

1° *ABCD* est un rectangle. Son aire est : $\mathscr{A}$ = largeur × longueur,	← On écrit la nature de *ABCD* et la formule d'aire.
soit $\mathscr{A} = 4x$ **(en cm²).**	← On écrit l'aire en fonction de x.
2° On a $\mathscr{A} = 4 \times 6 = 24$.	← On remplace x par sa valeur 6.
Lorsque x vaut 6, **l'aire du rectangle *ABCD* est de 24 cm².**	← On conclut.
3° On veut $4x = 14$, d'où $x = 14 \div 4$.	← On écrit et résout l'équation.
Pour $x = 3{,}5$, l'aire du rectangle est de 14 cm².	← On conclut.

Calculer une aire à l'aide de deux autres aires

Énoncé **On considère la figure ci-contre.**

1° Calculer l'aire $\mathscr{A}$ du rectangle *ABCD*, puis celle $\mathscr{A}'$ du triangle *ABE*.

2° En déduire l'aire $\mathscr{A}''$ du trapèze *AECD*.

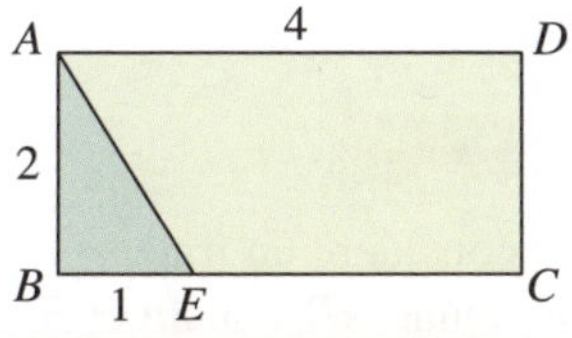

Corrigé pas à pas

1° *ABCD* est un rectangle. On a : $\mathscr{A} = AD \times AB = 4\text{ cm} \times 2\text{ cm}$, soit $\mathbf{\mathscr{A} = 8\ cm^2}$.	← On calcule l'aire de *ABCD*.
ABE est un triangle rectangle en *B*. On a : $\mathscr{A}' = \dfrac{BE \times AB}{2} = \dfrac{1\text{ cm} \times 2\text{ cm}}{2}$, soit $\mathbf{\mathscr{A}' = 1\ cm^2}$.	← On calcule l'aire de *ABE*.
2° L'aire du trapèze est la différence entre celle du rectangle et celle du triangle. $\mathscr{A}'' = \mathscr{A} - \mathscr{A}' = 8\text{ cm}^2 - 1\text{ cm}^2$.	← On calcule l'aire du trapèze par différence.
On obtient : $\mathbf{\mathscr{A}'' = 7\ cm^2}$.	← On conclut.

Pour bien débuter

1 ★

On considère la figure suivante ci-contre :

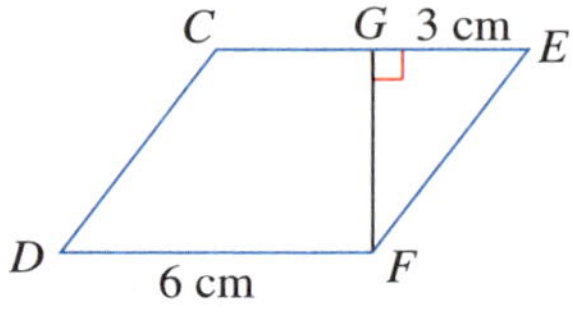

1° Calculer GF.

2° Calculer l'aire du parallélogramme $CEFD$.

➔ Corrigé p. 149

2 ★★

On considère le triangle ci-contre.

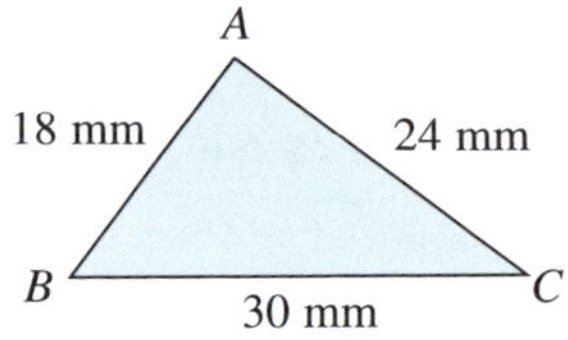

1° Montrer que ABC est un triangle rectangle en A.

2° En déduire l'aire de ABC.

➔ Corrigé p. 149

Pour s'entraîner

3 ★★

On considère la figure ci-contre.
On sait que : $AB = 3$ cm et $AD = 1,5$ cm.

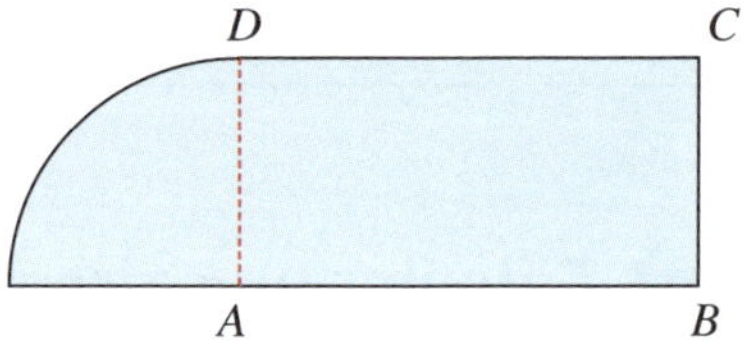

1° Calculer l'aire du rectangle $ABCD$.

2° Calculer l'aire du quart de disque de centre A.

3° Déduire des questions précédentes l'aire de la figure. On arrondira le résultat au centième de cm^2.

➔ Corrigé p. 149

4 ★★★

On considère un trapèze $ABCE$ rectangle en B et en C.
On donne $AB = 5$ cm et $BC = 6$ cm.
La figure ci-contre n'est pas réalisée en vraie grandeur.
Le point D se trouve sur le segment $[EC]$ de telle sorte que $ABCD$ soit un rectangle.
On note $ED = x$ (en cm).

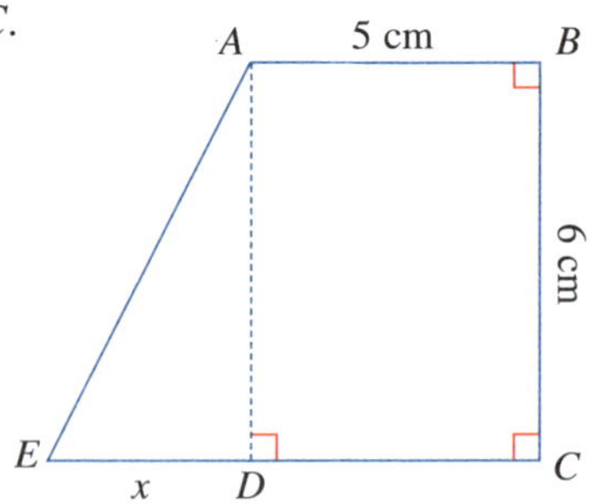

1° Calculer l'aire du rectangle $ABCD$.

2° Exprimer en fonction de x l'aire du triangle ADE.

3° Montrer que l'aire du trapèze $ABCE$, en cm^2, peut s'écrire $3x + 30$.

4° Déterminer la valeur de x pour que l'aire de $ABCE$ soit égale à 36 cm^2.

➔ Corrigé p. 149

Sujets du brevet

5 ★★

Soit ABC un triangle tel que : $AB = 4{,}2$ cm ; $BC = 5{,}6$ cm ; $AC = 7$ cm.
1° Faire une figure en vraie grandeur.
2° Prouver que ABC est rectangle en B.
3° Calculer le périmètre et l'aire de ABC.
→ Corrigé p. 150

6 ★★

ABC est un triangle tel que $AB = 9$ cm ; $AC = 15$ cm ; $BC = 12$ cm.
1° Démontrer que ABC est rectangle en B.
2° Calculer l'aire du triangle ABC.
→ Corrigé p. 150

7 ★★★

Les distances sont exprimées en cm et les aires en cm^2.

Sur un plan, un terrain rectangulaire est représenté par un rectangle $ABCD$ de largeur $AB = 9$ et de longueur $BC = 12$.
E est le point du segment $[AD]$ tel que $AE = 4$ et F est un point de $[CD]$. On pose $CF = x$.

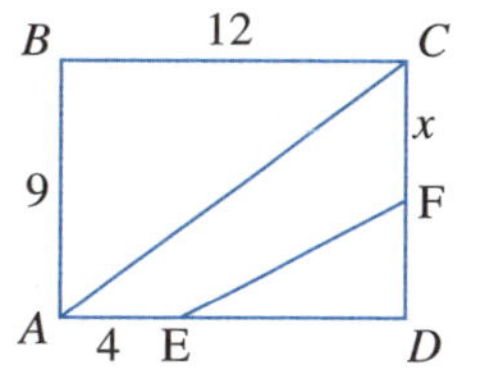

1° Déterminer l'aire du triangle ACD.
2° Montrer que l'aire du triangle EFD est $36 - 4x$.
3° Pour quelle valeur de x l'aire du triangle EFD est-elle égale à 24 cm^2 ?
4° Exprimer l'aire du quadrilatère $ACFE$ en fonction de x.
→ Corrigé p. 151

8 ★★

1° Un propriétaire terrien a vendu le quart de sa propriété en 2015 puis le tiers du reste en 2016. Quelle fraction de sa propriété lui reste-t-il aujourd'hui ?
2° Quelle est la superficie actuelle de sa propriété sachant qu'elle était au départ de 40 hectares ?
→ Corrigé p. 151

9 ★★★

Jane et Malik veulent se lancer dans la production d'œufs biologiques. Leur terrain est un rectangle de 110 m de long et 30 m de large.
Ils vont séparer ce terrain en deux parties rectangulaires :
– une partie couverte ;
– une partie « plein air ».

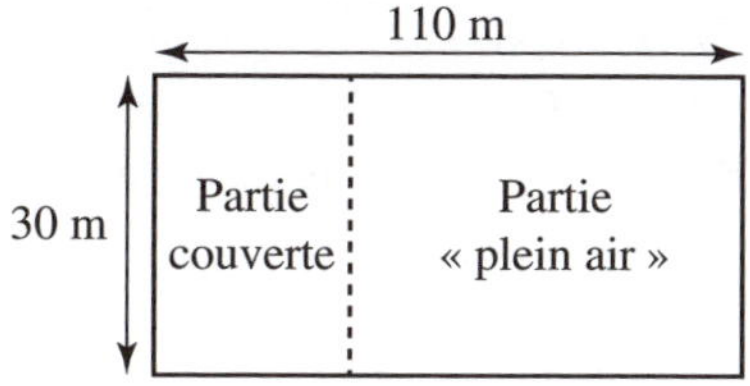

Ce schéma n'est pas à l'échelle

Pour avoir la qualification « biologique », Jane et Malik ont l'obligation de respecter les deux règles ci-dessous :

Partie couverte	Partie « plein air »
– utilisée pour toutes les poules quand il fait nuit ; – 6 poules maximum par m^2.	– utilisée pour toutes les poules quand il fait jour ; – 4 m^2 minimum par poule.

(Source : Institut technologique de l'agriculture biologique.)

Ils ont prévu que la partie couverte ait une surface de 150 m^2.

1° Montrer que l'aire de la partie « plein air » est de 3 150 m ^{2}.

2° Peuvent-ils élever 800 poules dans son installation ?

3° Combien de poules au maximum pourraient-ils élever dans leur installation ?

→ Corrigé p. 151

10 ★★★

Les longueurs sont données en centimètres.
ABCD est un trapèze.

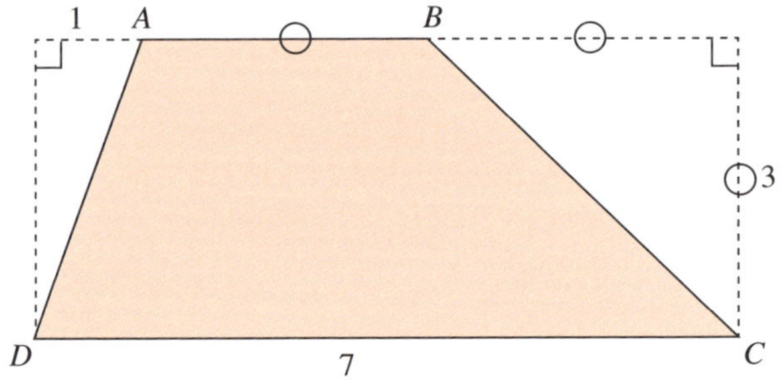

1° *a)* Donner une méthode permettant de calculer l'aire du trapèze *ABCD*.
b) Calculer l'aire de *ABCD*.

2° *Dans cette question, si le travail n'est pas terminé, laisser tout de même une trace de la recherche. Elle sera prise en compte dans l'évaluation.*
L'aire *A* d'un trapèze est donnée par l'une des formules suivantes.
Retrouver la formule juste en expliquant votre choix.

$A = \dfrac{(b \times B)h}{2}$ $\qquad A = \dfrac{(b + B)h}{2}$ $\qquad A = 2(b + B)h$

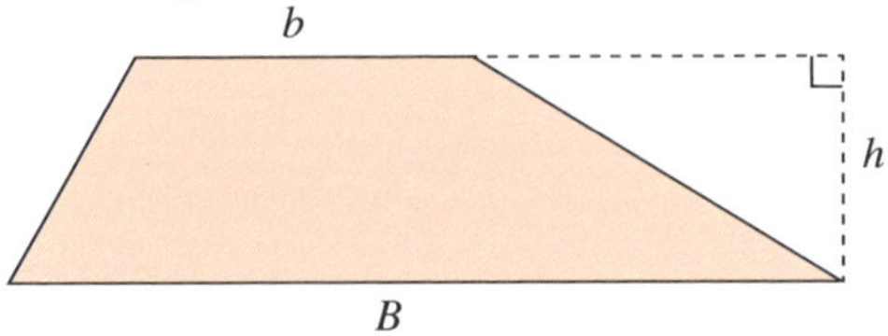

→ Corrigé p. 152

1 → *Énoncé p. 146* 1° On est dans le triangle GEF rectangle en G. On peut donc appliquer le théorème de Pythagore : $EF^2 = EG^2 + GF^2$ d'où $5^2 = 3^2 + GF^2$ et donc $GF^2 = 25 - 9 = 16$

Ainsi $GF = 4$ cm.

2° On peut maintenant appliquer la formule de calcul de l'aire d'un parallélogramme :

$\mathcal{A} = b \times h$ avec $b = DF = 6$ cm et $h = GF = 4$ cm.

$\mathcal{A} = 6 \times 4 = 24$ cm^2.

L'aire du parallélogramme *CEFD* est donc de 24 cm^2.

2 → *Énoncé p. 146* 1° Dans le triangle ABC, on a :

$BC^2 = 30^2 = 900$ et $BA^2 + AC^2 = 18^2 + 24^2 = 900$.

On constate que $BC^2 = BA^2 + AC^2$.

D'après la réciproque du théorème de Pythagore,

le triangle *ABC* est rectangle en *A*.

2° ABC est un triangle rectangle en A. On a :

$$\mathcal{A} = \frac{\text{base} \times \text{hauteur}}{2}.$$

On prend $[AB]$ et $[AC]$ les côtés de l'angle droit comme base et comme hauteur. On a :

$$\mathcal{A} = \frac{18 \times 24}{2}, \text{ soit } \mathcal{A} = 216.$$

L'aire de *ABC* est de 216 mm^2.

> **Conseil**
> Pour calculer l'aire, utiliser les côtés de l'angle droit.

3 → *Énoncé p. 146* 1° $ABCD$ est un rectangle.

Son aire est : $\mathcal{A} = AD \times AB = 1{,}5$ cm $\times$ 3 cm, soit **$\mathcal{A} = 4{,}5$ cm^2.**

2° L'aire d'un disque de rayon r est $\pi \times r^2$.

L'aire du quart de disque de centre A est : $\mathcal{A}' = \dfrac{\pi \times 1{,}5^2}{4}$.

$\mathcal{A}' = 0{,}5625\ \pi$ cm^2.

> **Piège à éviter**
> Il n'y a qu'un quart de disque.

3° L'aire de la figure est la somme de l'aire du rectangle et de celle du quart de disque. On a $\mathcal{A}'' = 4{,}5$ cm^2 + $0{,}5625\ \pi$ cm^2.

L'aire de la figure est 6,27 cm^2, au centième de cm^2 près.

4 → *Énoncé p. 146* 1° L'aire du rectangle $ABCD$ est $AB \times BC = 5$ cm $\times$ 6 cm.

L'aire du rectangle *ABCD* est 30 cm^2.

2° EDA est un triangle rectangle en D. Son aire est : $\mathcal{A} = \dfrac{\text{base} \times \text{hauteur}}{2}$.

On prend [ED] et [AD], les côtés de l'angle droit, comme base et comme hauteur. On a : $\mathcal{A} = \frac{x \times 6}{2}$, soit $\mathcal{A} = 3x$.

L'aire du triangle rectangle *ADE* est $3x$ (en cm²).

3° L'aire du trapèze *ABCE* est la somme de l'aire du rectangle *ABCD* et de celle du triangle *ADE*.

L'aire du trapèze *ABCE*, en cm², est $3x + 30$.

4° On veut : $3x + 30 = 36$, ce qui donne :
$3x = 36 - 30$; $x = 6 \div 3$; $x = 2$.

Pour $x = 2$, l'aire de *ABCE* est égale à 36 cm².

> **Méthode**
> Poser une équation pour déterminer x tel que l'aire soit égale à 36 cm².

5 → Énoncé p. 147 1°

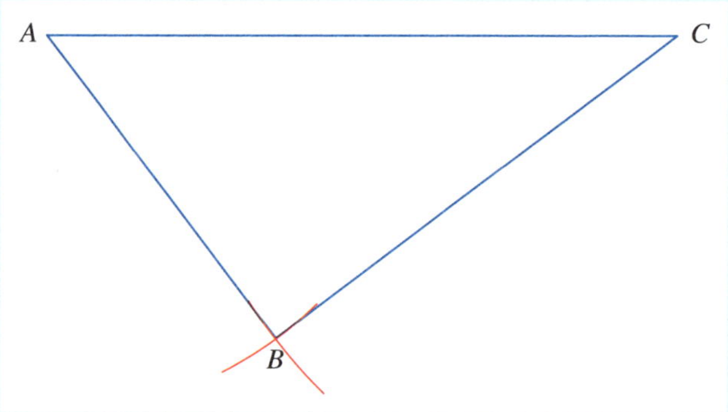

2° Dans *ABC*, on a $AC^2 = 7^2 = 49$ et $BA^2 + BC^2 = 4{,}2^2 + 5{,}6^2 = 49$.
On constate que $AC^2 = BA^2 + BC^2$.
D'après la réciproque du théorème de Pythagore, **le triangle *ABC* est rectangle en *B*.**

3° $AB + AC + BC = 4{,}2$ cm $+ 7$ cm $+ 5{,}6$ cm.

Le périmètre de *ABC* est 16,8 cm.

L'aire de *ABC* est $\frac{\text{base } AB \times \text{hauteur } BC}{2} = \frac{4{,}2 \times 5{,}6}{2}$.

L'aire de *ABC* est 11,76 cm².

> **Rappel**
> Le périmètre d'un triangle est la somme des longueurs de ces trois côtés.

6 → Énoncé p. 147 1° Dans le triangle *ABC*, on a
$AC^2 = 15^2 = 225$ et $AB^2 + BC^2 = 9^2 + 12^2 = 225$.
On constate que $AC^2 = AB^2 + BC^2$.
D'après la réciproque du théorème de Pythagore, ***ABC* est rectangle en *B*.**

> **Rappel**
> Un triangle est rectangle si le carré du plus grand côté est égal à la somme des carrés des deux autres côtés.

2° Le triangle *ABC* est rectangle en *B*.

On a : $\text{aire}_{ABC} = \frac{\text{base } AB \times \text{hauteur } BC}{2} = \frac{9 \text{ cm} \times 12 \text{ cm}}{2}$.

L'aire de *ABC* est de 54 cm².

7 → Énoncé p. 147 1° Le terrain étant rectangulaire, le triangle *ACD* est rectangle en *D*. On a : $\text{aire}_{ACD} = \dfrac{\text{base } AD \times \text{hauteur } DC}{2} = \dfrac{12 \text{ cm} \times 9 \text{ cm}}{2}$.

L'aire du triangle *ACD* est 54 cm².

2° *E* est sur [*AD*], donc on a $DE = AD - AE = 12 - 4 = 8$.

F est sur [*CD*], donc on a $DF = CD - CF = 9 - x$.

Le triangle *EFD* est rectangle en *D*.

On a : $\text{aire}_{EFD} = \dfrac{\text{base } ED \times \text{hauteur } DF}{2} = \dfrac{8 \times (9 - x)}{2} = \dfrac{72 - 8x}{2}$.

L'aire du triangle *EFD* est $36 - 4x$.

3° On veut $36 - 4x = 24$, soit $36 - 24 = 4x$ ou encore $12 \div 4 = x$.

Pour $x = 3$, l'aire du triangle *EFD* est égale à 24 cm².

4° On a :

$\text{aire}_{ACFE} = \text{aire}_{ACD} - \text{aire}_{EFD}$
$= 54 - (36 - 4x)$
$= 54 - 36 + 4x.$

L'aire du quadrilatère *ACFE* est $18 + 4x$.

> **Astuce**
> Le triangle *ACD* est partagé en deux parties et son aire est la somme des aires des deux parties.

8 → Énoncé p. 147 1° En 2015, la fraction de la propriété qui reste est $1 - \dfrac{1}{4}$, soit $\dfrac{3}{4}$.

En 2016, la fraction de la propriété vendue est $\dfrac{3}{4} \times \dfrac{1}{3}$, soit $\dfrac{1}{4}$.

On a : $\dfrac{3}{4} - \dfrac{1}{4} = \dfrac{2}{4} = \dfrac{1}{2}$.

Aujourd'hui, il lui reste la moitié de sa propriété.

2° La moitié de 40 hectares, c'est 20 hectares. **Il lui reste 20 hectares.**

> **Conseil**
> Calculer ce qui reste après avoir enlevé un quart du terrain avant d'enlever le tiers restant.

9 → Énoncé p. 147 1° Comme la partie couverte a une surface de 150 m², et que c'est un rectangle de longueur 30 m, on a $150 = 30 \times \ell$.

Donc $\ell = 150 \div 30 = 5$ m.

La longueur de la partie « plein air » est donc de $110 - 5 = 105$ m.

Ainsi la surface de la partie « plein air » est : $\mathcal{A} = 105 \times 30 = 3\,150$ m².

> **Rappel**
> Aire rectangle = $L \times \ell$

2° • Pour la partie couverte, avec 800 poules dans 150 m², il aura $800 \div 150 \approx 5{,}33$ poules par m². Donc moins de 6 poules par m². Ils respectent donc la règle pour la partie couverte.

• Pour la partie « plein air », on doit avoir 4 m² par poules.
Pour 800 poules, il faut donc $800 \times 4 = 3\ 200$ m² or il n'a que 3 150 m², ils ne respectent donc pas la seconde règle pour la partie « plein air ».
Ils ne pourront donc pas élever 800 poules.

3° Pour 800 poules, l'installation de Jane et Malik respecte la règle sur la partie couverte mais pas celle sur la partie « plein air ».
Pour savoir combien de poules au maximum ils peuvent élever, il faut donc voir combien ils peuvent mettre de poules au maximum dans la partie « plein air ». Pour cela, il suffit d'effectuer $3\ 150 \div 4 = 787{,}5$. Ce qui montre qu'au maximum ils pourront élever 787 poules dans la partie « plein air ».
Comme la partie couverte convenait pour 800 poules, **on peut conclure que le nombre maximum de poules qu'ils pourront élever est de 787.**

10 → *Énoncé p. 148* 1° *a)* On peut calculer l'aire du rectangle en pointillé et ôter les aires des deux triangles rectangles afin d'obtenir l'aire du trapèze *ABCD*.

b) On a : $A = 7 \times 3 - \dfrac{3 \times 3}{2} - \dfrac{3 \times 1}{2} = 21 - 4{,}5 - 1{,}5 = 15$.

L'aire de *ABCD* est 15 cm².

> **Conseil**
> Calculer l'aire d'un rectangle et lui retrancher les aires de deux triangles rectangles.

2° Pour calculer l'aire du trapèze, on peut le partager à l'aide d'une diagonale en deux triangles de même hauteur *h*.

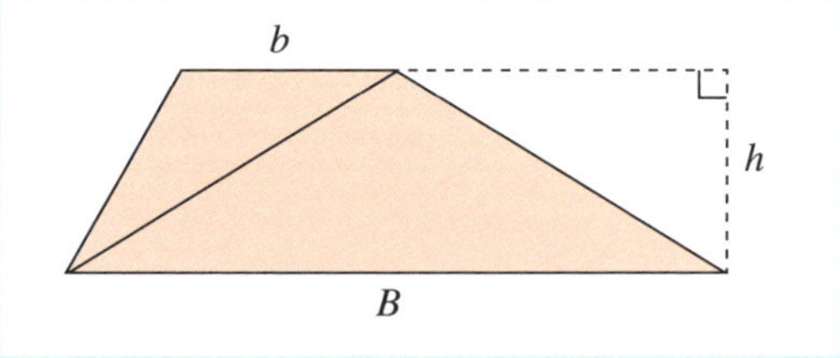

L'aire d'un triangle est $\dfrac{bh}{2}$ et celle de l'autre triangle est $\dfrac{Bh}{2}$.

L'aire du trapèze est : $\mathbf{A = \dfrac{bh}{2} + \dfrac{Bh}{2} = \dfrac{bh + Bh}{2} = \dfrac{(b + B)h}{2}}$.

CHAPITRE 13

Espace

1. Calcul de volume : les unités

L'unité de volume est le m^3.
On utilise aussi ses sous-multiples : dm^3, cm^3, mm^3.

2. Les formules de volume

Voir les formules page suivante.

Exemple

On dispose d'un carré de métal de 40 cm de côté. Pour fabriquer une boîte parallélépipédique, on enlève à chaque coin un carré de côté x = 5 cm et on relève les bords par pliage. Calculer le volume de la boîte.

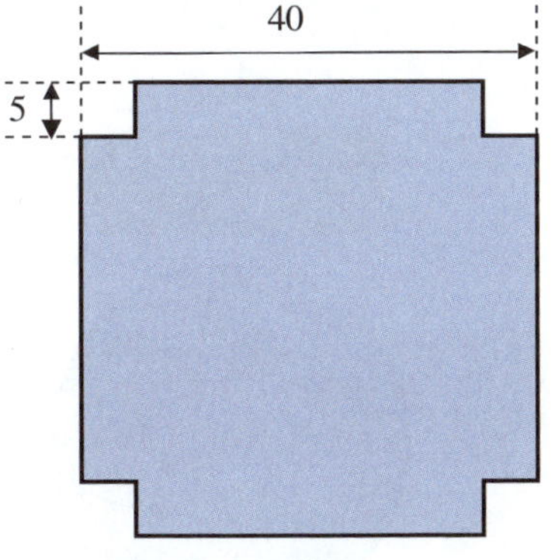

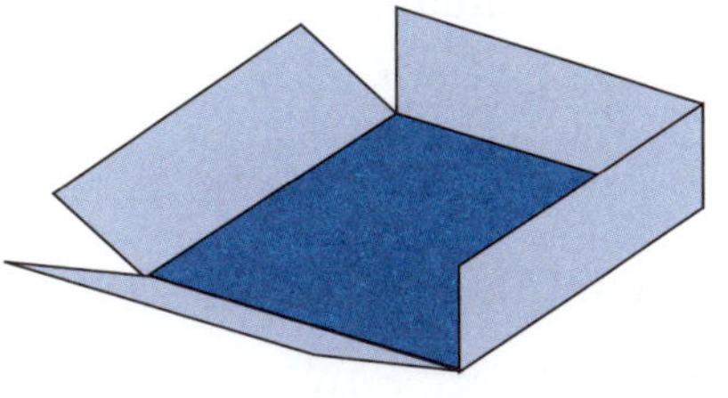

Si $x = 5$ cm, le côté du fond de la boîte mesure $40 - 2 \times 5$, soit 30.	← On utilise les données de l'énoncé pour calculer la nouvelle mesure du côté.
On a alors : V = aire du fond × hauteur $= 30 \times 30 \times 5$ $= 4\ 500$.	← Le fond est un carré. Aire = $c \times c$
Avec $x = 5$ cm, le volume de la boîte est 4 500 cm^3.	← On conclut.

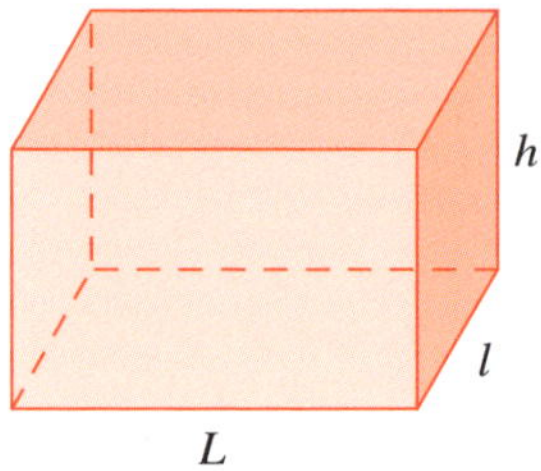

Parallélépipède rectangle

$V = L \times \ell \times h$

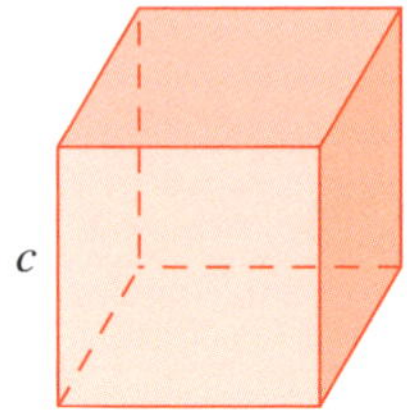

Cube

$V = c^3$

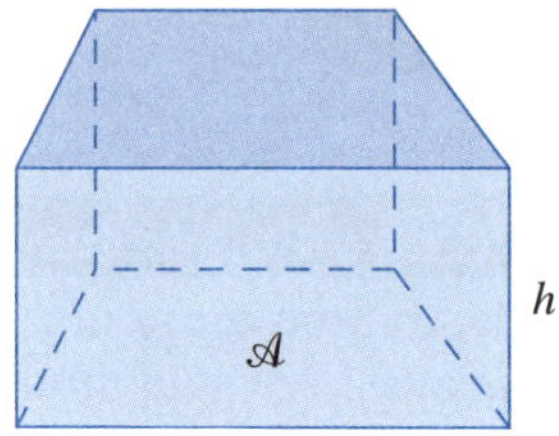

Prisme droit

$V = \mathcal{A} \times h$

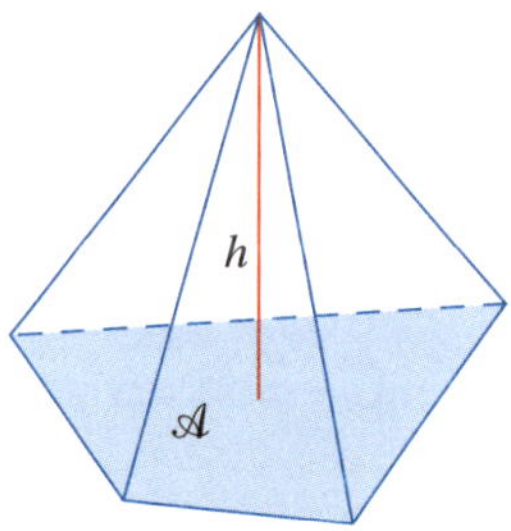

Pyramide

$$V = \frac{\mathcal{A} \times h}{3}$$

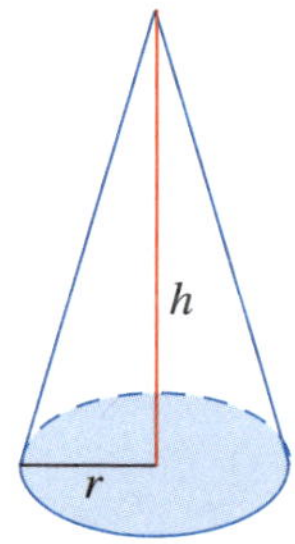

Cône

$$V = \frac{\pi \times r^2 \times h}{3}$$

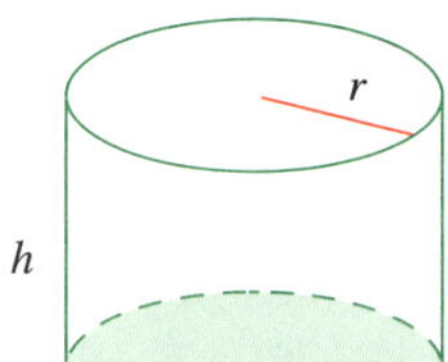

Cylindre droit

$V = \pi r^2 h$

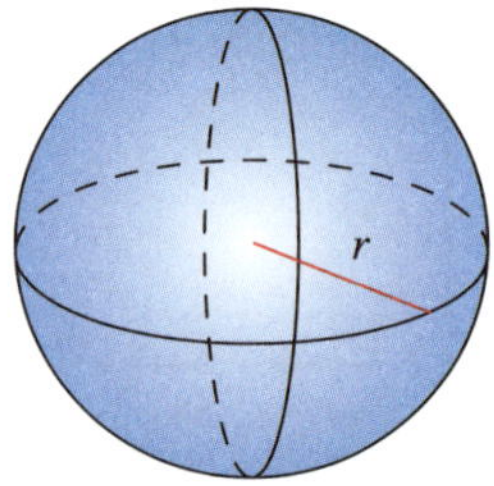

Boule-Sphère

$\mathcal{A} = 4\pi r^2$

$$V = \frac{4\pi r^3}{3}$$

3. Positions géographiques

Un **méridien** : c'est un cercle imaginaire passant par les deux pôles de la Terre.
Un **parallèle** : c'est un cercle imaginaire, parallèle à l'équateur.

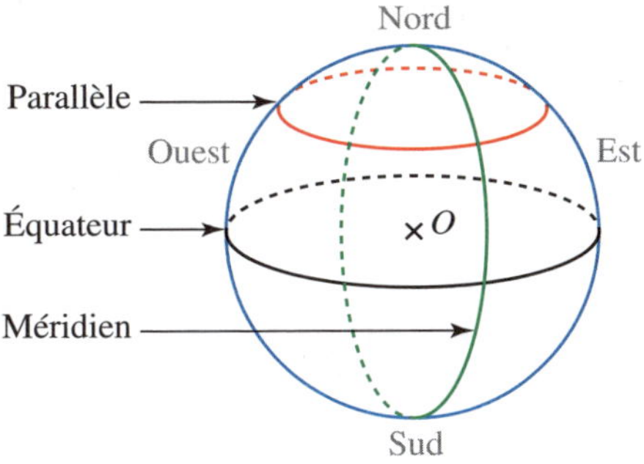

La **longitude** : c'est l'angle formé par le méridien d'un lieu avec le méridien de Greenwich (proche de Londres) que l'on appelle aussi méridien d'origine, et compté jusqu'à 180° vers l'ouest ou 180° vers l'est.
Ici, la mesure de l'angle $\widehat{AOB}$ est la longitude du point B, et de tous les points situés sur le méridien contenant B.

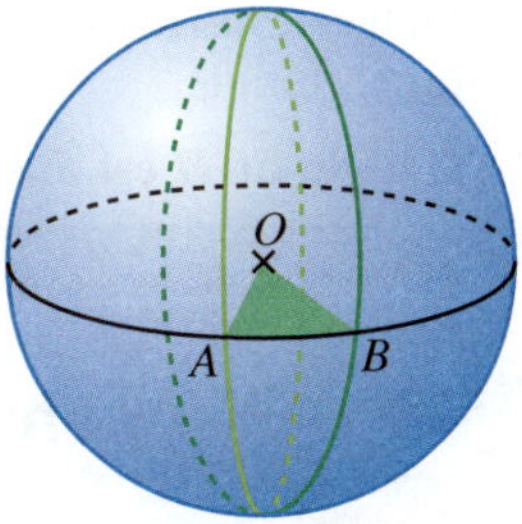

La **latitude** : c'est l'angle formé par le parallèle d'un lieu avec l'équateur et compté jusqu'à 90° vers le nord ou 90° vers le sud.
Ici, la mesure de l'angle $\widehat{AOB}$ est la latitude du point B, et de tous les points situés sur le parallèle contenant B.

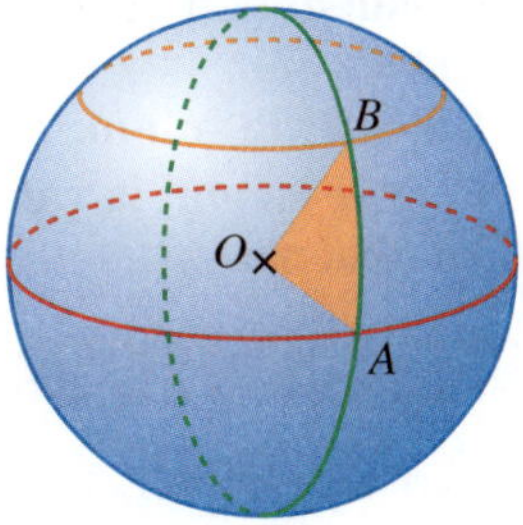

Reconnaître la nature d'un objet

Énoncé ***ABCDEFGH* est un parallélépipède rectangle.**
Quelle est la nature de la face *CDHG* ?
En déduire la nature de l'angle $\widehat{CGH}$?

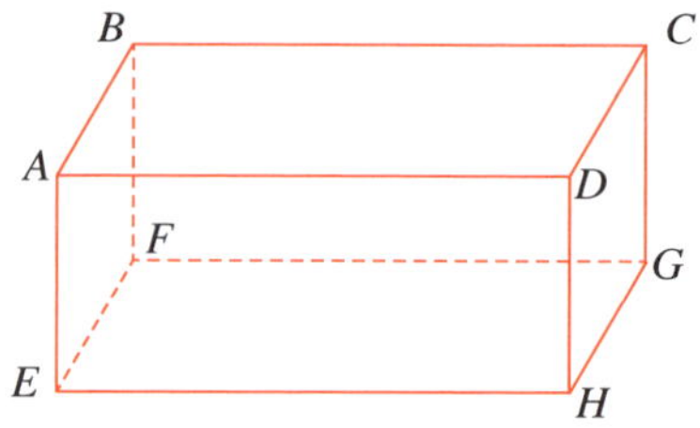

Corrigé pas à pas

ABCDEFGH est un parallélépipède rectangle.	← On rappelle la nature du solide.
La face *CDHG* est **un rectangle**.	← On en déduit la nature d'une face.
L'angle $\widehat{CGH}$ est donc droit.	← On conclut avec la nature de l'angle.

Utiliser une formule pour calculer un volume

Énoncé **On considère un cône de révolution semblable à celui qui est représenté ci-contre avec : $AO = 3$ cm et $BO = 2$ cm.**
Calculer le volume du cône :
donner en cm³ la valeur exacte puis la valeur arrondie au dixième.

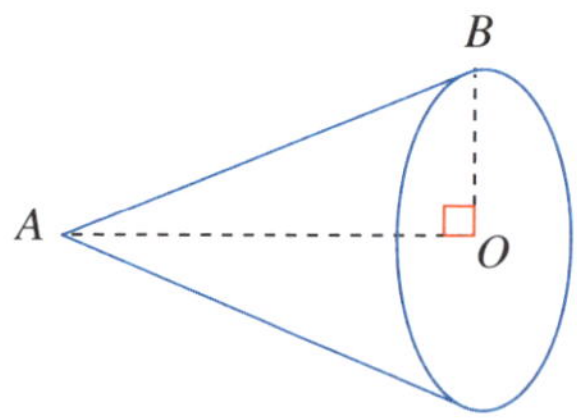

Corrigé pas à pas

On a un cône. ← On rappelle la nature de l'objet.

$$V = \frac{\pi \times r^2 \times h}{3}$$

← On écrit la formule du volume d'un cône.

$$V = \frac{\pi \times OB^2 \times OA}{3}$$

$$V = \frac{\pi \times 2^2 \times 3}{3}$$

← On écrit la formule du volume avec des lettres puis avec des nombres.

Le volume du cône est **4π cm³, soit 12,6 cm³ au dixième près.** ← On conclut avec la valeur exacte puis avec la valeur arrondie à l'unité.

Représenter en vraie grandeur des objets issus d'un solide

Énoncé ***ABCDEFGH*** **est un cube de 3 cm de côté.**

1° Représenter en vraie grandeur la face *ABCD*.

2° *a*) Préciser la nature du triangle *BDH*.

***b*) Le construire en vraie grandeur.**

Corrigé pas à pas

1° *ABCDEFGH* est un cube, donc sa face *ABCD* est un carré de côté 3 cm.

← On précise la nature de la face *ABCD* et sa dimension.

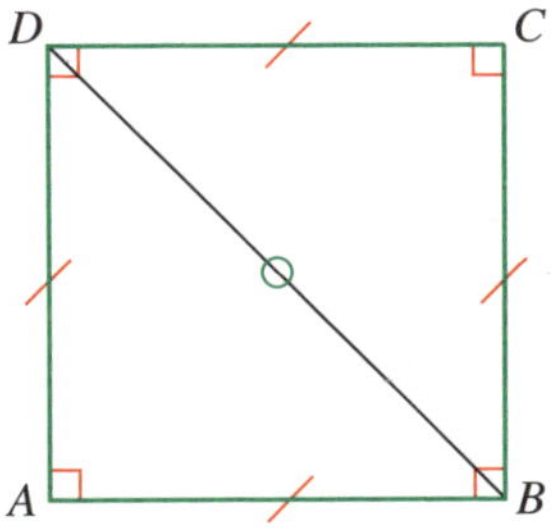

← On réalise la représentation de *ABCD*.

2° *a*) La droite verticale (*DH*) est perpendiculaire à la droite horizontale (*DB*), donc le triangle ***BDH*** **est rectangle en *D***.

← On précise la nature du triangle *BDH*.

b)

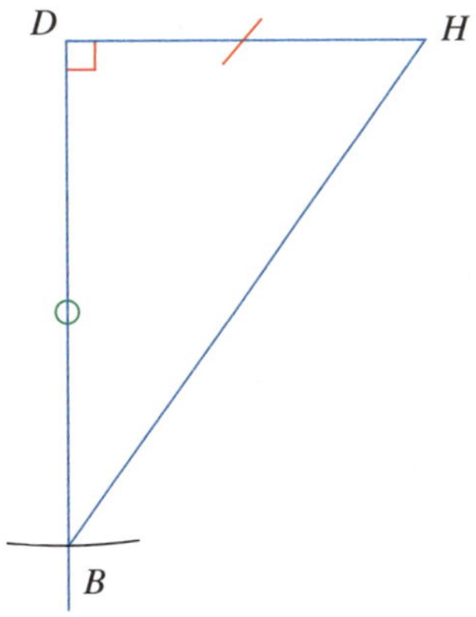

← On construit le triangle *DBH* en utilisant le compas pour reporter la longueur *DB* obtenue par la construction précédente.

Utiliser la latitude ou la longitude pour calculer des distances

Énoncé **On considère que le rayon de la terre est de 6 370 km. La latitude de Moscou (Russie) est de 55,75°Nord et sa longitude, de 37,6°Est.**

1° **Calculer la longueur de l'équateur et des méridiens.**

2° **Calculer la distance entre Moscou et l'équateur.**

Corrigé pas à pas

1° $\mathcal{P} = \mathbf{2 \times \pi \times R \approx 2 \times 3{,}14 \times 6\,370}$
$= \mathbf{40\,003\ km}$.

← Les longueurs des méridiens et de l'équateur sont identiques car on assimile la Terre à une sphère. Cette longueur est obtenue en calculant le périmètre du cercle de rayon 6 370 km.

2° On a le tableau de proportionnalité suivant :

Angle	360	55,75
Km	40 003	*d*

Donc,

$$d = \frac{55{,}75 \times 40\ 003}{360} \approx 6\,195\text{km}.$$

La distance entre Moscou et l'équateur est de 6 195 km.

← La distance entre Moscou et l'équateur est une partie de méridien. Il y a proportionnalité entre l'angle et la distance parcourue sur le méridien.
On a une situation de proportionnalité, on peut donc utiliser l'égalité des produits en croix.

← On conclut.

Pour bien débuter

1 ★

On considère le pavé droit *ABCDEFGH* représenté ci-dessous.

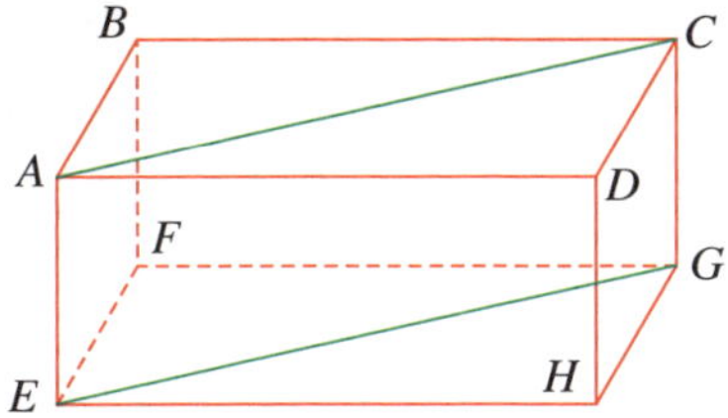

Objet	Nature de l'objet
Triangle *ABC*	
Angle $\widehat{ABF}$	
Quadrilatère *ABFE*	
Angle $\widehat{ACG}$	
Quadrilatère *ACGE*	

Reproduire et compléter, sans justification, le tableau ci-contre.

→ Corrigé p. 163

2 ★

Une pyramide a pour base un rectangle qui mesure 6 cm sur 12 cm. Sachant que sa hauteur est de 3 cm, déterminer son volume en cm^3. → Corrigé p. 163

Pour s'entraîner

3 ★★

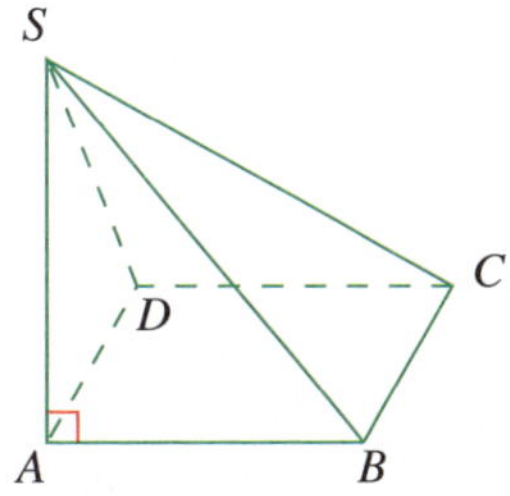

SABCD est une pyramide à base carrée ; sa hauteur est l'arête [*SA*].
On donne : $SA = 4$ cm et $AB = 3$ cm.

1° Représenter en vraie grandeur les faces *SAB* et *SBC*.

2° Calculer le volume de cette pyramide. → Corrigé p. 163

4 ★★★

Une société fabrique des enseignes publicitaires composées de deux cônes de révolution de même diamètre 2,4 dm et de même hauteur 4 dm.

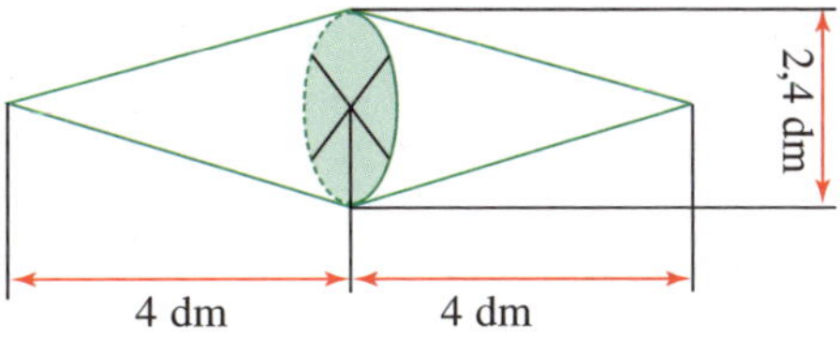

1° Calculer le volume d'une enseigne en dm^3, arrondi au dm^3.

2° Chaque enseigne est rangée dans un étui en carton ayant la forme d'un cylindre le plus petit possible et ayant la même base que les cônes.
Calculer le volume de cet étui en dm^3, arrondi au dm^3. → Corrigé p. 163

Sujets du brevet

5 ★

Le dessin ci-contre représente en perspective une pyramide à base carrée de sommet S.

Quelle est, en réalité, la nature du triangle ABC ?

a) Ni rectangle ni isocèle ?

b) Rectangle et isocèle ?

c) Isocèle mais non rectangle ?

Choisir la bonne réponse.

→ Corrigé p. 164

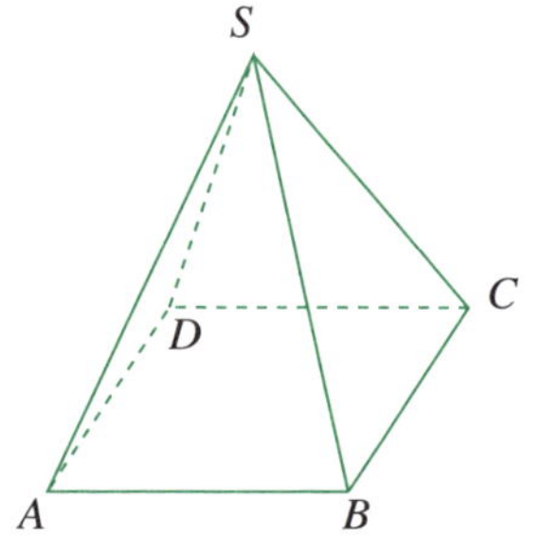

6 ★★

Un verre a une partie supérieure en forme de cône de révolution de sommet S, de hauteur $[OS]$, telle que $OS = 9$ cm, et de rayon $[OA]$, tel que $OA = 4$ cm.

1° Montrer que le volume de ce verre, en cm^3, est égal à 48π.

2° Avec un litre d'eau, combien de fois peut-on remplir entièrement ce verre ?

Formulaire :

• 1 litre = 1 dm^3 = 1 000 cm^3

• Le volume d'un cône de hauteur h et de rayon R est :

$V = \frac{1}{3} \times \pi \times R^2 \times h.$

→ Corrigé p. 164

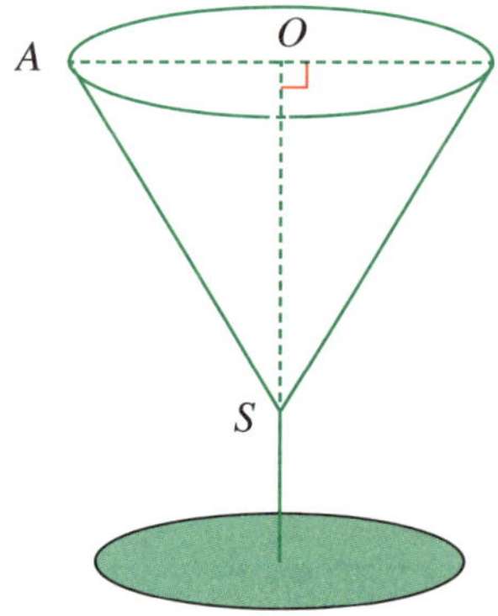

7 ★★★

L'unité est le centimètre.

$ABCDEFGH$ est un parallélépipède rectangle. Dans ce parallélépipède, on a construit le prisme droit $AIJDLK$ dont une base est le triangle AIJ rectangle en I.

On donne :

$EF = 9$; $AD = 7$; $AE = 6$; $AI = 2$.

Les droites (EF) et (IJ) sont parallèles.

La figure n'est pas en vraie grandeur.

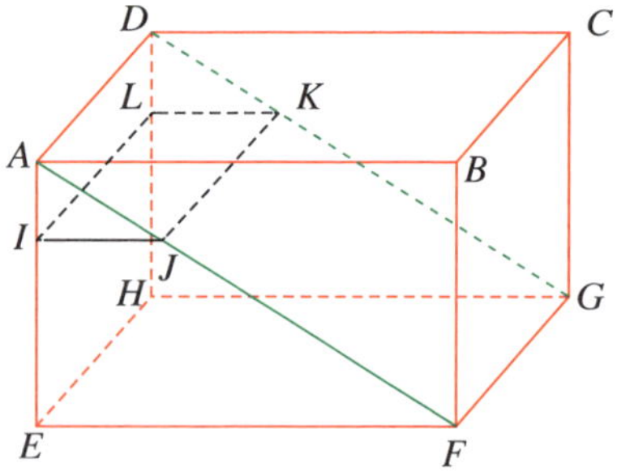

1° Montrer que $IJ = 3$.

2° Calculer AJ en justifiant et arrondir au dixième.

3° Calculer le volume du prisme droit $AIJDLK$.

(*Rappel* : Volume V d'un prisme droit : $V = B \times h$ où B est l'aire de la base ; h est la hauteur du prisme.)

→ Corrigé p. 164

8 ★★

Un prisme ayant pour base un triangle rectangle est représenté ci-contre.

1° Combien a-t-il d'arêtes ? de faces ? de sommets ?

2° Quel est le volume de ce prisme ?

3° Tracer un patron de ce prisme en vraie grandeur.

→ Corrigé p. 165

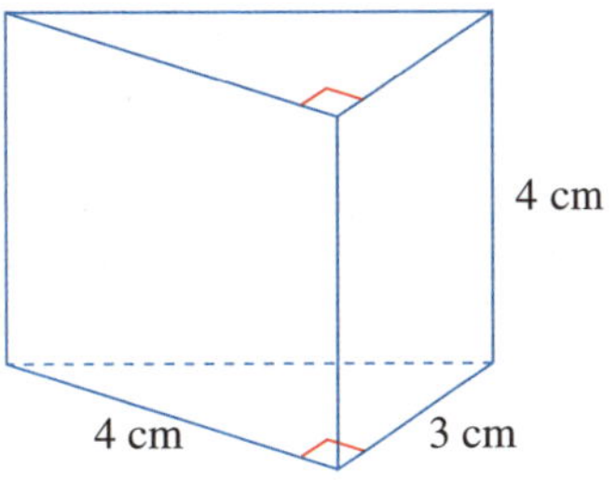

9 ★★★

SABCD est une pyramide à base rectangulaire *ABCD*, de hauteur [*SA*].
On donne $SA = 15$ cm, $AB = 8$ cm et $BC = 11$ cm.

1° Calculer le volume V_1 de la pyramide *SABCD*.

2° Démontrer que $SB = 17$ cm.

3° On note *E* le point de [*SA*], tel que $SE = 12$ cm, et *F* le point de [*SB*], tel que $SF = 13{,}6$ cm.
Montrer que les droites (*EF*) et (*AB*) sont parallèles.

→ Corrigé p. 166

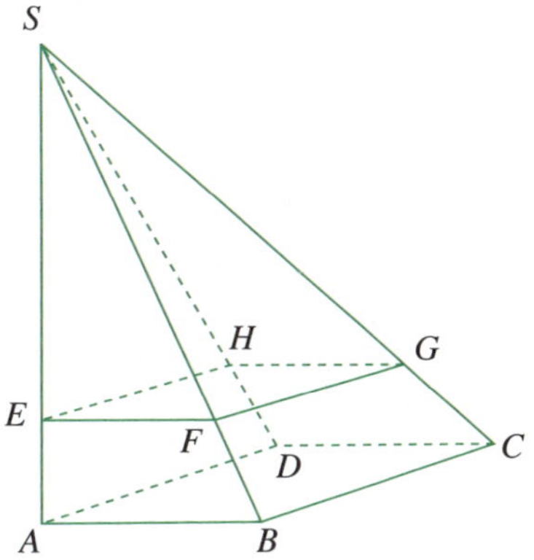

10 ★★★

La pyramide *SABCD* ci-contre a pour base le rectangle *ABCD* et pour hauteur le segment [*SA*].
L'unité de longueur est le centimètre.
On donne $AB = 8{,}2$ et $SA = 4$.

On donne également $\widehat{ASD} = 30°$.

1° Donner, sans les justifier, la nature du triangle *SAB* et celle du triangle *SAD*.

2° Calculer la mesure, arrondie au degré, de l'angle $\widehat{SBA}$.

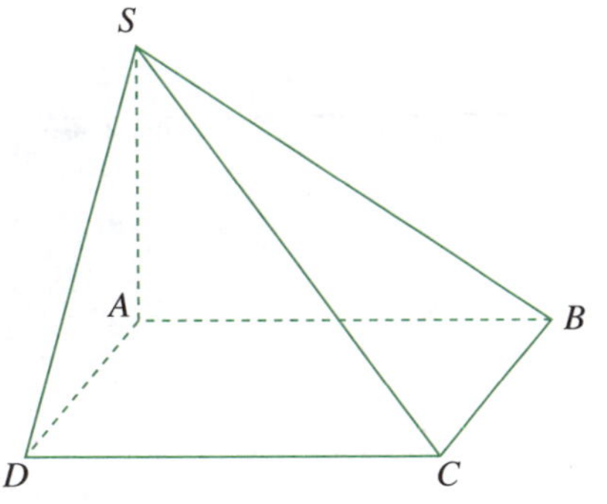

3° Calculer la valeur exacte de *SD*. En donner la valeur arrondie au millimètre.

→ Corrigé p. 166

11 ★★★

Pour amortir les chocs contre les autres embarcations ou le quai, les péniches sont équipées de « boudins » de protection.

Calculer le volume exact en cm³ du « boudin » de protection ci-contre, puis arrondir au centième.

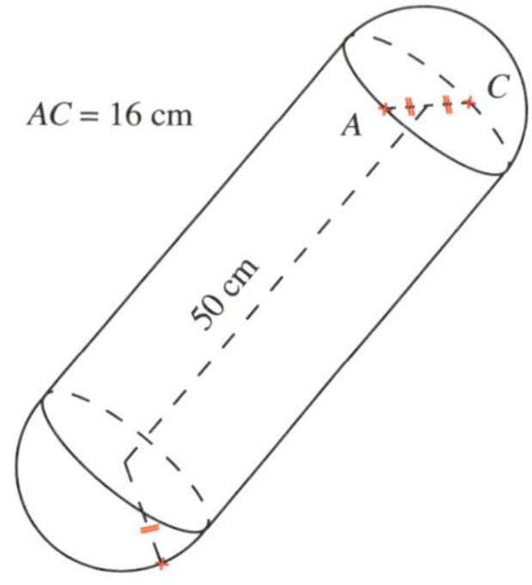

→ Corrigé p. 167

12 ★★★

Le gros globe de cristal est un trophée attribué au vainqueur de la coupe du monde de ski. Ce trophée pèse 9 kg et mesure 46 cm de hauteur.

1° Le biathlète français Martin Fourcade a remporté le sixième gros globe de cristal de sa carrière en 2017 à Pyeongchang en Corée du Sud.
Donner approximativement la latitude et la longitude de ce lieu repéré sur la carte ci-dessous.

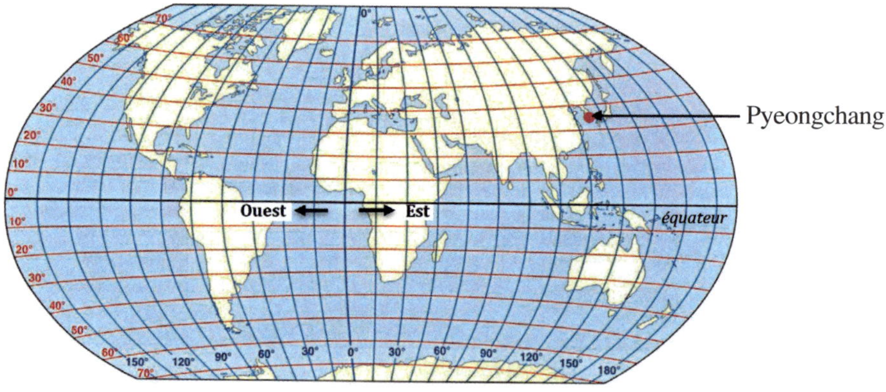

2° On considère que le globe est composé d'un cylindre en cristal de diamètre 6 cm, surmonté d'une boule de cristal. Voir schéma ci-contre.
Montrer qu'une valeur approchée du volume de la boule de ce trophée est de 6 371 cm³.

3° Marie affirme que le volume de la boule de cristal représente environ 90 % du volume total du trophée.
A-t-elle raison ?

→ Corrigé p. 167

1 → Énoncé p. 159

Objet	Nature de l'objet
Triangle ABC	**Triangle rectangle en B**
Angle $\widehat{ABF}$	**Angle droit**
Quadrilatère $ABFE$	**Rectangle**
Angle $\widehat{ACG}$	**Angle droit**
Quadrilatère $ACGE$	**Rectangle**

> **Piège à éviter**
> Dans une perspective cavalière, la réalité est déformée dans tous les plans non parallèles à la face avant.

2 → Énoncé p. 159 Le volume V d'une pyramide est donné par : $V = \dfrac{\mathscr{A} \times h}{3}$ où $\mathscr{A}$ est l'aire d'une base et h la hauteur.
La base étant ici un rectangle, son aire A est 6 cm × 12 cm, soit 72 cm².

On a $V = \dfrac{72 \times 3}{3} = 72$.

Le volume de la pyramide est de 72 cm³.

> **Rappel**
> Le volume d'une pyramide est un tiers du produit de l'aire de la base par la hauteur.

3 → Énoncé p. 159 1° Les triangles SAB et SBC sont rectangles respectivement en A et en B.

> **Astuce**
> Le triangle SBC est rectangle en B.

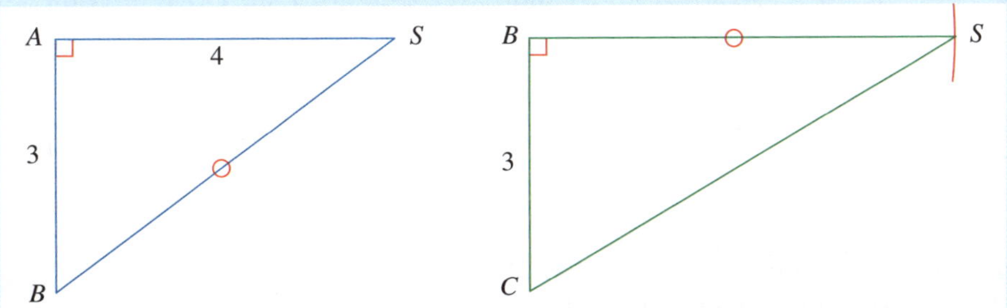

2° Le volume V de la pyramide à base carrée est donné par :

$$V = \frac{\text{aire de base} \times \text{hauteur}}{3} = \frac{AB^2 \times SA}{3} = \frac{3 \times 3 \times 4}{3}.$$

Le volume de la pyramide est 12 cm³.

4 → Énoncé p. 159 1° Le rayon de chaque cône est 2,4 dm ÷ 2, soit 1,2 dm.
Le volume d'une enseigne est :

$$2 \times \frac{\pi R^2 h}{3} = \frac{2 \times \pi \times 1{,}2^2 \times 4}{3}.$$

> **Piège à éviter**
> On donne ici le diamètre et l'on a 2 cônes pour former l'enseigne.

Le volume d'une enseigne est 3,84π dm³, soit environ 12 dm³, à 1 dm³ près.

2° Un étui est donc un cylindre de rayon 1,2 dm et de hauteur 8 dm. Son volume est $\pi R^2 h = \pi \times 1{,}2^2 \times 8$.

Le volume d'un étui est 11,52π cm³, soit environ 36 dm³, à 1 dm³ près.

5 → Énoncé p. 160 La base de la pyramide est le carré *ABCD*.
Si une figure est un carré, alors elle possède 4 angles droits et 4 côtés de la même longueur.
On a donc (*AB*) perpendiculaire à (*BC*) et $AB = BC$.
Le triangle *ABC* est rectangle et isocèle en *B* : **proposition b**).

> **Conseil**
> Utiliser la nature de la base.

6 → Énoncé p. 160 1° Le verre est conique. Son volume *V* est :

$$V = \frac{1}{3} \times \pi \times R^2 \times h = \frac{1}{3} \times \pi \times OA^2 \times OS$$
$$= \frac{1}{3} \times \pi \times 4^2 \times 3 \times 3.$$

> **Rappel**
> Le volume d'une pyramide est un tiers du produit de l'aire de la base par la hauteur.

Le volume de ce verre, en cm³, est égal à 48π.

2° Un litre d'eau correspond à 1 000 cm³ et $1\,000 \div (48\pi) \approx 6{,}6$.
Avec un litre d'eau, on peut remplir entièrement ce verre **6 fois**.

7 → Énoncé p. 160 1° *AEF* est un triangle avec le point *I* sur (*AE*), le point *J* sur (*AF*) et (*IJ*) parallèle à (*EF*).
D'après le théorème de Thalès, on a :

$$\frac{AI}{AE} = \frac{AJ}{AF} = \frac{IJ}{EF}, \text{ soit } \frac{2}{6} = \frac{IJ}{9}.$$

> **Conseil**
> Reconnaître une configuration de Thalès dans la face avant.

On fait $\frac{2}{6} \times 9 = IJ$.

On a bien *IJ* = 3 cm.

2° Le triangle *AIJ* est rectangle en *I*.
D'après le théorème de Pythagore,
on a : $AJ^2 = AI^2 + IJ^2$
soit $AJ^2 = 2^2 + 3^2$.
On fait $AJ = \sqrt{13}$ car *AJ* est une longueur.

On a *AJ* = 3,6 cm au dixième près.

3° Soit *V* le volume du prisme droit *AIJDLK*.

On a : $V = \text{aire de } AIJ \times \text{hauteur } AD = \frac{AI \times IJ}{2} \times \text{AD} = \frac{2 \times 3}{2} \times 7.$

Le volume du prisme droit *AIJDLK* est de 21 cm³.

8 → *Énoncé p. 161* 1° Le prisme a **9 arêtes, 5 faces et 6 sommets.**

2° Le volume V de ce prisme est :

V = aire d'une base × hauteur du prisme = $\dfrac{4 \times 3}{2} \times 4$.

Le volume de ce prisme est de 24 cm³.

3° Un patron de ce prisme est :

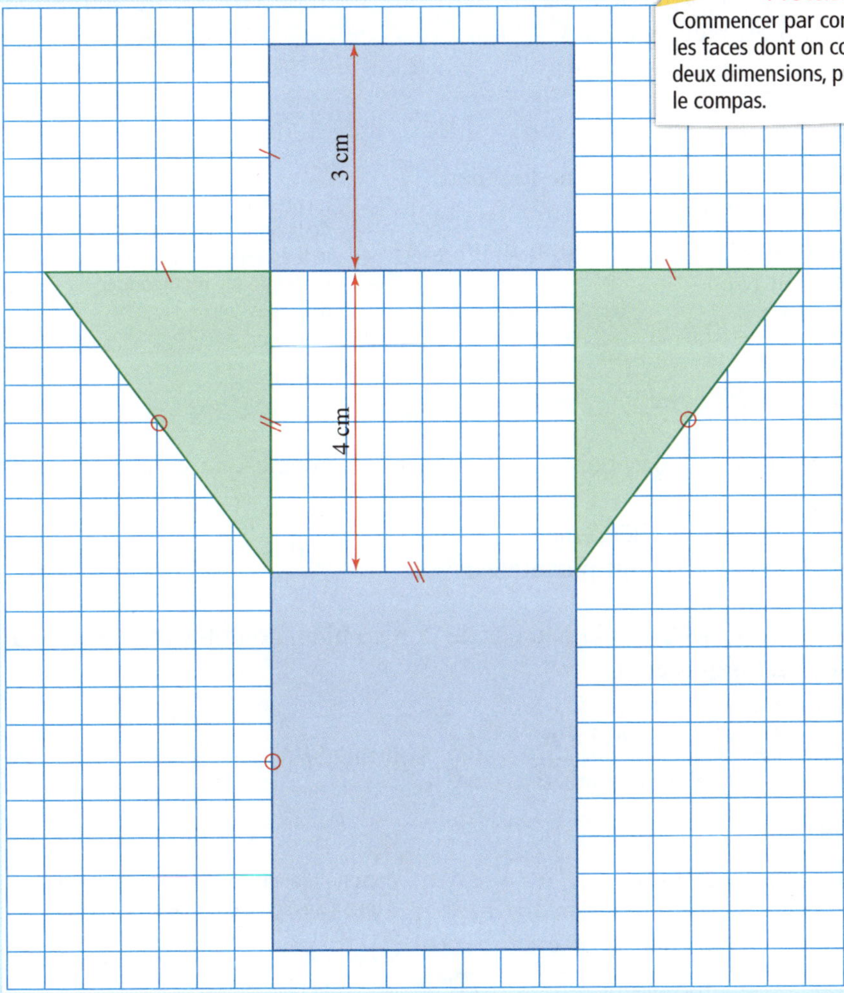

Astuce

Commencer par construire les faces dont on connaît deux dimensions, puis utiliser le compas.

9 → Énoncé p. 161 1° $SABCD$ est une pyramide à base rectangulaire $ABCD$, de hauteur $[SA]$. Son volume V_1 est :

$$V_1 = \frac{\text{aire de base } ABCD \times \text{hauteur } SA}{3} = \frac{AB \times BC \times SA}{3} = \frac{8 \times 11 \times 15}{3}.$$

Le volume V_1 de la pyramide $SABCD$ est de 440 cm^3.

2° Comme $[SA]$ est la hauteur de la pyramide de base $ABCD$, par définition, le triangle ABS est rectangle en A.
D'après le théorème de Pythagore,
on a : $SB^2 = SA^2 + AB^2$
soit $SB^2 = 15^2 + 8^2$.
On fait $SB = \sqrt{289}$ car SB est une longueur.
On a bien $SB = 17$ cm.

3° SAB est un triangle avec le point E sur (SA) et le point F sur (SB).

On a : $\dfrac{SE}{SA} = \dfrac{12}{15} = 0{,}8$ et $\dfrac{SF}{SB} = \dfrac{13{,}6}{17} = 0{,}8$.

On constate que $\dfrac{SE}{SA} = \dfrac{SF}{SB}$.

De plus, l'ordre relatif des points S, E et A est le même que celui des points S, F et B.
D'après la réciproque du théorème de Thalès,
les droites (EF) et (AB) sont parallèles.

> **Méthode**
> En prenant une partie plane de la figure, on peut appliquer le théorème de Pythagore ou la réciproque du théorème de Thalès.

10 → Énoncé p. 161 1° [SA] est la hauteur de la pyramide, donc **les triangles SAB et SAD sont rectangles en A.**

2° Dans SAB rectangle en A,

on a : $\tan(\widehat{SBA}) = \dfrac{\text{côté opposé à } \widehat{B}}{\text{côté adjacent à } \widehat{B}} = \dfrac{AS}{AB}$, soit $\tan(\widehat{SBA}) = \dfrac{4}{8{,}2}$.

On fait $\widehat{SBA} = \tan^{-1}\left(\dfrac{4}{8{,}2}\right)$.

On a $\widehat{SBA} = 26°$, à 1° près.

3° Dans SAD rectangle en A,

on a $\cos(\widehat{ASD}) = \dfrac{\text{côté adjacent à } \widehat{S}}{\text{hypoténuse}} = \dfrac{AS}{SD}$,

soit $\cos(30°) = \dfrac{4}{SD}$.

> **Rappel**
> Dans un triangle rectangle, la tangente d'un angle aigu se calcule avec le côté opposé et le côté adjacent alors que le calcul d'un cosinus nécessite le côté adjacent et l'hypoténuse.

On a $\cos(30°) \times SD = 4$, d'où $SD = \dfrac{4}{\cos(30°)}$.

On a $SD = 4{,}6$ cm, au millimètre près.

11 → *Énoncé p. 162* Le « boudin » est constitué d'un cylindre de rayon $R = \dfrac{AC}{2} = 8$ cm et de hauteur 50 cm, et d'une boule partagée en deux demi-boules identiques de rayon $R = 8$ cm.

Le volume du « boudin » est :

$$V = \pi \times 8^2 \times 50 + \frac{4}{3}\pi \times 8^3 = 3\,200\pi + \frac{2\,048}{3}\pi = \frac{11\,648}{3}\pi \text{ cm}^3.$$

Le volume du « boudin » est $\dfrac{11\,648}{3}\pi$ cm³, soit 12 197,76 cm³ au centième près.

> **Piège à éviter**
> Ici, c'est le diamètre qui a été donné.

12 → *Énoncé p. 162* 1° **La latitude de Pyeongchang est approximativement de 35° Nord, la longitude est de 135° Ouest.**

2° Le rayon de la boule est de $23 \div 2 = 11{,}5$ cm.

Donc on obtient le volume de la boule par le calcul :

$$\frac{4 \times \pi \times 11{,}5^3}{3} \approx 6\,370{,}6.$$

L'arrondi de cette valeur est bien 6 371 cm³.

3° Le volume du cylindre est de :

$\pi \times 3^2 \times 23 \approx 650{,}3 \text{ cm}^3$

Ainsi le volume total est de $650 + 6\,371 = 7\,021$.

On calcule le pourcentage que représenta le volume de la boule par rapport au volume total :

$$\frac{6\,371}{7\,021} \times 100 \approx 90\ \%.$$

Marie a donc raison.

> **Astuce**
> La latitude est Nord ou Sud.

> **Rappel**
> Volume d'une boule de rayon R : $V = \dfrac{4}{3}\pi R^3$.

> **Rappel**
> Volume d'un cylindre de rayon r et de hauteur h : $V = \pi \times r^2 \times h$.

CHAPITRE 14

Agrandissement Réduction

1. Définitions

• En multipliant toutes les dimensions d'un objet par un réel k, on réalise un **agrandissement** si $k > 1$ ou une **réduction** si $0 < k < 1$.

• k s'appelle **rapport** ou **coefficient** d'agrandissement ou de réduction.

• Sur un plan ou une carte, le coefficient d'agrandissement ou de réduction s'appelle aussi **échelle**.

Exemple

***ABCDE* est une pyramide de hauteur [*AE*]. On sectionne cette pyramide par un plan parallèle à la base *ABCD*. On obtient deux solides, dont la pyramide *A′B′C′D′E*.**

On sait que : $AE = 10$ cm et $A'E = 4$ cm.

1° **Que représente la pyramide *A′B′C′D′E* par rapport à la pyramide *ABCDE* ?**

2° **Déterminer le coefficient de la réduction qui transforme *ABCDE* en *A′B′C′D′E*.**

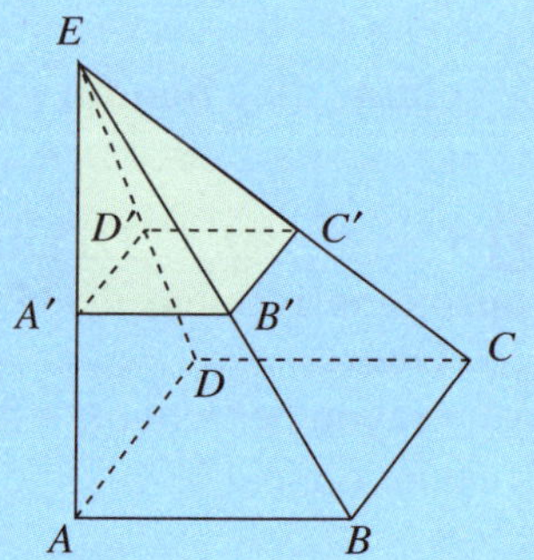

1° *A′B′C′D′E* est **une réduction** de la pyramide *ABCDE*.	← On écrit qu'il s'agit d'une réduction.
2° On a : $k = \dfrac{\text{nouvelle hauteur}}{\text{ancienne hauteur}} = \dfrac{A'E}{AE} = \dfrac{4}{10}$.	← On écrit le coefficient de réduction comme quotient de la nouvelle hauteur par l'ancienne hauteur.
Le coefficient de réduction est 0,4.	← On conclut.

2. Théorèmes

• Dans un agrandissement ou une réduction de rapport k, les **aires** sont multipliées par k^2.

• Dans un agrandissement ou une réduction de rapport k, les **volumes** sont multipliés par k^3.

3. Sections

En sectionnant un cône ou une pyramide par un plan parallèle à sa base, on obtient deux solides dont l'un est une réduction du solide initial.

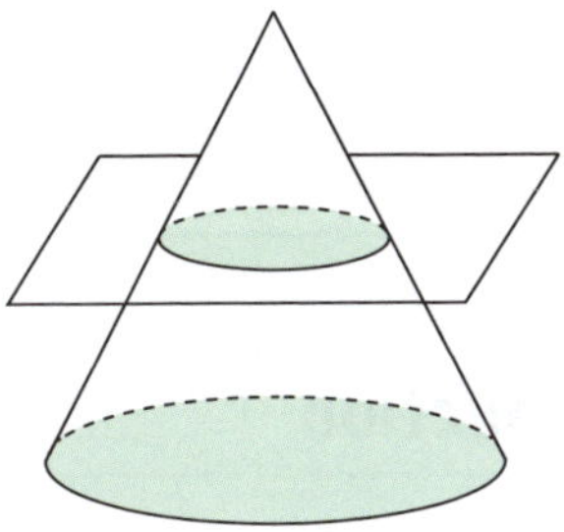

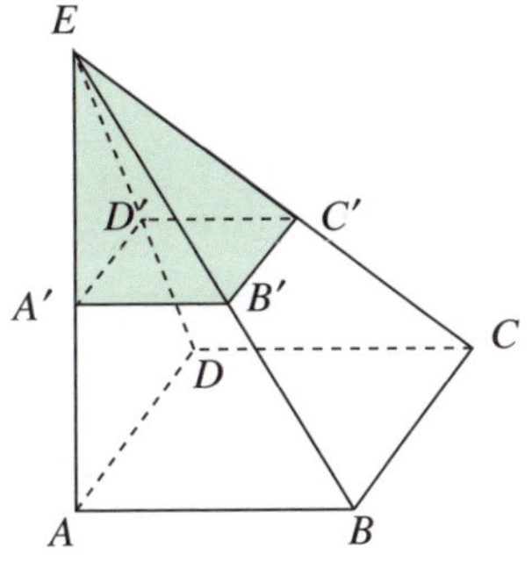

Calculer un rapport d'aire dans un agrandissement

Énoncé **Un ballon gonflable a une aire de 120 cm².**
On le gonfle et son rayon est multiplié par 3.
Combien vaut le rapport $\frac{\text{nouvelle aire}}{\text{ancienne aire}}$?

Corrigé pas à pas

Gonflé, le nouveau ballon est un agrandissement de l'ancien ballon de coefficient 3.

← On rappelle qu'il s'agit d'un agrandissement et son coefficient.

Dans un agrandissement de rapport k, les aires sont multipliées par k^2.
On a :
nouvelle aire = ancienne aire × 3^2.

← On cite le théorème employé et on l'applique.

On obtient : $\frac{\textbf{nouvelle aire}}{\textbf{ancienne aire}} = \mathbf{9}$**.**

← On conclut.

Calculer une aire dans une réduction

Énoncé **Le triangle *ABC* est une réduction du triangle *DEF* de rapport $\frac{2}{3}$.**
On sait que l'aire de *DEF* est de 126 mm². Déterminer l'aire de *ABC*.

Corrigé pas à pas

ABC est une réduction de *DEF* de rapport $\frac{2}{3}$.

← On rappelle qu'il s'agit d'une réduction et son coefficient.

Dans une réduction de rapport k, les aires sont multipliées par k^2.
On a :

$$\mathcal{A}_{ABC} = \mathcal{A}_{DEF} \times \left(\frac{2}{3}\right)^2$$
$$= 126 \times \frac{4}{9}.$$

← On cite le théorème employé et on l'applique.

L'aire de *ABC* est de 56 mm².

← On conclut.

Calculer un volume dans une réduction

Énoncé **On a représenté ci-contre un cône C_1 de hauteur $SO = 15$ cm et de volume $V_1 = 216\ \text{cm}^3$.**
O' est le point de $[OS]$ tel que $SO' = 5$ cm.
On a coupé le cône C_1 par un plan parallèle à sa base et passant par O'. On appelle C_2 le cône de sommet S qui a pour base le disque de centre O'.
Calculer le volume V_2 de C_2.

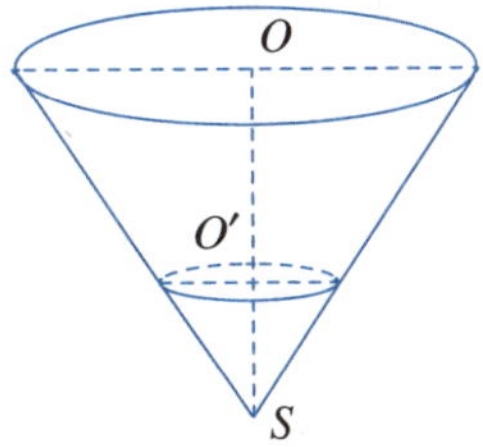

Corrigé pas à pas

C_2 est une réduction de C_1 de coefficient k avec :

$$k = \frac{\text{hauteur } SO'}{\text{hauteur } SO} = \frac{5}{15} = \frac{1}{3}.$$

← On écrit qu'on a une réduction et on calcule son coefficient.

Dans une réduction de rapport k, les volumes sont multipliés par k^3.
On a :

$$V_2 = V_1 \times \left(\frac{1}{3}\right)^3 = 216 \times \frac{1}{27}.$$

← On cite le théorème employé et on l'applique.

Le volume V_2 de C_2 est de 8 cm³.

← On conclut.

Pour bien débuter

1 ★

ABC est un triangle avec un point M sur $[AB]$, un point N sur $[AC]$ et les droites (BC) et (MN) sont parallèles.

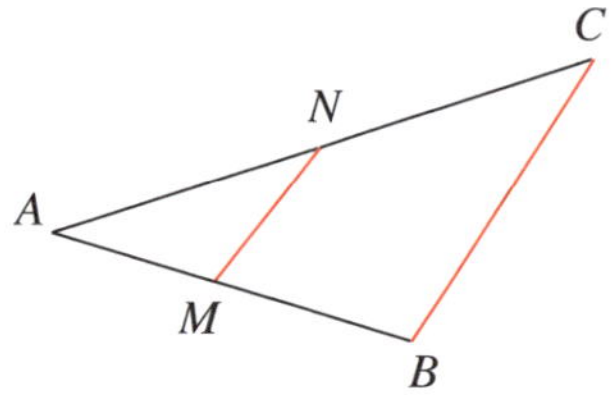

1° Comment nomme-t-on la transformation qui fait passer du triangle ABC au triangle AMN ?

2° On sait que $AM = 1{,}8$ cm, $BM = 4{,}2$ cm et $AB = 6$ cm.
Calculer le coefficient de cette transformation.

→ Corrigé p. 177

2 ★★

Le format A4 désigne une feuille de papier rectangulaire dont les côtés mesurent 21 cm et 29,7 cm.
Une feuille au format A3 est un agrandissement d'une feuille au format A4 avec un coefficient d'agrandissement qui vaut $\sqrt{2}$.

Calculer le rapport suivant : $\dfrac{\text{aire d'une feuille A3}}{\text{aire d'une feuille A4}}$.

→ Corrigé p. 177

Pour s'entraîner

3 ★★

Un bassin a la forme d'un cône qui a pour base un disque de 3 m de rayon et pour hauteur 6 m.
Son volume exact V est égal à $18\ \pi \text{m}^3$.
On remplit ce bassin avec de l'eau sur une hauteur de 4 m.
On admet que l'eau occupe un cône qui est une réduction du bassin.

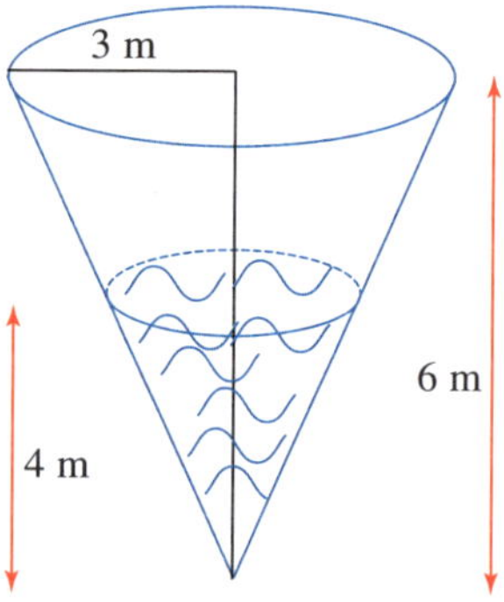

1° Quel est le coefficient de réduction ?

2° En déduire le volume d'eau exact V' contenu dans le bassin.

→ Corrigé p. 177

4 ★★★

Un tajine est un plat composé d'une assiette circulaire et d'un couvercle en forme de cône qui s'emboîte parfaitement sur l'assiette.
L'assiette de ce tajine a un rayon $[OA]$ qui mesure 15 cm et le couvercle a une hauteur de 12 cm.

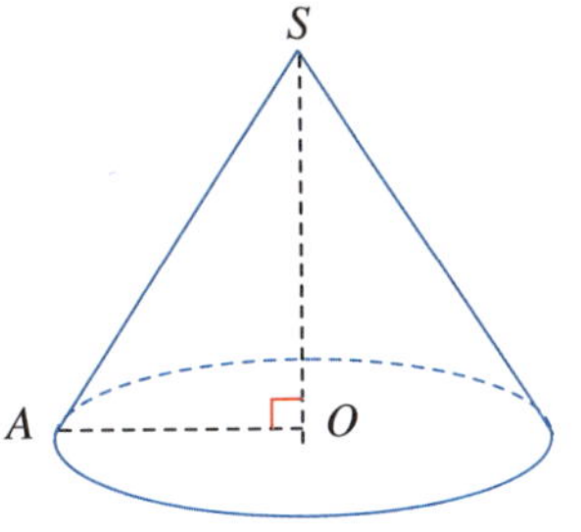

Tajine

1° Calculer l'aire exacte A de l'assiette du tajine, en cm^2.

2° Un modèle réduit de ce tajine a un couvercle haut de 4,8 cm.

a) Déterminer le coefficient de la réduction qui transforme le grand tajine en modèle réduit.

b) En déduire la valeur arrondie au cm^2 près de l'aire A' de l'assiette du tajine en modèle réduit.

→ Corrigé p. 177

5 ★★

Pour la pyramide $SABCD$ ci-contre :
la base est le rectangle $ABCD$ de centre O.
On donne : $AB = 3$ cm et $AD = 4$ cm.
La hauteur $[SO]$ mesure 6 cm.

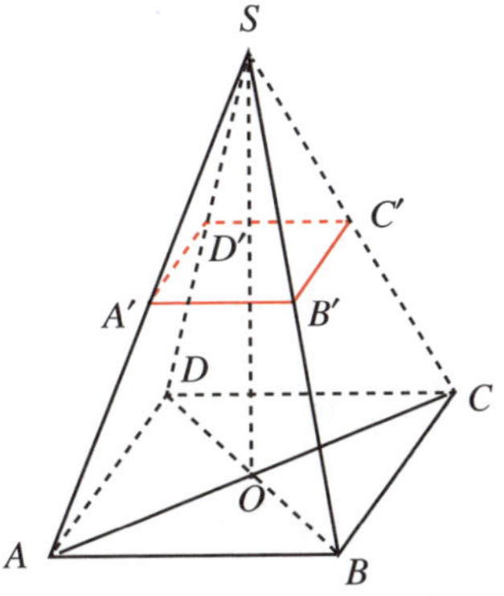

1° Calculer le volume de la pyramide $SABCD$ en cm^3.

2° Soit A' le milieu de $[SA]$.
On coupe la pyramide par un plan passant par A' et parallèle à sa base.

a) La pyramide $SA'B'C'D'$ est une réduction de la pyramide $SABCD$.
Déterminer le rapport de cette réduction.

b) Calculer le volume de la pyramide $SA'B'C'D'$.

→ Corrigé p. 177

Sujets du brevet

6 ★

Soit la figure ci-contre (les unités ne sont pas respectées).

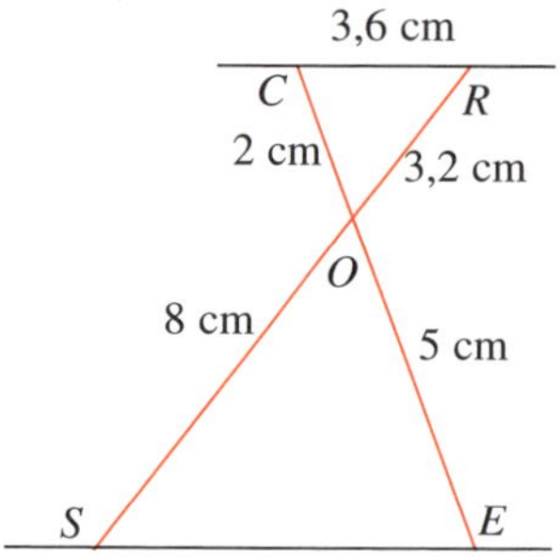

1° On sait que le triangle *CRO* est une réduction du triangle *OSE*.
Donner le coefficient de réduction.

2° Sachant que l'aire du triangle *OSE* vaut approximativement 19,9 cm², montrer que celle de *CRO* vaut approximativement 3,2 cm².

→ Corrigé p. 178

7 ★★

SABC est une pyramide ayant pour base le triangle *ABC* et pour hauteur *SA*.
$AB = 6$ cm ; $BC = SA = 8$ cm ; $AC = 10$ cm.

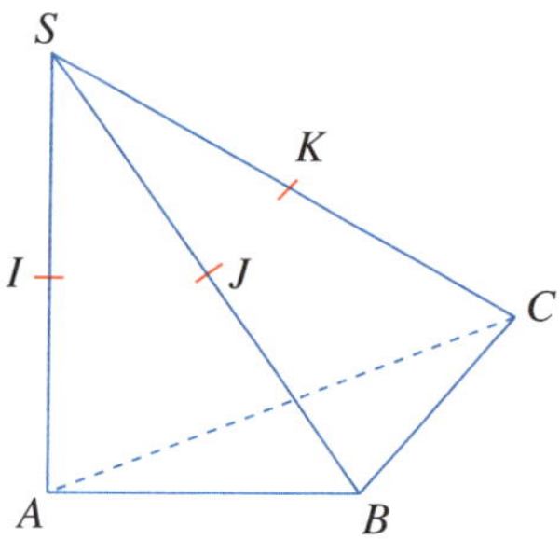

1° Démontrer que le triangle *ABC* est rectangle en *B*.

2° Calculer le volume de la pyramide SABC.
On rappelle que le volume V d'une pyramide est donné par la formule :

$V = \frac{1}{3}ah$ où a est l'aire de la base et h la hauteur.

3° On appelle I, J, K les milieux respectifs des arêtes [SA], [SB] et [SC].
Calculer le volume de la pyramide *SIJK*.

→ Corrigé p. 178

8 ★★

Sur la figure ci-contre, on a un cône de révolution tel que $SA = 12$ cm.
Un plan parallèle à la base coupe ce cône tel que $SA' = 3$ cm.
(La figure n'est pas à l'échelle.)

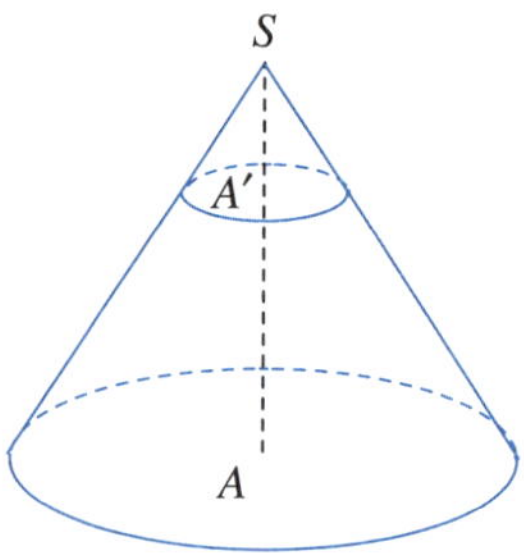

1° Le rayon du disque de base du grand cône est de 7 cm.
Calculer la valeur exacte du volume du grand cône.

2° Quel est le coefficient de réduction qui permet de passer du grand cône au petit cône ?

3° Calculer la valeur exacte du volume de ce petit cône, puis en donner la valeur arrondie au cm³.

→ Corrigé p. 178

9 ★★★

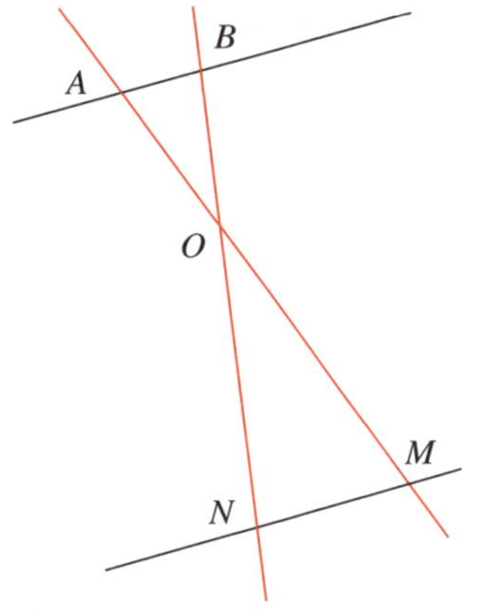

La figure ci-contre n'est pas en vraie grandeur ; on ne demande pas de la reproduire.
Les droites (AM) et (BN) sont sécantes en O.
On donne :
$OA = 3$; $OB = 2{,}5$; $OM = 5{,}4$; $ON = 4{,}5$.

1° Montrer que les droites (AB) et (MN) sont parallèles.

2° On suppose que AB = 1,2.
Calculer la distance MN.

3° Choisir parmi les quatre nombres suivants :
a) 0,55 *b)* 1,8 *c)* 3,24 *d)* 3,6
celui qui est égal à $\dfrac{\text{aire du triangle } OMN}{\text{aire du triangle } OAB}$.
Sur la copie, indiquer ce nombre (sans justification).

→ Corrigé p. 179

10 ★★

Lors d'une de ses tournées, le chanteur Philibert Collin utilisa une scène en forme de chapiteau, c'est-à-dire une pyramide régulière à base hexagonale dont les faces latérales s'ouvrirent au début du concert et se refermèrent à la fin.
La scène est un hexagone régulier inscrit dans un cercle de centre O et de rayon 10 m.
Avant et après le spectacle, on observe une pyramide $SABCDEF$, de sommet S et dont la base est l'hexagone régulier $ABCDEF$.
On supposera que l'aire de $ABCDEF$ est égale à 259,8 m^2.
La hauteur SO de cette pyramide mesure 4 m.

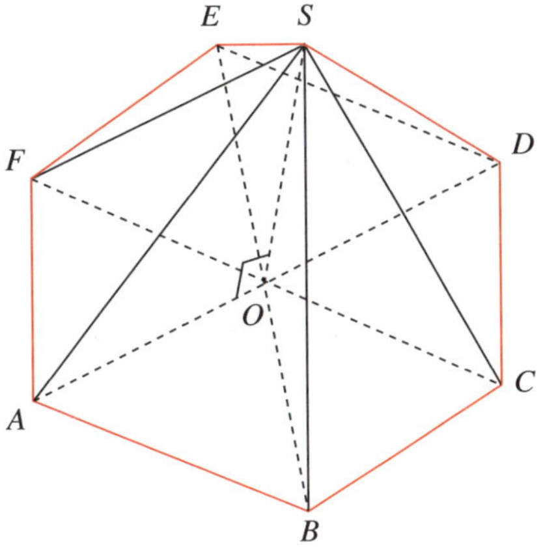

1° Calculer le volume de cette pyramide.
On donnera la réponse en m^3.

2° Calculer SA.

3° Calculer le volume d'une maquette à l'échelle $\dfrac{1}{20}$ de cette pyramide.
On choisira une unité appropriée pour donner la réponse.

→ Corrigé p. 179

11 ★★

La figure ci-dessous n'est pas à l'échelle.

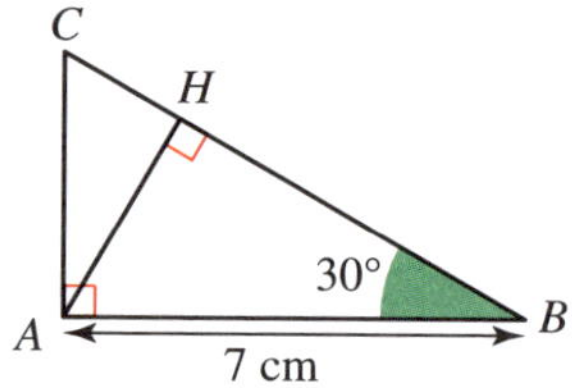

On considère ci-dessus un triangle ABC rectangle en A tel que $\widehat{ABC} = 30°$ et $AB = 7$ cm. H est le pied de la hauteur issue de A.

1° Tracer la figure en vraie grandeur sur la copie. Laisser les traits de construction apparents sur la copie.

2° Démontrer que $AH = 3{,}5$ cm.

3° Démontrer que les triangles ABC et HAC sont semblables.

4° Déterminer le coefficient de réduction permettant de passer du triangle ABC au triangle HAC.

1 → Énoncé p. 172 1° La transformation qui fait passer du triangle ABC au triangle AMN est **une réduction** ou homothétie de centre A qui transforme B en M.

2° On a : $k = \dfrac{\text{nouvelle longueur}}{\text{ancienne longueur}} = \dfrac{AM}{AB} = \dfrac{1{,}8}{6}$.

Le coefficient de la réduction est 0,3.

> **Piège à éviter**
> La longueur BM est un leurre.

2 → Énoncé p. 172 Une feuille au format A3 est un agrandissement d'une feuille au format A4 avec un coefficient d'agrandissement k qui vaut $\sqrt{2}$.

Dans un agrandissement de rapport k, les aires sont multipliées par k^2.

On a : aire d'une feuille A3 = aire d'une feuille A4 × $\sqrt{2}^2$.

On obtient : $\dfrac{\textbf{aire d'une feuille A3}}{\textbf{aire d'une feuille A4}} = \mathbf{2}$.

> **Rappel**
> Dans un agrandissement de rapport k, les aires sont multipliées par k^2.

3 → Énoncé p. 172 1° Le coefficient k de réduction est :

$$k = \frac{\text{nouvelle hauteur}}{\text{ancienne hauteur}} = \frac{4}{6} = \mathbf{\frac{2}{3}}.$$

2° Dans une réduction de rapport k, les volumes sont multipliés par k^3.

On a : $V' = V \times k^3 = 18\pi \times \left(\dfrac{2}{3}\right)^2 = \dfrac{9 \times 2\pi \times 8}{9 \times 3}$.

Le volume exact d'eau est : $\mathbf{V' = \dfrac{16\pi}{3}}$ **m³**.

> **Rappel**
> Dans une réduction de rapport k, les volumes sont multipliés par k^3.

4 → Énoncé p. 173 1° L'aire de l'assiette est :

$A = \pi \times r^2 = \pi \times 15^2$, soit **225π en cm²**.

> **Rappel**
> L'aire d'un disque de rayon r est πr^2.

2° *a)* On a une réduction.

Son coefficient est :

$$k = \frac{\text{nouvelle hauteur}}{\text{ancienne hauteur}} = \frac{4{,}8}{12}, \text{ soit } \mathbf{k = 0{,}4}.$$

b) Dans une réduction de rapport k, les aires sont multipliées par k^2.

On a : $A' = A \times 0{,}4^2 = 225\pi \times 0{,}16$.

L'aire de l'assiette réduite est 36π cm², soit 113 cm³.

5 → Énoncé p. 173 1° On a :

$$\text{volume}_{SABCD} = \frac{\text{aire base } ABCD \times \text{hauteur } SO}{3} = \frac{3 \times 4 \times 6}{3}.$$

Le volume de la pyramide *SABCD* est 24 cm³.

2° *a)* La pyramide $SA'B'C'D'$ est une réduction de la pyramide $SABCD$.

Le rapport de réduction est : $\dfrac{\text{nouvelle longueur}}{\text{ancienne longueur}} = \dfrac{SA'}{SA}$.

> **Méthode**
> Le rapport d'une réduction est le quotient d'une nouvelle longueur par l'ancienne longueur.

Or A' est le milieu de $[SA]$.

Le rapport de réduction est donc $\frac{1}{2}$ ou 0,5.

b) Dans une réduction de rapport k, les volumes sont multipliés par k^3.

On a : $\text{volume}_{SA'B'C'D'} = \text{volume}_{SABCD} \times 0{,}5^3 = \mathbf{3\ cm^3}$.

6 → Énoncé p. 174 1° Le triangle *CRO* est une réduction du triangle *OSE*.

Le coefficient de réduction est $\frac{OC}{OE} = \frac{2}{5} = \mathbf{0{,}4}$.

2° On a : aire de CRO = aire de $OSE \times 0{,}4^2 = 19{,}9\ \text{cm}^2 \times 0{,}4^2$.

L'aire de *CRO* vaut bien $3{,}2\ \text{cm}^2$.

> **Rappel**
> Dans une réduction de rapport k, les aires sont multipliées par k^2.

7 → Énoncé p. 174 1° Dans le triangle *ABC*, on a :

$AC^2 = 10^2 = 100$ et $AB^2 + BC^2 = 6^2 + 8^2 = 100$.

On constate que $AC^2 = AB^2 + BC^2$.

D'après la réciproque du théorème de Pythagore,

le triangle *ABC* est rectangle en *B*.

2° La base ABC est un triangle rectangle en B.

Son aire est : $\frac{AB \times BC}{2} = \frac{6 \times 8}{2} = 24$.

Le volume de la pyramide *SABC* est :

$$V = \frac{1}{3}\text{aire de } ABC \times \text{hauteur } SA = \frac{1}{3} \times 24 \times 8 = 64.$$

Le volume de la pyramide *SABC* est 64 cm³.

3° *I*, *J*, *K* sont les milieux respectifs des arêtes $[SA]$, $[SB]$ et $[SC]$.

On a donc : $SI = 0{,}5SA$, $SJ = 0{,}5SB$ et $SK = 0{,}5SC$.

SIJK est donc une réduction de la pyramide *SABC* de rapport 0,5. Dans une réduction de rapport k, les volumes sont multipliés par k^3. Le volume de la pyramide *SIJK* est :

$V' = V \times 0{,}5^3 = 64 \times 0{,}5^3 = 8$.

Le volume de la pyramide *SIJK* est 8 cm³.

> **Conseil**
> *SIJK* est une réduction de *SABC* : déterminer le rapport de cette réduction.

8 → Énoncé p. 174 1° Le volume V du cône est :

$$V = \frac{\text{aire de base} \times \text{hauteur}}{3} = \frac{\pi \times 7^2 \times 12}{3}.$$

Le volume du cône est 196π cm³.

> **Rappel**
> Le volume d'un cône dont la base a pour rayon r et de hauteur h est $\frac{\pi r^2 h}{3}$.

2° Le coefficient k de réduction est : $k = \frac{\text{nouvelle hauteur } SA'}{\text{ancienne hauteur } SA} = \frac{3}{12} = \mathbf{\frac{1}{4}}$.

3° Dans une réduction de rapport k, les volumes sont multipliés par k^3.

On a : $V' = V \times k^3 = 196\pi \times \left(\frac{1}{4}\right)^2 = \frac{49\pi}{16}$.

Le volume du petit cône est $\frac{49}{16}\pi$ cm³, soit 10 cm³ à 1 cm³ près.

9 → Énoncé p. 175 1° AOB est un triangle avec le point M sur (OA) et le point N sur (OB).

On a : $\frac{OM}{OA} = \frac{5{,}4}{3} = 1{,}8$ et $\frac{ON}{OB} = \frac{4{,}5}{2{,}5} = 1{,}8$. On constate que $\frac{OM}{OA} = \frac{ON}{OB}$.

De plus, l'ordre relatif des points O, M et A est le même que celui des points O, N et B.

D'après la réciproque du théorème de Thalès,

les droites (AB) et (MN) sont parallèles.

2° On peut donc appliquer le théorème de Thalès au triangle AOB, ce qui donne :

$$\frac{OM}{OA} = \frac{ON}{OB} = \frac{MN}{AB}, \text{ soit } 1{,}8 = \frac{MN}{1{,}2}.$$

On fait $1{,}8 \times 1{,}2 = MN$. **On obtient $MN = 2{,}16$.**

> **Astuce**
> Calculer d'abord le coefficient de l'agrandissement qui transforme *OAB* en *OMN*.

3° Le triangle OMN est un agrandissement du triangle OAB de rapport 1,8. Dans un agrandissement de rapport k, les aires sont multipliées par k^2.

On a : $\frac{\text{aire du triangle } OMN}{\text{aire du triangle } OAB} = 1{,}8^2 = \mathbf{3{,}24}$.

10 → Énoncé p. 175 1° $SABCDEF$ est une pyramide de base $ABCDEF$ et de hauteur SO. Son volume est :

$$V = \frac{\text{aire de la base } ABCDEF \times \text{hauteur } SO}{3} = \frac{259{,}8 \times 4}{3}.$$

Le volume de la pyramide *SABCEFD* est de 346,4 m³.

2° $[SO]$ étant la hauteur de la pyramide, le triangle ASO est rectangle en O.

D'après le théorème de Pythagore,

on a : $AS^2 = AO^2 + OS^2$, soit $AS^2 = 10^2 + 4^2$.

On fait $AS = \sqrt{116}$ car AS est une longueur.

Comme on a $116 = 2^2 \times 29$, on a $\mathbf{AS = 2\sqrt{29}}$ **m**.

3° La maquette est une réduction de coefficient un vingtième, soit 0,05. Dans une réduction de rapport k, les volumes sont multipliés par k^3.

> **Rappel**
> 0,001 m³ = 1 dm³

Le volume de la maquette à l'échelle $\frac{1}{20}$ de cette pyramide est :

346,4 m³ × 0,05³, soit **0,043 3 m³ ou 43,3 dm³.**

11 → *Énoncé p. 175* 1°

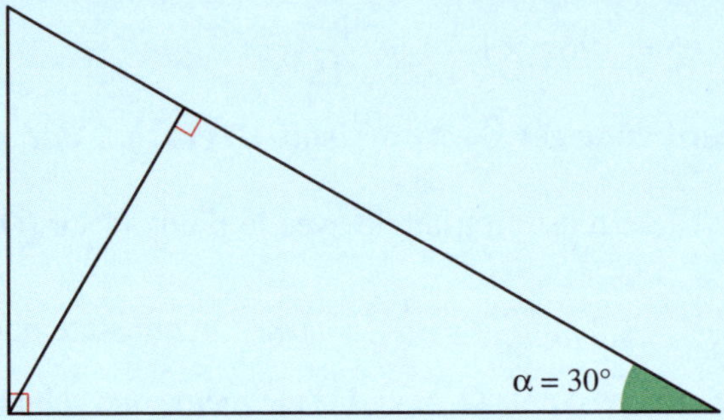

2° Le triangle *AHB* est rectangle en *H*.

Donc $\sin(\widehat{B}) = \frac{AH}{AB}$ c'est-à-dire $\frac{\sin(30)}{1} = \frac{AH}{7}$

et donc $AH = \sin(30) \times 7 = 3{,}5$ cm.

> **Méthode**
> Pour déterminer la relation trigonométrique à employer, identifier ce que les côtés connus ou recherchés représentent dans le triangle rectangle vis-à-vis de l'angle employé.

3° Dans le triangle *ABC* les angles sont $\widehat{BAC} = 0°$; $\widehat{ABC} = 30°$

et comme la somme des angles d'un triangle fait 180°, on a :

$\widehat{ACB} = 180 - (90 + 30) = 60°$

Dans le triangle *ABH,* on a $\widehat{BHA} = 90°$ et $\widehat{ABH} = 30°$

et comme la somme des angles d'un triangle fait 180°, on a :

$\widehat{HAB} = 180 - (90 + 30) = 60°$

Les deux triangles ont les mêmes angles ils sont donc semblables.

> **Rappel**
> Des triangles sont semblables s'ils ont les mêmes angles.

> **Rappel**
> La somme des angles d'un triangle fait 180°.

4° Comme les triangles *ABC* et *ABH* sont semblables, leurs côtés sont donc proportionnels, le coefficient de proportionnalité donnera le coefficient de réduction.

Il suffit de calculer $\frac{AH}{AB} = \frac{3{,}5}{7} = \frac{1}{2}$

donc le coefficient de réduction est de $\frac{1}{2}$.

> **Rappel**
> Si des triangles sont semblables alors leurs côtés sont proportionnels.

Espace et géométrie

CHAPITRE 15 Triangles rectangles Pythagore

1. Théorème de Pythagore : pour calculer une longueur

Si un triangle est rectangle, alors le carré de l'hypoténuse est égal à la somme des carrés des deux autres côtés.

ABC rectangle en *A*

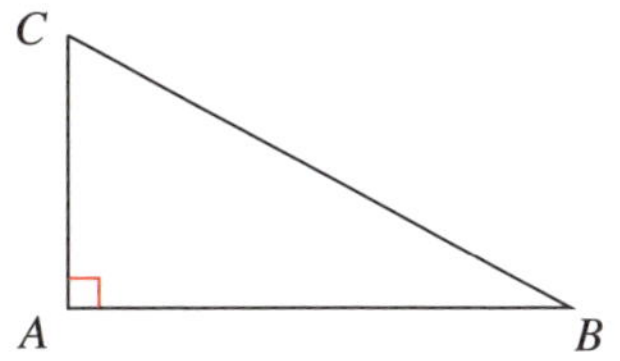

$BC^2 = AB^2 + AC^2$

2. Réciproque du théorème de Pythagore : pour montrer qu'un triangle est rectangle

Si dans un triangle, le carré d'un côté est égal à la somme des carrés des deux autres côtés, alors ce triangle est rectangle au sommet opposé au plus grand côté.

Exemple

Soit ABC un triangle tel que $AB = 5$, $BC = 4$ et $AC = 3$.
Montrer que ABC est rectangle et préciser l'angle droit.

Dans ABC, on a : $AB^2 = 5^2 = 25$ et $AC^2 + BC^2 = 3^2 + 4^2 = 25.$	← On calcule séparément le carré du plus grand côté et la somme des carrés des 2 autres côtés.
On a : $AB^2 = AC^2 + BC^2$.	← On constate l'égalité des résultats.
D'après la réciproque du théorème de Pythagore,	← On emploie la réciproque du théorème de Pythagore.
***ABC* est rectangle en *C*.**	← On conclut.

3. Triangle rectangle et angles

Si un triangle est rectangle, alors ses angles aigus sont complémentaires. Si un triangle possède deux angles complémentaires, alors ce triangle est rectangle.

Construire un triangle à partir des longueurs des 3 côtés

Énoncé ***ABC* est un triangle tel que *AB* = 3 cm, *BC* = 2,4 cm et *AC* = 1,8 cm. Construire le triangle *ABC*.**

Corrigé pas à pas

↑ On trace l'un des côtés, ici [*AB*] de longueur 3 cm.

↑ On trace 2 arcs de cercle, sécants, l'un de centre *B* et de rayon 2,4 cm, l'autre de centre *A* et de rayon 1,8 cm.

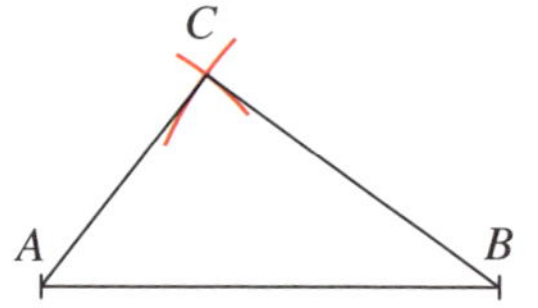

↑ On nomme *C* l'intersection des arcs de cercle et on trace les côtés [*AC*] et [*BC*].

Calculer la longueur d'un côté d'un triangle rectangle

Énoncé **On considère la figure ci-contre. Calculer la longueur *RS* en valeur exacte, puis en donner la valeur arrondie au millimètre.**

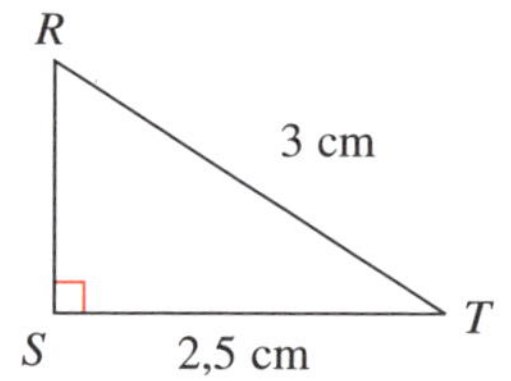

Corrigé pas à pas

RST est rectangle en *S*.
[*RT*] est l'hypoténuse.
← On écrit que le triangle est rectangle et on identifie l'hypoténuse.

D'après le théorème de Pythagore,
← On nomme le théorème utilisé.

on a $RT^2 = RS^2 + ST^2$,
← On écrit l'égalité avec les lettres.

soit $3^2 = RS^2 + 2{,}5^2$
ou encore $9 = RS^2 + 6{,}25$.
On fait $9 - 6{,}25 = RS^2$,
← On remplace par les valeurs de l'énoncé et on résout l'équation.

puis $\sqrt{2{,}75} = RS$,
car *RS* est une longueur.
← On précise que l'on choisit la solution positive $\sqrt{2{,}75}$ car *RS* est une longueur.

On obtient $RS = \sqrt{2{,}75}$ cm (valeur exacte).
On a aussi $RS = 1{,}7$ cm (valeur arrondie au millimètre).
← On conclut en valeur exacte puis en valeur arrondie.

Pour bien débuter

1 ★

Décrire la construction d'un triangle *GHI* tel que $GH = 4$ cm, $HI = 5$ cm et $GI = 7$ cm, puis la réaliser.
→ Corrigé p. 188

2 ★

Soit *ABC* un triangle rectangle en *A* tel que $AB = 6$ cm et $AC = 8$ cm.
Montrer que $BC = 10$ cm.
→ Corrigé p. 188

3 ★★

Soit un triangle *ABC* tel que $AC = \sqrt{13}$; $AB = \sqrt{12}$ et $BC = 5$.
Montrer que le triangle *ABC* est rectangle en *A*.
→ Corrigé p. 188

4 ★★

Soit *RST* un triangle rectangle en *T* avec [*RS*] de longueur 10 cm et [*RT*] de longueur 9 cm.
Calculer la longueur *TS* arrondie au mm.
→ Corrigé p. 188

Pour s'entraîner

5 ★★

Les côtés d'un triangle mesurent 30, 40 et 50.
Montrer que ce triangle est rectangle.
→ Corrigé p. 189

6 ★★★

1° Construire le triangle *EFG* tel que $EF = 12$ cm, $EG = 5$ cm et $FG = 13$ cm.

2° Prouver que le triangle *EFG* est rectangle en *E*.
→ Corrigé p. 189

Sujets du brevet

7 ★★

Soit ABC un triangle tel que : $AB = 4{,}2$ cm ; $BC = 5{,}6$ cm ; $AC = 7$ cm.

1° Faire une figure en vraie grandeur.

2° Prouver que ABC est rectangle en B.

3° Calculer le périmètre et l'aire de ABC.

→ Corrigé p. 189

8 ★★

1° Construire un triangle SKI rectangle en S tel que $SK = 9{,}6$ cm et $KI = 10{,}4$ cm.

2° Calculer SI.

3° On sait que la mesure de l'angle vaut 23° au degré près.
En déduire, au degré près, la mesure de l'angle $\widehat{SIK}$.

→ Corrigé p. 190

9 ★★★

Sur la pyramide $SABCD$ à base **rectangulaire** ci-dessous, H est le centre du rectangle $ABCD$ et (SH) est perpendiculaire à la base $ABCD$.
La représentation ci-dessous n'est pas en vraie grandeur. De plus, on a :
$SA = SB = SC = SD = 8{,}5$ cm, $CD = 12$ cm et $BC = 9$ cm.

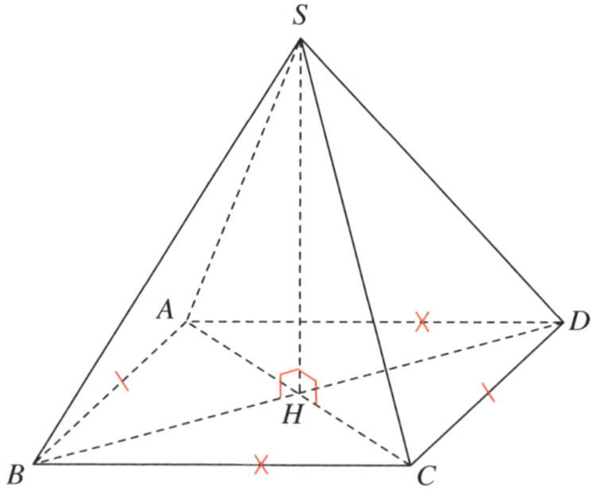

1° Tracer en vraie grandeur la face ABCD.

2° Vérifier par le calcul que : $HD = 7{,}5$ cm.

3° Tracer en vraie grandeur le triangle SBD et placer le point H.

4° Calculer SH.

5° Calculer le volume de la pyramide $SABCD$.

→ Corrigé p. 191

10 ★★

Pour une bonne partie de pêche au bord du canal, il faut un siège pliant adapté !

Nicolas est de taille moyenne et, pour être bien assis, il est nécessaire que la hauteur de l'assise du siège soit comprise entre 44 cm et 46 cm.

Voici les dimensions d'un siège pliable qu'il a trouvé en vente sur Internet :

– longueur des pieds : 56 cm ;
– largeur de l'assise : 34 cm ;
– profondeur de l'assise : 31 cm.

L'angle $\widehat{ACE}$ est droit et $ABDC$ est rectangle.

La hauteur du siège lui est-elle adaptée ?

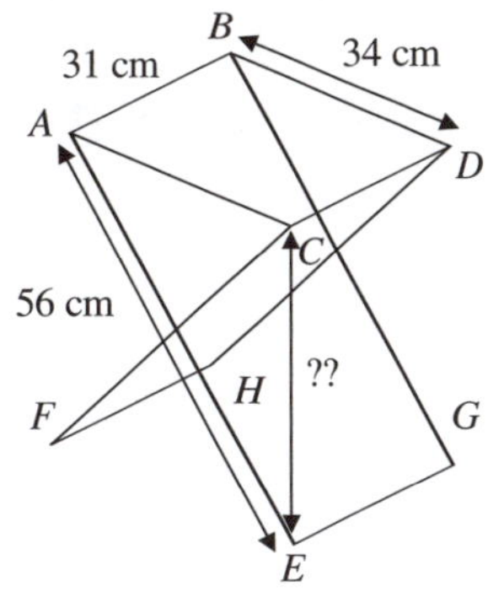

→ Corrigé p. 193

1 → *Énoncé p. 185* On trace le segment [*GI*] de longueur 7 cm, puis deux arcs de cercle sécants. L'un des arcs de cercle a pour centre *G* et pour rayon 4 cm. L'autre arc de cercle a pour centre *I* et pour rayon 5 cm. Les deux arcs se coupent en *H*. On trace les segments [*GH*] et [*IH*].

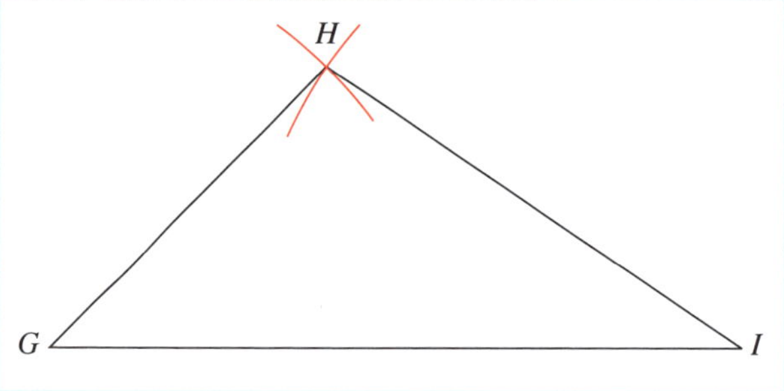

> **Astuce**
> Le compas permet de placer un ensemble de points à la même distance d'un point connu.

2 → *Énoncé p. 185* *ABC* est un triangle rectangle en *A*.
D'après le théorème de Pythagore,
on a $BC^2 = AB^2 + AC^2$,
soit $BC^2 = 6^2 + 8^2 = 100$.
On fait $BC = \sqrt{100}$, car *BC* est une longueur.
On a bien $\boldsymbol{BC = 10}$ **cm**.

> **Rappel**
> Dans un triangle rectangle, le carré de l'hypoténuse est égal à la somme des carrés des deux autres côtés.

3 → *Énoncé p. 185* On a :
$AC^2 = (\sqrt{13})^2 = 13$;
$AB^2 = (\sqrt{12})^2 = 12$;
$BC^2 = 5^2 = 25$.
On constate que $13 + 12 = 25$, c'est-à-dire que $AC^2 + AB^2 = BC^2$. D'après la réciproque du théorème de Pythagore,
le triangle *ABC* est rectangle en *A*.

> **Conseil**
> Avec une calculatrice, commencer par déterminer le plus grand côté.

4 → *Énoncé p. 185* Dans *RST* rectangle en *T*, d'après le théorème de Pythagore,
on a $RS^2 = RT^2 + TS^2$,
soit $10^2 = 9^2 + TS^2$.
On fait $100 - 81 = TS^2$.
On a $TS = \sqrt{19}$ cm, car c'est une longueur.
On a donc $\boldsymbol{TS = 4{,}4}$ **cm au mm près**.

> **Piège à éviter**
> [*TS*] n'est pas l'hypoténuse.

5 → Énoncé p. 185 Nommons ABC le triangle avec $AB = 30$, $BC = 40$ et $AC = 50$.
Dans le triangle ABC, on a $AC^2 = 50^2 = 2\,500$ et :
$AB^2 + BC^2 = 30^2 + 40^2 = 2\,500$.
On constate que $AC^2 = AB^2 + BC^2$.
D'après la réciproque du théorème de Pythagore, ***ABC* est rectangle en *B*.**

Conseil
Il n'est pas nécessaire d'avoir le nom d'un triangle pour appliquer la réciproque du théorème de Pythagore, mais de comparer le carré du plus grand côté avec la somme des deux autres carrés.

6 → Énoncé p. 185 1°

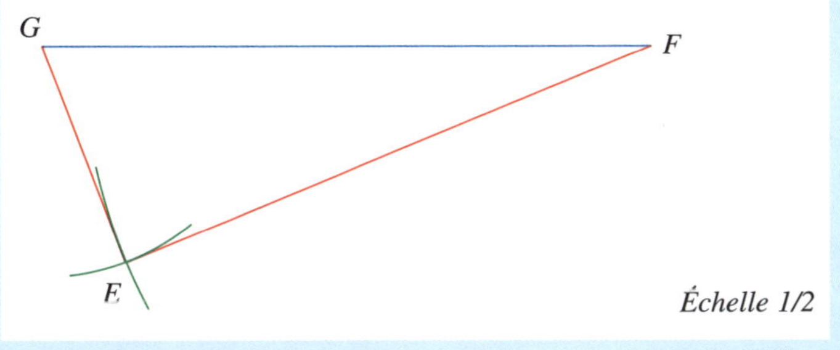

Méthode
Il faut utiliser le compas pour réaliser la construction.

2° Dans le triangle EFG, on a $FG^2 = 13^2 = 169$ et $EF^2 + EG^2 = 12^2 + 5^2 = 169$.
On constate que $FG^2 = EF^2 + EG^2$.
D'après la réciproque du théorème de Pythagore,
le triangle *EFG* est rectangle en *E*.

7 → Énoncé p. 186 1°

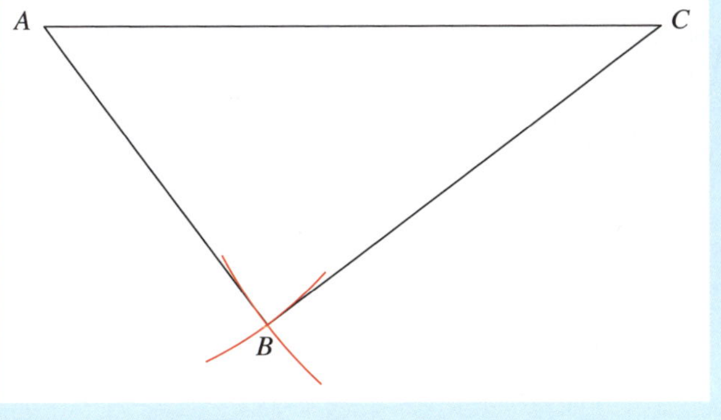

2° Dans ABC, on a $AC^2 = 7^2 = 49$ et $BA^2 + BC^2 = 4{,}2^2 + 5{,}6^2 = 49$.
On constate que $AC^2 = BA^2 + BC^2$.
D'après la réciproque du théorème de Pythagore,
le triangle ABC est rectangle en B.

3° $AB + AC + BC = 4{,}2$ cm + 7 cm + 5,6 cm.
Le périmètre de *ABC* est 16,8 cm.

L'aire de *ABC* est $\dfrac{\text{base } AB \times \text{hauteur } BC}{2} = \dfrac{4{,}2 \times 5{,}6}{2}$.

L'aire de *ABC* est 11,76 cm².

> **Méthode**
> Utiliser les côtés de l'angle droit pour calculer l'aire du triangle.

8 → Énoncé p. 186 1° On trace un segment [*SK*] de longueur 9,6 cm et une demi-droite [*Sx*) perpendiculaire à (*SK*). Un arc de cercle de centre *K* et de rayon 10,4 cm coupe [*Sx*) en *I*. On trace le côté [*KI*].

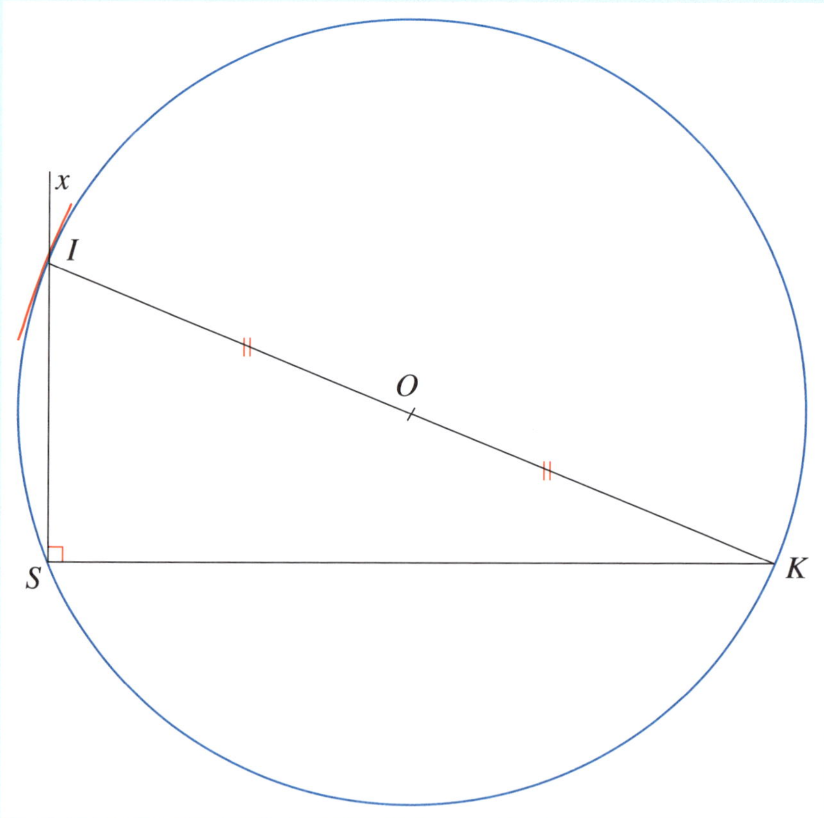

2° *SKI* est un triangle rectangle en *S*.
D'après le théorème de Pythagore,
on a : $KI^2 = KS^2 + SI^2$,
soit $10{,}4^2 = 9{,}6^2 + SI^2$.
On a donc : $108{,}16 - 92{,}16 = SI^2$.
On fait $\sqrt{16} = SI$, car *SI* est une longueur.
On obtient : $\boldsymbol{SI = 4}$ **cm**.

Rappel
Dans un triangle rectangle, la longueur de la médiane issue de l'angle droit est la moitié de celle de l'hypoténuse.

3° Le triangle *SKI* est rectangle en *S*.
Si un triangle est rectangle,
alors ses angles aigus sont complémentaires.
On a $\widehat{SIK} + \widehat{SKI} = 90°$, soit $\widehat{SIK} + 23° = 90°$.
On a donc $\widehat{SIK} = 90° - 23°$.
On obtient : $\boldsymbol{\widehat{SIK} = 67°}$.

9 → *Énoncé p. 186* 1° La base *ABCD* de la pyramide est un rectangle de largeur 9 cm et de longueur 12 cm.

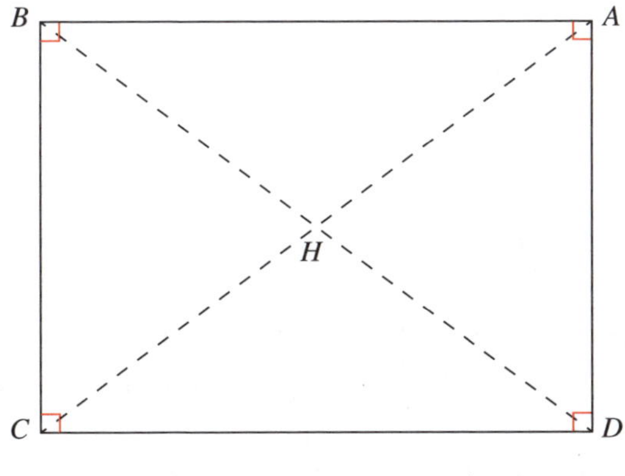

Échelle 1/2

2° *ABCD* est un rectangle, donc le triangle *BCD* est rectangle en *C*. D'après le théorème de Pythagore,
on a : $BD^2 = BC^2 + CD^2$,
soit $BD^2 = 12^2 + 9^2$.
On fait $BD = \sqrt{225}$, car *BD* est une longueur.

Conseil
Commencer par calculer *BD* avant de calculer *HD*.

On obtient $BD = 15$ cm.
H est le centre du rectangle $ABCD$, c'est-à-dire l'intersection de ses diagonales.
Si une figure est un rectangle,
alors ses diagonales ont le même milieu.
H est le milieu de $[BC]$ et de $[AC]$.
On a $HD = BC \div 2 = 15 \div 2$.
On a bien $HD = 7{,}5$ cm.

3° On trace $[BD]$ de longueur 15 cm puis deux arcs de cercle de centres B et D et de rayon 8,5 cm qui se coupent en S. On trace ensuite $[BS]$ et $[DS]$ ainsi que la hauteur $[SH]$.

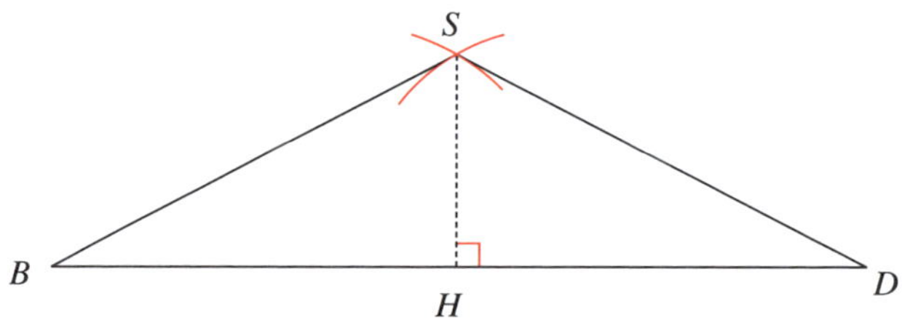

Échelle 1/2

4° Le triangle SDH est rectangle en H.
D'après le théorème de Pythagore,
on a : $SD^2 = SH^2 + HD^2$,
soit $8{,}5^2 = SH^2 + 7{,}5^2$.
On fait $72{,}25 - 56{,}25 = SH^2$, puis $\sqrt{16} = SH$, car SH est une longueur.
On obtient $SH = 4$ cm.

5° Le volume d'une pyramide est donné par la formule :

$$V = \frac{\text{aire de la base} \times \text{hauteur}}{3}.$$

Ici, on a : $V = \dfrac{BC \times CD \times SH}{3} = \dfrac{12 \times 9 \times 4}{3}$.

Le volume de la pyramide $SABCD$ est de 144 cm³.

10 → *Énoncé p. 187* *ABDC* étant un rectangle, on a $AC = BD = 34$ cm.
Dans le triangle rectangle *ACE*, d'après le théorème de Pythagore, on a successivement :
$AE^2 = AC^2 + CE^2$; $56^2 = 34^2 + CE^2$;
$3\,136 - 1\,156 = CE^2$;
$\sqrt{1\,980} = CE$ car *CE* est une longueur.
On a donc $CE \approx 44{,}5$ cm, donc la hauteur *CE* de l'assise est comprise entre 44 et 46 cm. **Elle est adaptée à Nicolas.**

Rappel
Dans un rectangle, les côtés opposés ont la même longueur.

CHAPITRE 16

Droites parallèles et angles

1. Définitions

a) Parallélogramme

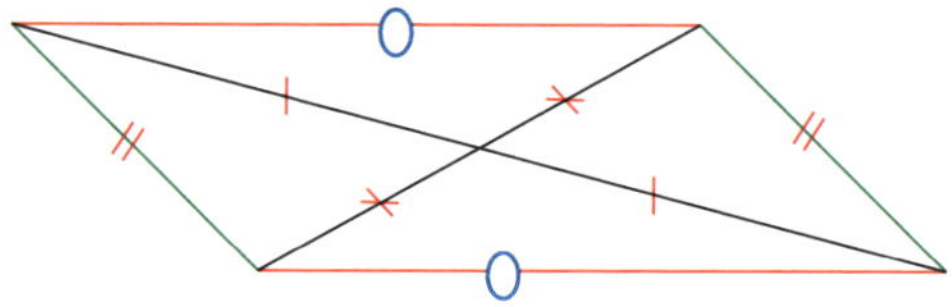

• côtés opposés parallèles et de même longueur ;
• diagonales de même milieu.

b) Angles alternes-internes et correspondants

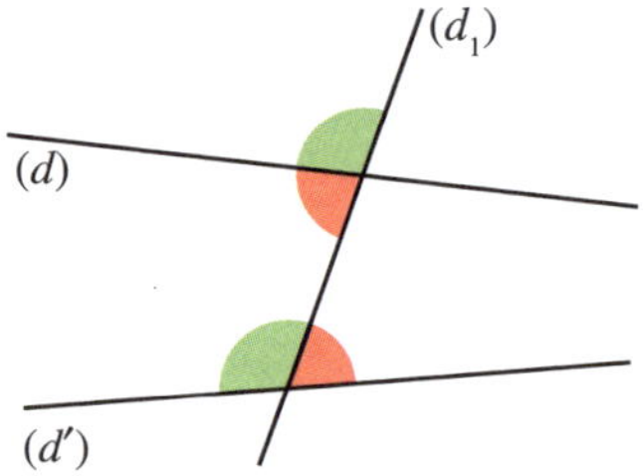

Les angles **rouges** sont des angles alternes-internes déterminés par les droites (d), (d') et leur sécante (d_1).

Les angles **verts** sont des angles correspondants déterminés par les droites (d), (d') et leur sécante (d_1).

2. Angles et parallélisme

a) Angles alternes internes

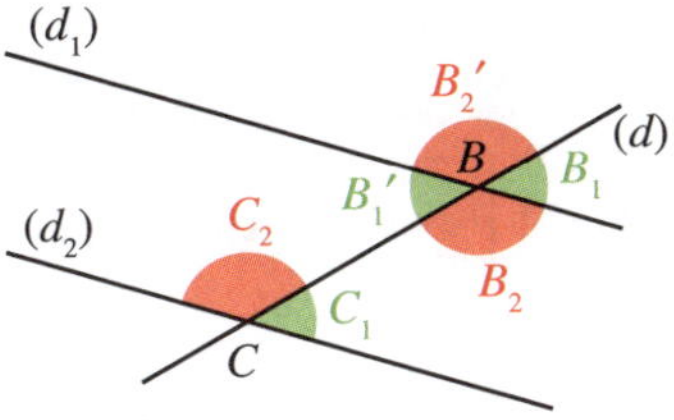

Deux droites parallèles déterminent des angles alternes-internes et correspondants égaux.

Si (d_1) // (d_2) alors :

les angles **alternes-internes** suivants sont égaux : $\widehat{C_1} = \widehat{B_1'}$ et $\widehat{C_2} = \widehat{B_2}$;

les angles **correspondants** suivants sont égaux : $\widehat{C_1} = \widehat{B_1}$ et $\widehat{C_2} = \widehat{B_2'}$.

b) Caractérisation angulaire du parallélisme

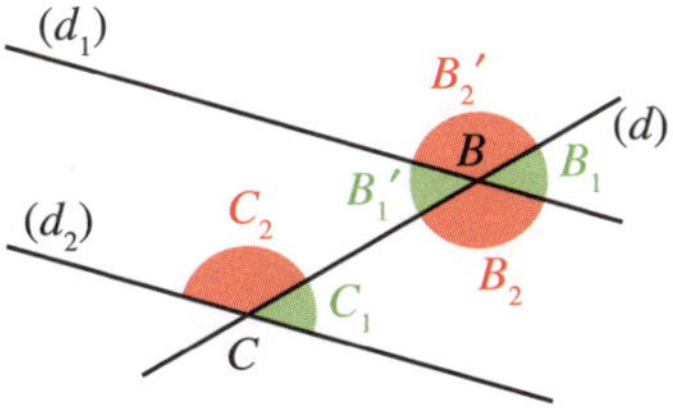

Si deux angles alternes-internes (ou *correspondants*) sont égaux, alors les droites qui les définissent sont parallèles.

Si $\widehat{C_1} = \widehat{B_1'}$ ou $\widehat{C_2} = \widehat{B_2}$ alors (d_1) // (d_2).

Si $\widehat{C_1} = \widehat{B_1}$ ou $\widehat{C_2} = \widehat{B_2'}$ alors (d_1) // (d_2).

Exemple

En considérant la figure suivante, sachant que les droites (*DE*) et (*AB*) sont parallèles, montrer que la somme des angles du triangle est de 180°.

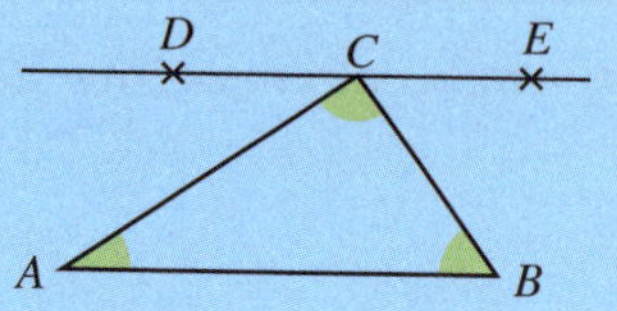

Les angles $\widehat{ABC}$ et $\widehat{BCE}$ sont déterminés par les droites (*DE*) et (*AB*) qui sont parallèles, ils sont donc égaux.	← On repère les angles alternes-internes égaux.
Les angles $\widehat{CAB}$ et $\widehat{DCA}$ sont déterminés par les droites (*DE*) et (*AB*) qui sont parallèles, ils sont donc égaux.	← On applique le même raisonnement pour l'autre angle.
On a donc $\widehat{ABC} + \widehat{CAB} + \widehat{ACB}$ $= \widehat{DCA} + \widehat{ACB} + \widehat{BCE} = \widehat{DCE}$ Or les points *D* ,*C* et *E* sont alignés donc $\widehat{DCE} = 180°$. Ainsi $\widehat{ABC} + \widehat{CAB} + \widehat{ACB} = 180°$	← On fait la somme des angles le long d'une droite.
La somme des angles du triangle est donc 180°.	← On conclut.

Construire un parallélogramme à partir d'un triangle

Énoncé ***ABC* est un triangle tel que *AB* = 2 cm, *BC* = 1,8 cm et *AC* = 1,2 cm. Construire le triangle *ABC*, puis le parallélogramme *ABMC*.**

Corrigé pas à pas

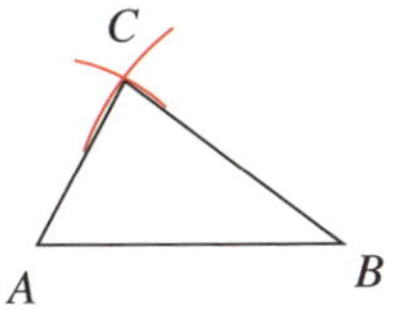

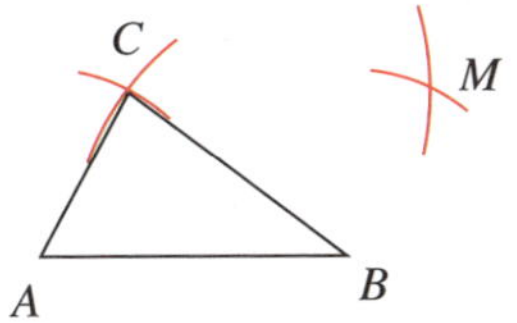

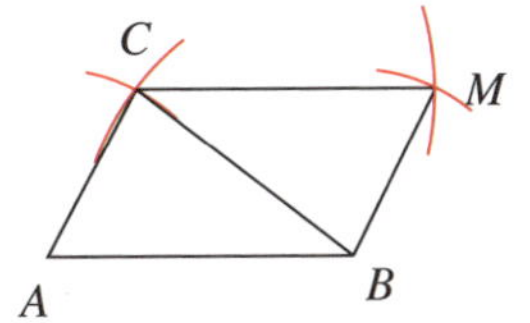

↑ On construit le triangle *ABC*. (Voir méthode, chap. 15, p. 184).

↑ On trace 2 arcs de cercle sécants en *M*, l'un de centre *B* et de rayon *AC*, l'autre de centre *C* et de rayon *AB*.

↑ On trace les côtés [*CM*] et [*BM*].

Montrer que deux droites sont parallèles

Énoncé **On considère la figure ci-contre. Montrer que les droites (*AB*) et (*CE*) sont parallèles.**

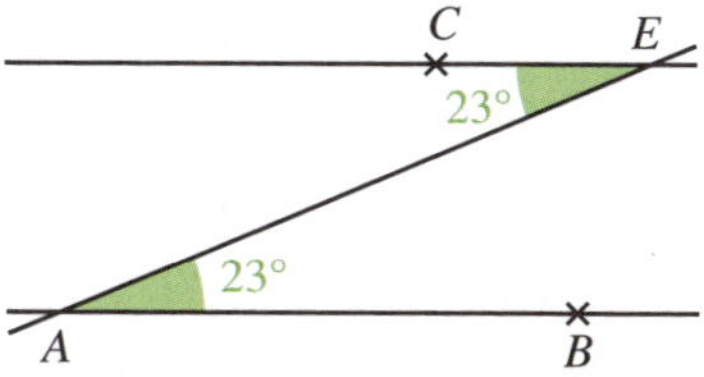

Corrigé pas à pas

Les angles alternes-internes $\widehat{BAE}$ et $\widehat{CEA}$, déterminés par les droites (*AB*) et (*CE*) et la sécante (*AE*) sont égaux.

← On repère les angles alternes-internes ou correspondants égaux ainsi que les droites et la sécante.

Si deux angles alternes-internes sont égaux alors les droites qui les définissent sont parallèles.

← On cite la propriété.

Donc les droites (*AB*) et (*CE*) sont parallèles.

← On conclut.

Pour bien débuter

1 ★

Soit $IJKL$ un parallélogramme tel que :

$$IJ = 5 \text{ cm}, \quad JL = 5 \text{ cm} \quad \text{et} \quad IL = 4 \text{ cm}.$$

Décrire la construction de $IJKL$, puis la réaliser.

→ Corrigé p. 200

2 ★★

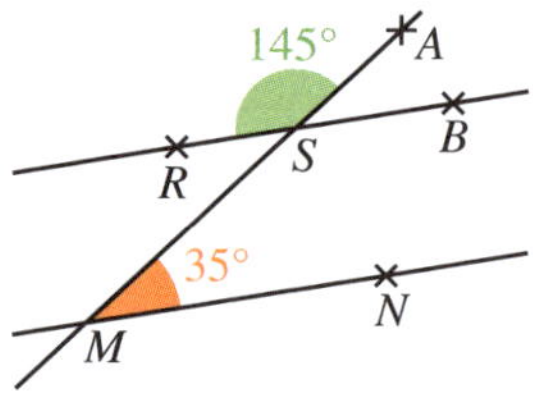

1° Calculer la mesure de l'angle $\widehat{ASB}$.

2° Les droites (RB) et (MN) sont-elles parallèles ? Justifier.

→ Corrigé p. 200

Pour s'entraîner

3 ★★

$CEFD$ est un parallélogramme. D, F et G sont alignés ; C, E et J sont alignés ; I, E et F sont alignés.

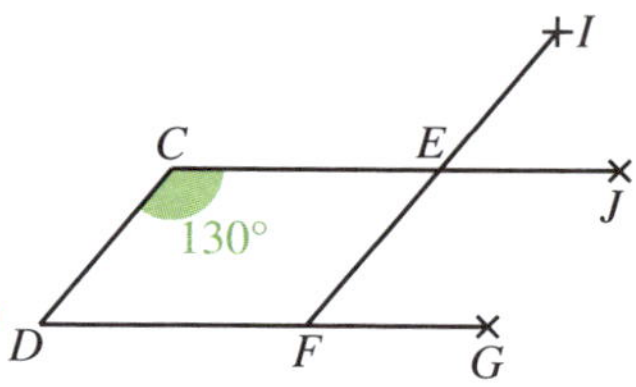

1° Déterminer la mesure de l'angle $\widehat{JEF}$.

2° Déterminer la mesure de l'angle $\widehat{EFD}$.

3° En déduire la mesure de l'angle $\widehat{EFG}$.

→ Corrigé p. 200

4 ★★★

1° Dans un repère orthonormé, placer les points :
$A(-4 ; 2)$, $B(-1 ; -3)$ et $C(4 ; 0)$.

2° On admet que $AB = \sqrt{34}$, $AC = \sqrt{68}$ et $BC = \sqrt{34}$.
Montrer que le triangle ABC est rectangle isocèle.

3° Soit D le point tel que $ABCD$ soit un parallélogramme.
Lire les coordonnées de D.

→ Corrigé p. 201

5 ★★★

1° Construire un parallélogramme $ABCD$ de centre O tel que :
$AO = 3$ cm et $\widehat{OAB} = 35°$ et $\widehat{OAD}$ est un angle droit.

2° Déterminer la mesure des angle $\widehat{ACB}$ et $\widehat{ABC}$.

3° Calculer la longueur AB, arrondir au mm près.

→ Corrigé p. 201

Sujets du brevet

6 ★★★

Pour que l'éclairage d'une voiture soit conforme, les constructeurs déterminent l'inclinaison du faisceau. Cette inclinaison correspond au rapport $\frac{QK}{QP}$. Elle est correcte si ce rapport est compris entre 0,01 et 0,015.

Pauline réalise le schéma ci-dessous (qui n'est pas à l'échelle) et relève les mesures suivantes : $PA = 0{,}65$ m, $AC = QP = 5$ m et $CK = 0{,}58$ m.

P désigne le phare, assimilé à un point.

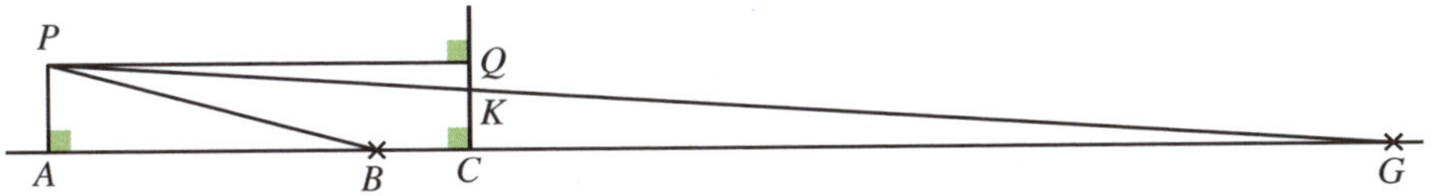

1° Vérifier que les feux de croisement sont réglés avec une inclinaison égale à 0,014.

2° Donner une mesure de l'angle $\widehat{QPK}$ correspondant à l'inclinaison. On arrondira au dixième de degré.

3° Quelle est la distance *AS* d'éclairage des feux ? Arrondir le résultat au mètre près.

→ Corrigé p. 202

7 ★★

L'unité est le centimètre.

1° Tracer un triangle OBC rectangle en O tel que OB = 3 et OC = 6.

2° *a)* Construire le point D symétrique de B par rapport à *O*.
b) Construire le point *A* tel que *ABCD* soit un parallélogramme.

3° Démontrer que O est le milieu de [AC].

8 ★★

Dans le plan muni d'un repère orthonormé $(O\ ;I, J)$, on considère les points :
$A(-2\ ;1)$; $B(0\ ;5)$; $C(6\ ;-3)$.

1° Sur la copie, faire une figure et placer les points A, B et C.

2° On admet que $AC = 4\sqrt{5}$, $AB = 2\sqrt{5}$ et $BC = 10$.
Démontrer que le triangle *ABC* est rectangle.

3° Construire le point M tel que ABMC soit un parallélogramme.

→ Corrigé p. 203

1 → Énoncé p. 198 On trace le segment $[IJ]$ de longueur 5 cm, puis deux arcs de cercle, l'un de centre I et de rayon 4 cm, l'autre de centre J et de rayon 5 cm, arcs sécants en un point L.
On trace deux arcs de cercle, l'un de centre L et de rayon 5 cm, l'autre de centre J et de rayon 4 cm, arcs sécants en un point K tels que $IJKL$ ne soit pas croisé.
On trace les côtés $[JK]$, $[KL]$ et $[LI]$.

Conseil
Commencer par construire le triangle *IJL* et utiliser une propriété des côtés opposés de *IJKL*.

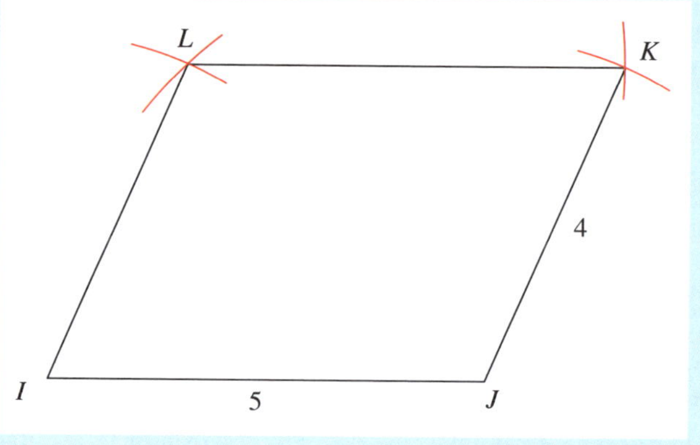

2 → Énoncé p. 198 1° Les points R, S et B sont alignés donc l'angle $\widehat{RSB}$ mesure 180°.
Comme l'angle $\widehat{RSA}$ mesure 145°, **l'angle** $\widehat{ASB} = 180 - 145 = 35°$**.**
2° Les angles correspondants $\widehat{MNS}$ et $\widehat{ASB}$, déterminés par les droites (RB) et (MN) et la sécante (AM), sont égaux.
Si deux angles correspondants sont égaux, alors les droites qui les définissent sont parallèles.
Donc les droites (*RB*) et (*MN*) sont parallèles.

Rappel
Trois point alignés forment un angle de 180°.

3 → Énoncé p. 198 1° *CEFD* est un parallélogramme donc (CD) et (EF) sont parallèles.
Les angles $\widehat{DCE}$ et $\widehat{JEF}$ sont donc correspondants définis par des droites parallèles, ils sont donc de même mesure.
Donc $\widehat{JEF} = 130°$**.**
2° *CEFD* est un parallélogramme donc (CE) et (DF) sont parallèles.
Les angles $\widehat{EFD}$ et $\widehat{JEF}$ sont donc alternes-internes définis par des droites parallèles, ils sont donc de même mesure.
Donc $\widehat{EFD} = 130°$

3° Les points D, F et G étant alignés, on a $\widehat{DFG} = 180°$.
Par suite $\widehat{EFG} + \widehat{EFD} = 180°$ donc $\widehat{EFG} = 180 - 130 = 50°$.

4 → Énoncé p. 198 1°

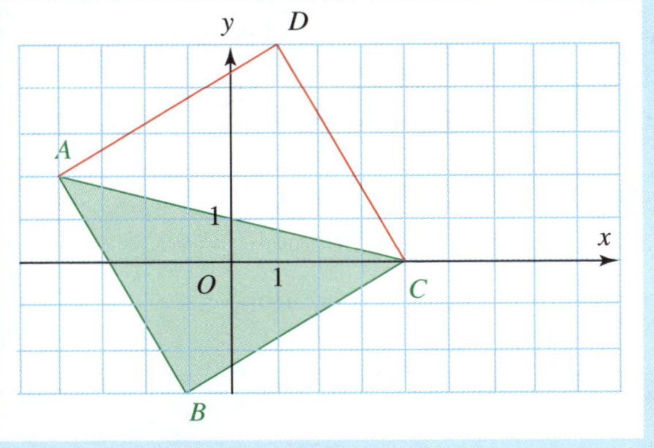

2° On constate que $AB = BC$. ABC est isocèle en C.
Dans ABC, on a $AC^2 = 68$ et $AB^2 + BC^2 = 34 + 34 = 68$.
On constate que $AC^2 = AB^2 + BC^2$.
D'après la réciproque du théorème de Pythagore, ABC est rectangle en B.
***ABC* est rectangle isocèle en *B*.**
3° On lit que ***D* a pour coordonnées (1 ; 5)**.

5 → Énoncé p. 198 1° Pour effectuer la construction, il faut commencer par tracer les deux angles $\widehat{OAB}$ et $\widehat{OAD}$.
Il faut ensuite placer C qui est le symétrique de A par rapport à O car O est le centre du parallélogramme. Il faut enfin tracer les parallèles à (AD) et (AB) passant par C.

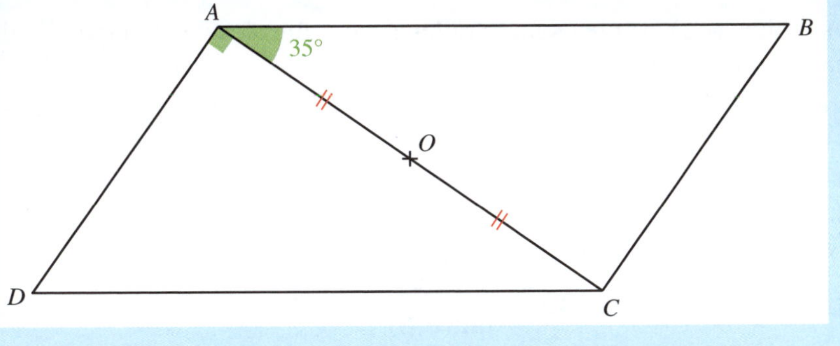

2° $ABCD$ est un parallélogramme donc (AD) et (BC) sont parallèles.
Les angles $\widehat{DAC}$ et $\widehat{ACB}$ sont donc alternes-internes définis par des droites parallèles, ils sont donc de même mesure.
Donc $\widehat{ACB} = 90°$.
Or la somme des angles d'un triangle est égale à 180°.
Donc, dans le triangle ABC on a :
$\boldsymbol{\widehat{CAB} + \widehat{ABC} + \widehat{BCA} = 180°}$ **et donc** $\boldsymbol{\widehat{ABC} = 180 - (90 + 35) = 55°}$**.**

Rappel
La somme des angles d'un triangle est égale à 180°.

3° ABC est rectangle en C.
$[AC]$ est le côté adjacent à $\widehat{CAB}$,
$[AB]$ est l'hypoténuse donc on peut écrire :
$\cos(\widehat{CAB}) = \dfrac{AC}{AB}$, $AC = 2 \times 3 = 6$ cm donc :
$\boldsymbol{AB = \dfrac{6}{\cos(35)} \approx 7{,}3}$ **cm.**

Astuce
Dans un triangle rectangle quand on demande une longueur et qu'on a un angle on utilise la trigonométrie.

6 → Énoncé p. 199 1° Il faut calculer $\dfrac{QK}{QP}$, on connaît déjà QP.
Pour calculer QK, on remarque que QC est de même longueur que PA car $PQCA$ est un rectangle donc $QK = 0{,}65 - 0{,}58 = 0{,}07$.

$$\frac{QK}{QP} = \frac{0{,}07}{5} = 0{,}014$$

Donc, les feux de croisement sont bien réglés avec une inclinaison égale à 0,014.
2° Le triangle PQK est rectangle en Q, $[QP]$ est le côté adjacent à $\widehat{QPK}$; $[QK]$ est le côté opposé à $\widehat{QPK}$;
On a donc $\boldsymbol{\tan(\widehat{QPK}) = \dfrac{QK}{QP} = 0{,}014}$ **et donc** $\boldsymbol{\widehat{QPK} = 0{,}8°}$**.**

Astuce
Quand on demande de calculer un angle, penser à la trigonométrie.

3° Les droites (AS) et (QP) sont parallèles car toutes les deux perpendiculaires à la même droite (CQ).
Les angles $\widehat{QPK}$ et $\widehat{QSC}$ sont donc alternes-internes définis par des droites parallèles, ils sont donc de même mesure.
Donc $\widehat{QSC} = 0{,}8°$.
Le triangle PAS est rectangle en A, $[AS]$ est le côté adjacent à $\widehat{QSC}$; $[AP]$ est le côté opposé à $\widehat{QSC}$ on peut donc écrire :
$\boldsymbol{\tan(\widehat{QSC}) = \dfrac{AP}{AS}}$ **et donc** $\boldsymbol{AS = \dfrac{0{,}65}{\tan(0{,}8)} \approx 46{,}4}$ **m.**

7 → *Énoncé p. 199* **1°**

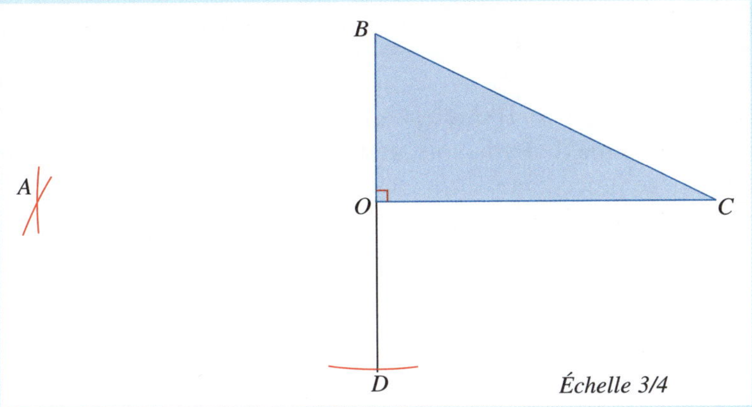

2° *a*) Pour construire le point D symétrique de B par rapport à O, on peut tracer un arc de cercle de centre O et de rayon OB qui coupe (BO) en un point autre que B.

***b*)** Pour construire le point A tel que $ABCD$ soit un parallélogramme, on peut tracer un arc de cercle de centre D et de rayon BC et un arc de centre B et de rayon CD qui se coupent en A.

3° • Le point D est le symétrique de B par rapport à O.
Par définition, le point O est le milieu de $[BD]$.
• $ABCD$ est un parallélogramme.
Si une figure est un parallélogramme, alors ses diagonales ont le même milieu.
Les diagonales $[BD]$ et $[AC]$ ont le même milieu.
• On conclut que **le point O est le milieu de $[AC]$.**

> **Astuce**
> Traduire le terme « symétrique d'un point par rapport à O » en terme de milieu.

8 → *Énoncé p. 199* **1°**

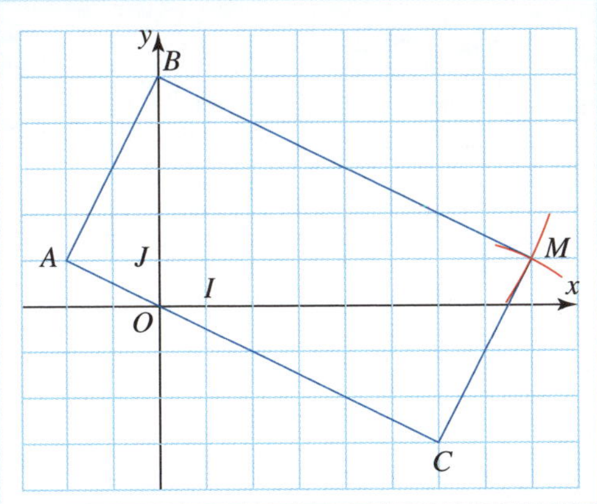

2° On a :
$AC^2 = (4\sqrt{5})^2 = 16 \times 5 = 80$;
$AB^2 = (2\sqrt{5})^2 = 4 \times 5 = 20$;
$BC^2 = 10^2 = 100$.

> **Conseil**
> Avec une calculatrice, commencer par déterminer le plus grand côté.

On constate que 80 + 20 = 100, c'est-à-dire que $AC^2 + AB^2 = BC^2$. D'après la réciproque du théorème de Pythagore, **le triangle *ABC* est rectangle en *A*.**

3° Voir figure page précédente.
On construit un arc de cercle de centre *B* et de rayon *AC* et un arc de cercle de centre *C* et de rayon *AB* qui se coupent en un point *M* tel que *ABMC* ne soit pas croisé.

CHAPITRE 17 Transformations

1. Symétrie centrale

L'image d'un point M par la symétrie de centre O est le point M' tel que O soit le milieu de $[MM']$.

Exemple

Construire A', image de A par la symétrie de centre O.

← On trace (OA) puis on reporte la distance OA pour que O soit le milieu de $[AA']$.

2. Symétrie axiale

L'image d'un point M par la symétrie d'axe (d) est le point M' tel que (d) soit la médiatrice de $[MM']$.

Exemple

Construire l'image de B par la symétrie d'axe (d).

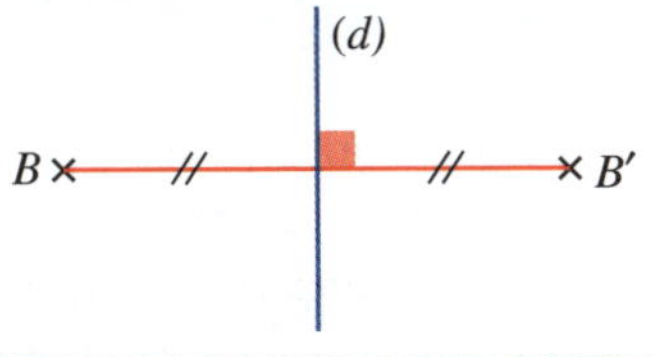

← On trace la perpendiculaire à (d) passant par B, puis on reporte la distance de B à (d) pour que (d) soit la médiatrice de $[BB']$.

3. Translation

La translation qui transforme A en B, fait « glisser » une figure parallèlement à (AB), dans le même sens (de A vers B) et sur la même longueur.

Exemple

Construire l'image de $ABFC$ par la translation de K vers I.

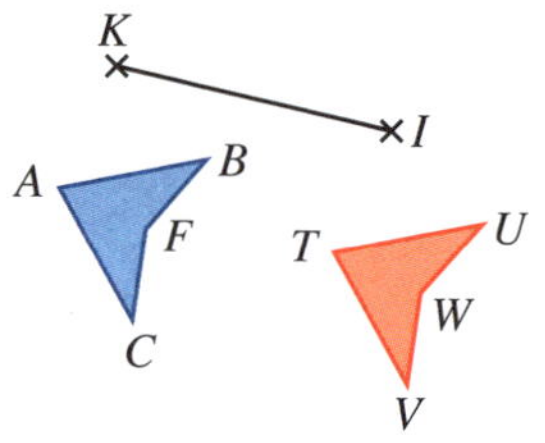

← Le quadrilatère image $TUWV$ a été obtenu en « glissant » $ABFC$ le long de $[KI]$.

4. Rotation

Une rotation de centre O et d'angle a dans le sens anti-horaire, fait tourner la figure autour du point O dans le sens contraire des aiguilles d'une montre.

Exemple

Construire $A'B'C'$, image de ABC par la rotation de centre O et d'angle 50° dans le sens anti-horaire.

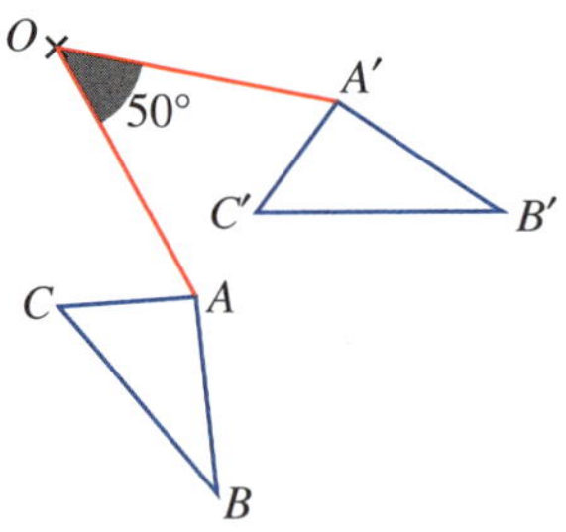

← Pour obtenir l'image de ABC par la rotation de centre O et d'angle 50° dans le sens inverse des aiguilles d'une montre, on fait tourner ABC autour de 0 de 50° dans le sens demandé.

On obtient ainsi $A'B'C'$.

Au final le triangle a tourné de 50°, ses mesures et angles restent les mêmes, **les triangles sont égaux.**

5. Homothétie

Une homothétie de centre O et de rapport k est une transformation géométrique correspondant à un agrandissement ou à une réduction de coefficient la partie numérique de k (on ne prend pas le signe en compte).
Si le rapport est positif, l'image est du même côté du centre que la figure de base.
Si le rapport est négatif, l'image n'est pas du même côté du centre que la figure de base.

Exemple

Construire l'image de ABC par l'homothétie de centre O et de rapport 3.

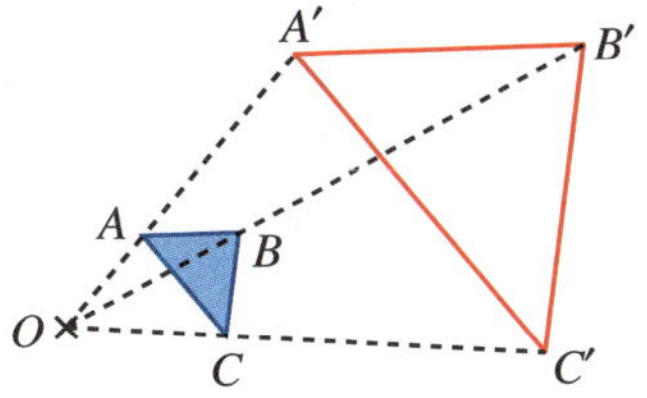

← A' est aligné avec O et A et $OA' = 3OA$.
De même pour les points B et C.
On obtient une configuration de Thalès avec les longueurs de $A'B'C'$ qui sont multipliées par 3.
Le rapport est positif donc $A'B'C'$ est du même côté que ABC du point O.
$A'B'C'$ est l'image de ABC par l'homothétie de centre O et de rapport 3.

6. Propriétés

Les symétries, translation et rotation conservent les longueurs et les angles.
Les homothéties ne conservent que les angles.

Construire l'image d'une figure par une homothétie de rapport négatif

Énoncé **Construire l'image de ABC par l'homothétie de centre D et de rapport – 0,5.**

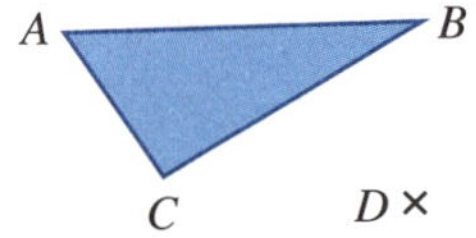

Corrigé pas à pas

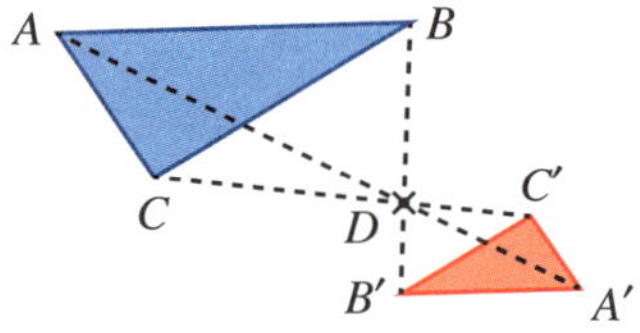

← A' est aligné avec D et A et $DA' = 0{,}5DA$. De même pour les points B et C.
On obtient une configuration de Thalès avec les longueurs de $A'B'C'$ qui sont égales aux longueurs de ABC multipliées par 0,5 c'est-à-dire divisées par 2.
Le rapport est négatif, donc $A'B'C'$ n'est pas du même côté que ABC par rapport à D.

Pour bien débuter

1 ★

Utiliser le quadrillage pour placer les images des points C, D et E par la translation qui transforme A en B.

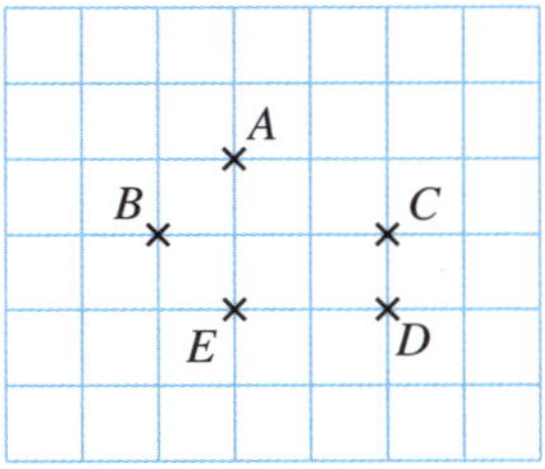

→ Corrigé p. 213

2 ★★

Reproduire cette figure, puis construire l'image de la figure par l'homothétie de centre O et de rapport –2.

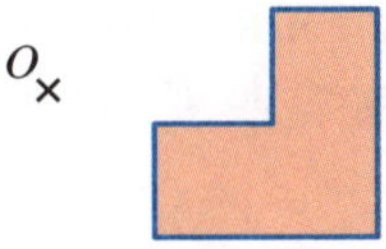

→ Corrigé p. 213

Pour s'entraîner

3 ★★

On considère la figure suivante où les triangles sont équilatéraux.

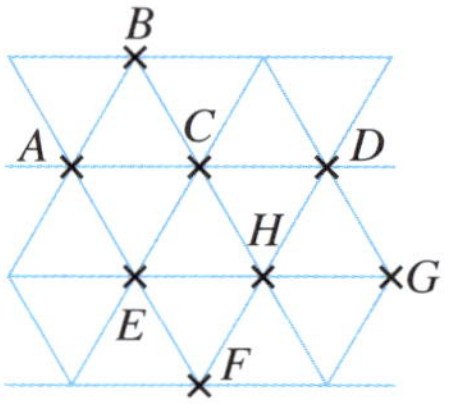

1° Expliquer pourquoi l'image de AEC par la rotation de centre A et d'angle 60° dans le sens anti-horaire est ABC.

2° Déterminer l'image de F par la rotation de centre A et d'angle 60° dans le sens anti-horaire.

3° Déterminer l'image de E par la rotation de centre C et d'angle 120° dans le sens des aiguilles d'une montre.

4° Déterminer l'image de ABC par la translation qui transforme B en D.

5° Déterminer l'image de DGH par la symétrie de centre H.

→ Corrigé p. 213

4 ★★

Dessiner un rectangle $ABCD$ avec $AB = 6$ cm et $AD = 3$ cm.
Construire les images de B, de C et de D dans l'homothétie de centre A et de rapport $\frac{1}{3}$.

→ Corrigé p. 213

Sujets du brevet

5 ★★

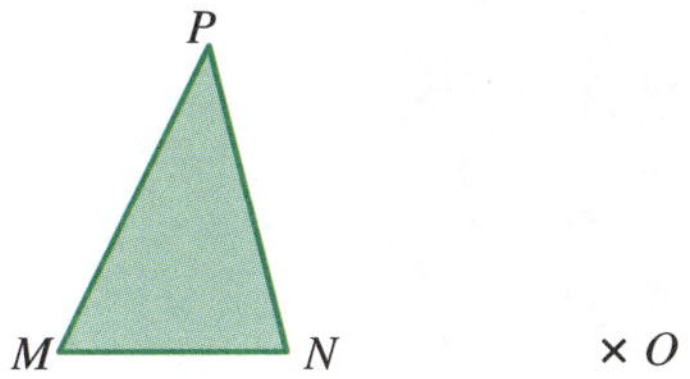

a) Reproduire la figure ci-dessus.

b) Construire $M'N'P'$ l'image du triangle MNP par l'homothétie de centre O et de rapport 2.

c) Placer les points I, J et K, milieux respectifs des segments $[M'N']$, $[N'P']$ et $[P'M']$. Tracer le triangle IJK.

d) Comparer le quotient de l'aire du triangle $M'N'P'$ par l'aire du triangle MNP avec le carré du rapport de l'homothétie.

e) Quel résultat retrouve-t-on ? ➔ *Corrigé p. 214*

6 ★★

Dessiner un parallélogramme $RSTU$ de centre O.
Donner trois noms de transformations dans lesquelles les points R et S ont pour images respectives T et U. ➔ *Corrigé p. 214*

7 ★★

Soit C un cercle de centre O et de rayon 2 cm.
Soit M un point de C et M' l'image de M par l'homothétie de centre O et de rapport 3.

1° Que vaut OM ? En déduire OM'.

2° Quel est l'ensemble des points M' quand M décrit le cercle C ? ➔ *Corrigé p. 214*

8 ★★★

Le pavage représenté sur la **figure 1** est réalisé à partir d'un motif appelé pied-de-coq qui est présent sur de nombreux tissus utilisés pour la fabrication de vêtements.
Le motif pied-de-coq est représenté par le polygone ci-dessous à droite (**figure 2**) qui peut être réalisé à l'aide d'un quadrillage régulier.

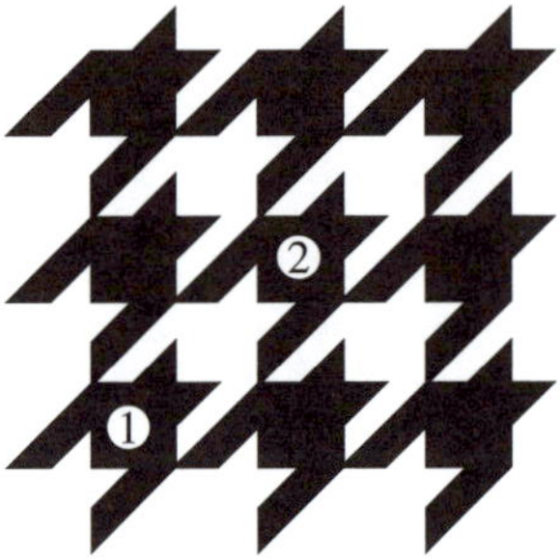

Figure 1

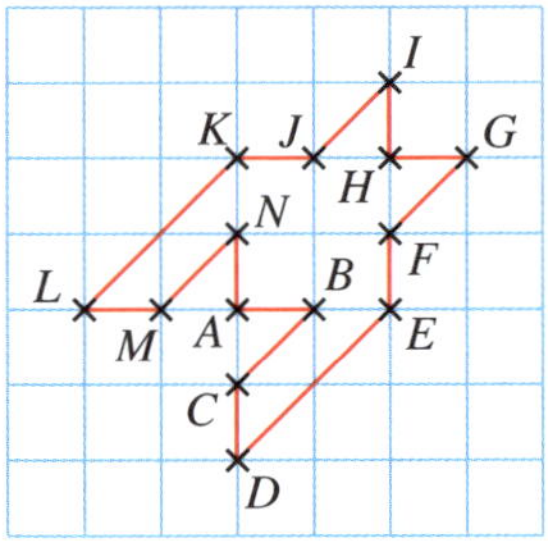

Figure 2

1° Sur la **figure 1**, quel type de transformation géométrique permet d'obtenir le motif ② à partir du motif ① ?

2° Dans cette question, on considère que AB = 1 cm (**figure 2**).
Déterminer l'aire d'un motif pied-de-coq.

3° Marie affirme : « Si je divise par 2 les longueurs d'un motif, son aire sera aussi divisée par 2. » A-t-elle raison? Expliquer pourquoi.

→ Corrigé p. 214

9 ★★★

L'unité est le centimètre.

1° Tracer un triangle OBC rectangle en O tel que $OB = 3$ et $OC = 6$.

2° Calculer la valeur exacte de la longueur BC. En donner la valeur arrondie au millimètre.

3° Soit B' et C' les images respectives de B et de C dans l'homothétie de centre O et de rapport $\dfrac{-1}{3}$.

a) Calculer les longueurs OB' et OC'.

b) Placer les points B' et C' sur la figure.

4° *a*) À l'aide du théorème de Pythagore, calculer $B'C'$.

b) Retrouver ce résultat à l'aide du rapport de l'homothétie.

→ Corrigé p. 215

1 → *Énoncé p. 209* On obtient la figure suivante.

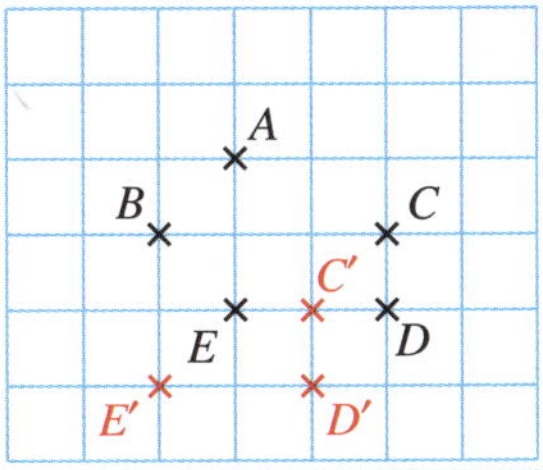

2 → *Énoncé p. 209*

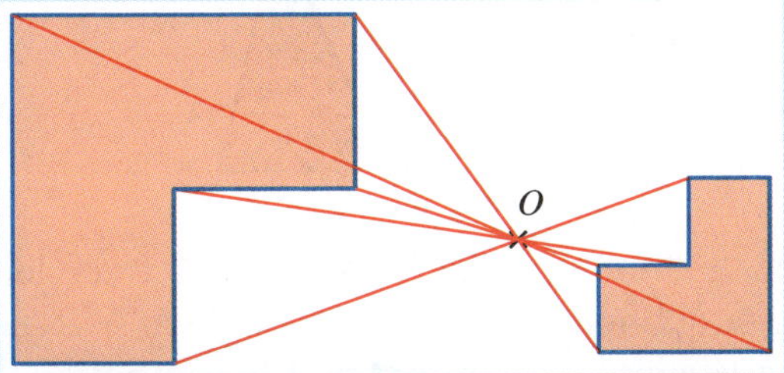

> **Rappel**
> Dans une homothétie de centre *O* et de rapport négatif, un objet et son image sont de part et d'autre du point *O*.

3 → *Énoncé p. 210* 1° Les triangles étant équilatéraux, leurs angles sont égaux à 60° et leurs côtés sont de même longueur. On a donc $\widehat{EAC} = 60°$ donc l'image de *AEC* par la rotation de centre *A* et d'angle 60° dans le sens inverse des aiguilles d'une montre est bien *ABC*.

2° On a $\widehat{FAD} = 60°$ et AF = AD, car deux fois le côté du triangle équilatéral, donc l'image de F par la rotation de centre A et d'angle 60° dans le sens inverse des aiguilles d'une montre est D.

3° On a $\widehat{ECB} = 120°$, car deux fois l'angle du triangle équilatéral, et CE = CB, donc l'image de E par la rotation de centre C, d'angle 120° dans le sens horaire est B.

4° L'image de ABC par la translation de B vers D est le triangle DGH.

5° L'image de DGH par la symétrie de centre H est EFH.

4 → *Énoncé p. 210* Il faut $AB' = \frac{1}{3}AB = 2$ cm avec B' sur $[AB]$. De même, il faut $AD' = \frac{1}{3}AD = 1$ cm avec D' sur $[AD]$. Il suffit alors de compléter le rectangle $AB'C'D'$.

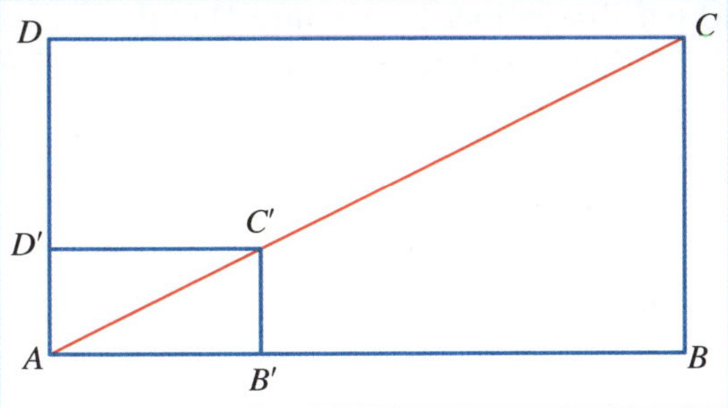

> **Conseil**
> Une homothétie de rapport $\frac{1}{3}$ est une réduction de rapport $\frac{1}{3}$.

5 → Énoncé p. 211 *a*) **à** *c*)

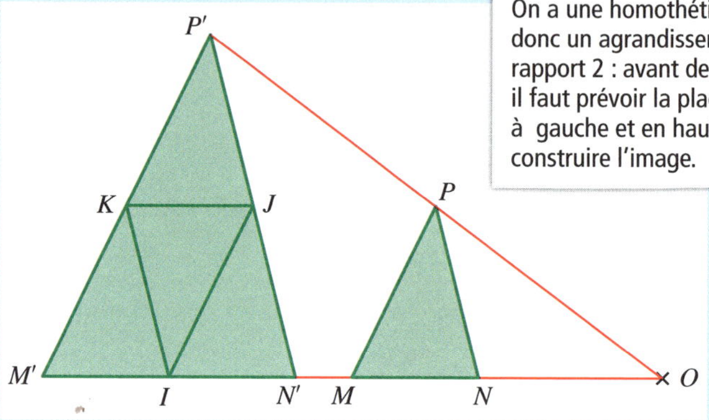

Piège à éviter
On a une homothétie de rapport 2, donc un agrandissement de rapport 2 : avant de commencer, il faut prévoir la place nécessaire à gauche et en haut pour construire l'image.

d) On constate que le triangle $M'N'P'$ contient 4 triangles superposables au triangle MNP, donc le quotient de l'aire du triangle $M'N'P'$ par l'aire du triangle MNP vaut **4 comme le carré du rapport de l'homothétie**.

e) On retrouve que, **dans un agrandissement (ou une réduction) de rapport *k*, les aires sont multipliées par k^2**.

6 → Énoncé p. 211

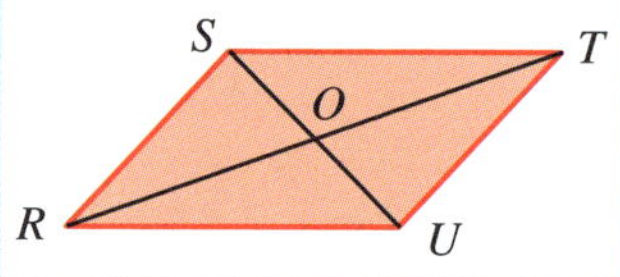

Astuce
Les transformations connues sont rotation, symétrie, translation, homothétie.

Les points R et S ont pour images respectives T et U :
– dans **l'homothétie de centre *O* et de rapport –1** ;
– dans **la symétrie de centre *O*** ;
– dans **la rotation de centre *O* et d'angle 180°**.
N.B. : ces trois transformations sont identiques.

7 → Énoncé p. 211 **1°** Comme M est sur le cercle de centre O et de rayon 2 cm, on a **OM = 2 cm**. Comme M' est l'image de M par l'homothétie de centre O et de rapport 3, on a $OM' = 3OM$, soit **OM' = 6 cm.**

2° Quand M décrit le cercle C, **M' décrit le cercle de centre *O* et de rayon 6 cm.**

Rappel
L'ensemble des points tous situés à la même distance d'un point fixe est un cercle.

8 → Énoncé p. 211 **1°** C'est **une translation** qui permet de passer du motif ② au motif ①.

Astuce
Une translation fait « glisser » la figure transformée.

2° Il y a 4 carrés entiers. Il y a 8 demis carrés donc encore 4 entiers.
L'aire du motif est donc de 8 cm².
3° Si on divise par 2 les longueurs, les surfaces vont être divisées par 2^2 c'est-à-dire par 4. **Marie n'a pas raison.**

Astuce
On compte les carrés entiers puis les demis-carrés.

Rappel
Quand on fait une réduction de k sur les longueurs, on réduit de k^2 les aires.

9 → Énoncé p. 212 1°

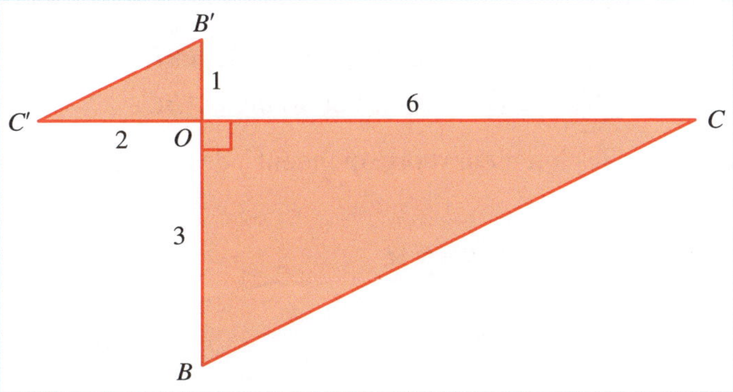

2° OBC est un triangle rectangle en O. D'après le théorème de Pythagore, on a $BC^2 = OB^2 + OC^2$, soit $BC^2 = 3^2 + 6^2$.
On fait $BC = \sqrt{45}$, car BC est une longueur.
On obtient $\boldsymbol{BC \approx 6{,}7}$ **cm** au millimètre près.
3° *a)* B' et C' sont les images respectives de B et de C dans l'homothétie de centre O et de rapport $\dfrac{-1}{3}$.
On a donc $OB' = -\left(\dfrac{-1}{3}\right) OB = 1$ cm et $OC' = -\left(\dfrac{-1}{3}\right) OC = 2$ cm.
b) Voir figure.
4° *a)* Dans $OB'C'$ rectangle en O, d'après le théorème de Pythagore, on a $B'C'^2 = OB'^2 + OC'^2$, soit $B'C'^2 = 1^2 + 2^2$.
On fait $B'C' = \sqrt{5}$, car BC est une longueur.
On obtient $\boldsymbol{B'C' \approx 2{,}2}$ **cm** au millimètre près.
b) En faisant $B'C' = -\left(\dfrac{-1}{3}\right) BC$, on retrouve, en prenant $BC \approx 6{,}7$ cm, que $\boldsymbol{B'C' \approx 2{,}2}$ **cm** au millimètre près.

Astuce
Dans une homothétie de rapport k négatif, toutes les dimensions sont multipliées par $-k$.

CHAPITRE 18 Thalès

1. Théorème de Thalès : pour calculer une longueur

Si ABC est un triangle,
avec M un point sur (AB)
et N un point sur (AC),
tels que (MN) soit parallèle à (BC),

alors on a : $\dfrac{AM}{AB} = \dfrac{AN}{AC} = \dfrac{MN}{BC}$ ← côtés du triangle AMN / ← côtés du triangle ABC

Dans chaque rapport, les longueurs correspondent à des côtés parallèles.

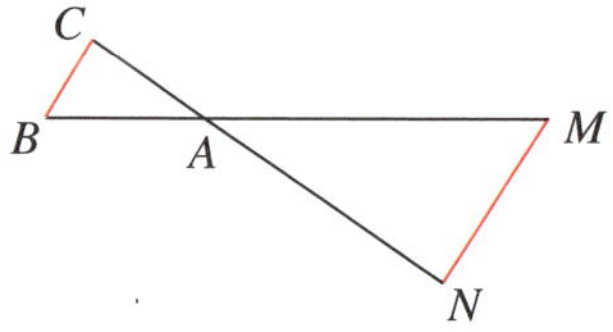

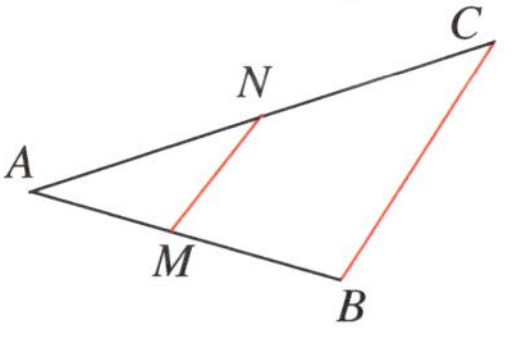

Exemple

On donne la figure ci-contre avec (MN) parallèle à (BC).
Déterminer la longueur AB.

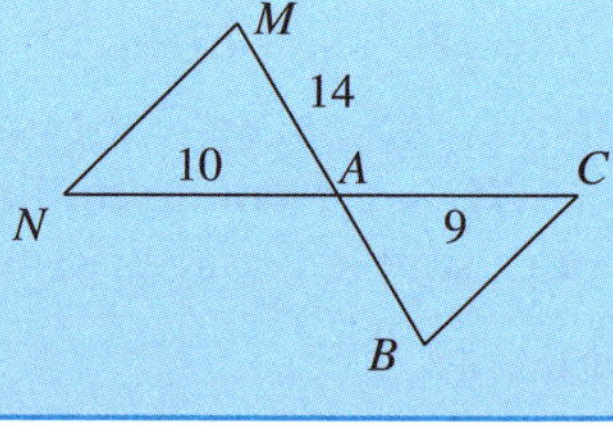

ABC est un triangle avec M sur (AB), N sur (AC) et (MN) parallèle à (BC).	← On écrit les conditions relatives au théorème de Thalès.
D'après le théorème de Thalès,	← On cite le théorème utilisé.
on a : $\dfrac{AN}{AC} = \dfrac{AM}{AB}$, soit $\dfrac{10}{9} = \dfrac{14}{AB}$.	← On écrit les rapports avec des lettres puis avec des chiffres.
On a donc : $\dfrac{10}{9} = \dfrac{14}{AB}$. On obtient : $\boldsymbol{AB = \dfrac{63}{5}}$.	← On en déduit une équation d'inconnue AB, que l'on résout.

2. Réciproque du théorème de Thalès : pour montrer que deux droites sont parallèles

Si ABC est un triangle,
avec M un point sur (AB) et N un point sur (AC),

tels que $\dfrac{AM}{AB} = \dfrac{AN}{AC}$ ← côtés du triangle AMN / ← côtés du triangle ABC

et que A, M et B soient dans le même ordre relatif que A, N et C,

alors (MN) est parallèle à (BC).

Remarques : – Dans chaque rapport utilisé, les longueurs correspondent à des côtés parallèles.
– Commencer par calculer les rapports séparément.

Exemple

On donne la figure ci-contre.
Montrer que les droites (AB) et (CD) sont parallèles.

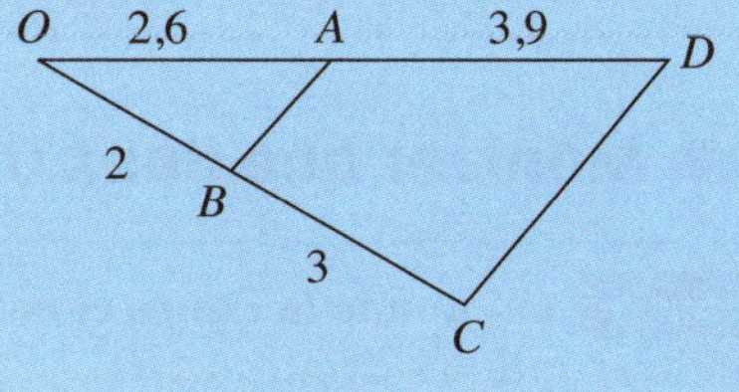

• Les points O, B et C sont alignés dans cet ordre, donc on a : $OC = OB + BC = 2 + 3 = 5$. • Les points O, A et D sont alignés dans cet ordre, donc on a : $OD = OA + AD = 2{,}6 + 3{,}9 = 6{,}5$.	← On commence par calculer les longueurs OC et OD.
On a $\dfrac{OC}{OB} = 1{,}5$ et $\dfrac{OD}{OA} = 1{,}5$.	← On calcule séparément les rapports des côtés.
On constate que $\dfrac{OC}{OB} = \dfrac{OD}{OA}$.	← On constate l'égalité.
De plus, les points O, B et C sont alignés dans le même ordre relatif que les points O, A et D.	← On précise l'ordre relatif des points.
D'après la réciproque du théorème de Thalès,	← On cite la propriété employée.
les droites (AB) et (DC) sont parallèles.	← On conclut.

Résoudre une équation avec le théorème des produits en croix

Énoncé **On sait que $\frac{10}{9} = \frac{14}{AB}$. Déterminer AB sous forme d'une fraction.**

Corrigé pas à pas

$10\,AB = 14 \times 9$	← On transforme avec le théorème des produits en croix.
$AB = \frac{14 \times 9}{10}$	← On divise par 10 dans chaque membre.
$AB = \frac{7 \times 2 \times 9}{2 \times 5}$	← On décompose pour simplifier.
$\boldsymbol{AB = \frac{63}{5}}$	← On conclut.

Montrer que deux droites sont parallèles

Énoncé **On donne la figure ci-contre. Montrer que les droites (AB) et (CD) sont parallèles.**

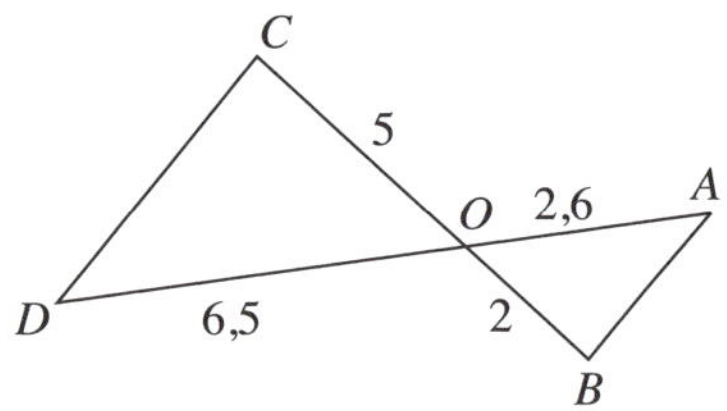

Corrigé pas à pas

ABO est un triangle avec C sur (OB) et D sur (OA).	← On précise le triangle employé et l'alignement des points.
On a $\frac{OC}{OB} = \frac{5}{2} = 2,5$ et $\frac{OD}{OA} = \frac{6,5}{2,6} = 2,5$.	← On calcule séparément les rapports des côtés « confondus ».
On constate que $\frac{OC}{OB} = \frac{OD}{OA}$.	← On constate l'égalité.
De plus, les points O, C et B sont alignés dans le même ordre relatif que les points O, D et A.	← On précise l'ordre relatif des points.
D'après la réciproque du théorème de Thalès,	← On cite la propriété employée.
les droites (CD) et (AB) sont parallèles.	← On conclut.

Pour bien débuter

1 ★

Déterminer la valeur exacte de AE dans les deux cas suivants :

1° $\dfrac{3}{AE} = \dfrac{7}{5}$; 2° $\dfrac{6}{5} = \dfrac{4}{AE}$.

→ Corrigé p. 223

2 ★★

Un touriste veut connaître la hauteur du phare de la pointe Vénus situé dans la commune de Mahina.

Pour cela, il met à l'eau une bouée B, munie d'un drapeau d'une hauteur BB' de 2 m. Puis, il s'en éloigne jusqu'à ce que la hauteur du drapeau semble être la même que celle du phare. Le touriste se trouve alors au point O.

La figure ci-contre représente la situation à cet instant.

Calculer la hauteur PP' du phare.

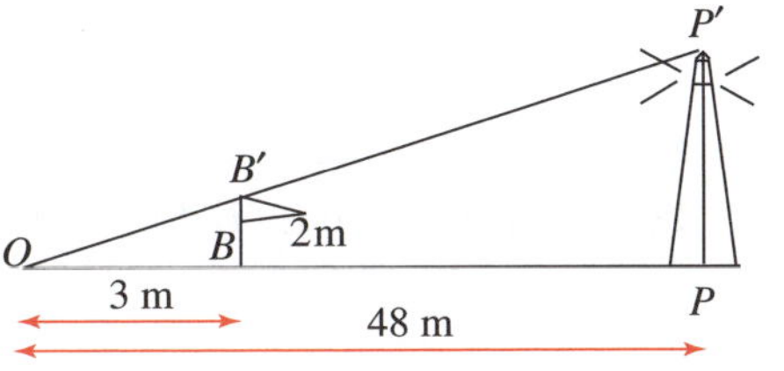

→ Corrigé p. 223

Pour s'entraîner

3 ★★

Deux droites (PB) et (RC) sont sécantes en un point A. *(Sur le dessin, les dimensions indiquées ne sont pas respectées.)* Démontrer que les droites (PR) et (BC) sont parallèles.

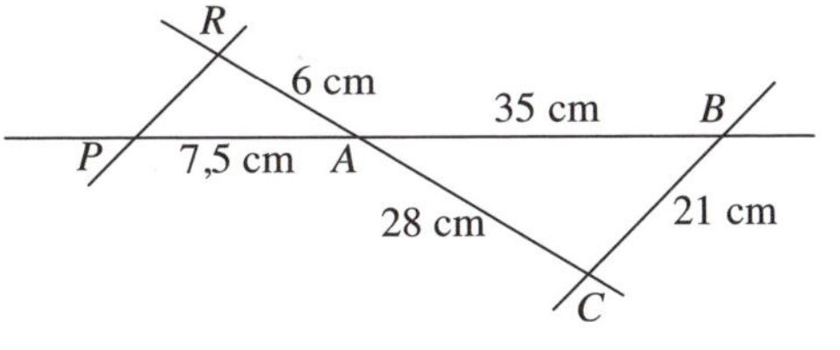

→ Corrigé p. 223

4 ★★★

On considère la figure ci-contre (*les unités ne sont pas respectées*).

1° Montrer que les droites (MP) et (AB) sont parallèles.

2° Calculer la longueur AB.

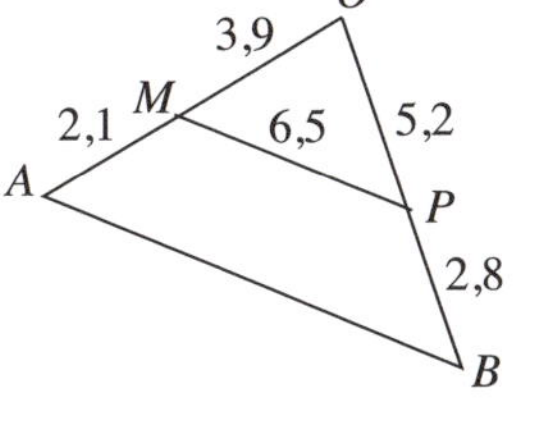

→ Corrigé p. 223

5 ★★★

Sur le dessin ci-dessous, les droites (AB) et (CD) sont parallèles, les points A, C, O et E sont alignés ainsi que les points B, D, O et F.

(On ne demande pas de faire le dessin.)

De plus, on donne les longueurs suivantes :

$CO = 3$ cm ; $AO = 3{,}5$ cm ; $OB = 4{,}9$ cm ; $CD = 1{,}8$ cm ; $OF = 2{,}8$ cm et $OE = 2$ cm.

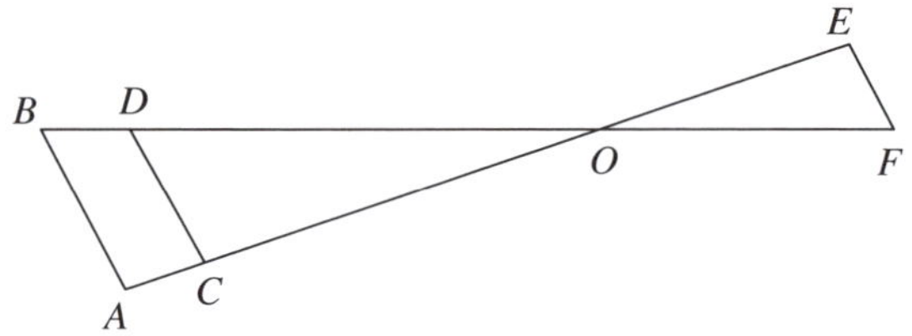

1° Calculer (en justifiant) OD et AB.

2° Prouver que les droites (EF) et (AB) sont parallèles.

→ Corrigé p. 224

Sujets du brevet

6 ★★★

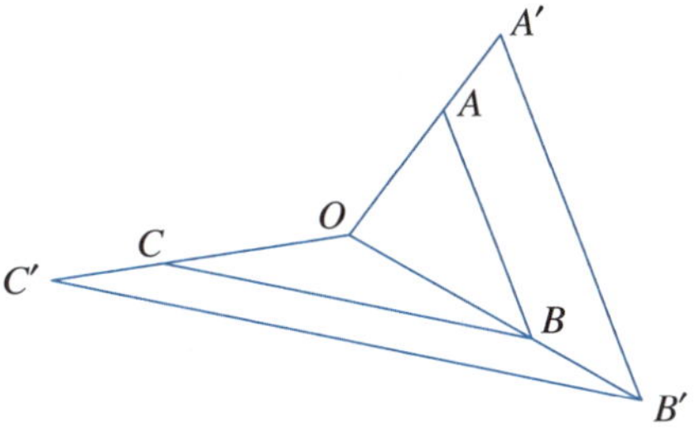

Les points O, A et A' sont alignés.
Les points O, B et B' sont alignés.
Les points O, C et C' sont alignés.
Sur le dessin ci-contre :
$(AB) // (A'B')$ et $(BC) // (B'C')$
$OB = 4$ cm ; $OB' = 5$ cm ;
$OA = 3$ cm ; $OC' = 6$ cm.

1° Calculer OC.

2° Calculer OA'. Démontrer que $(AC) // (A'C')$.

➔ Corrigé p. 224

7 ★★

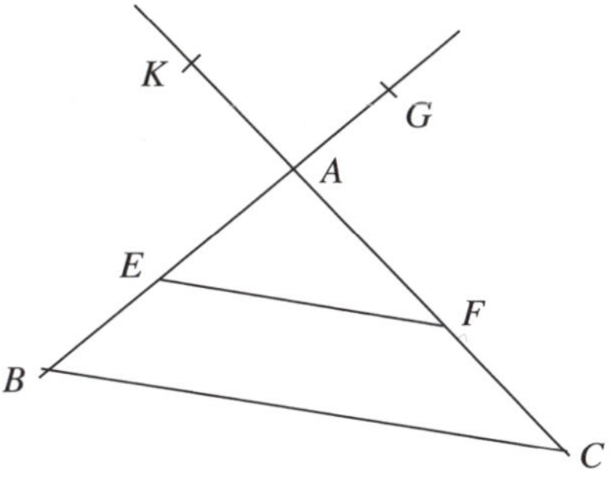

Sur la figure ci-contre :
- les points K, A, F, C sont alignés ;
- les points G, A, E, B sont alignés ;
- (EF) et (BC) sont parallèles ;
- $AB = 5$ et $AC = 6,5$;
- $AE = 3$ et $EF = 4,8$;
- $AK = 2,6$ et $AG = 2$.

1° Démontrer que $BC = 8$.

2° Les droites (KG) et (BC) sont-elles parallèles ? Justifier.

➔ Corrigé p. 225

8 ★★

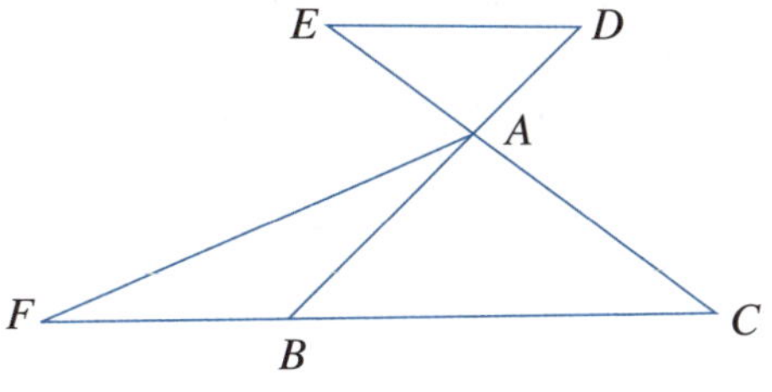

La figure ci-contre n'est pas réalisée en vraie grandeur.
L'unité de longueur est le centimètre.
On donne : $AB = 8$; $BC = 9$;
$AC = 6$; $AE = 4$.

1° Les droites (DE) et (BC) sont parallèles. Calculer AD. On donnera sa valeur exacte puis sa valeur arrondie au dixième de centimètre.

2° Soit F le point tel que C, B et F sont alignés dans cet ordre, avec $BF = 6$. Démontrer que les droites (EF) et (AB) sont parallèles.

➔ Corrigé p. 225

9 ★★

L'unité est le centimètre. Sur la figure ci-dessous, les longueurs ne sont pas respectées. On ne demande pas de reproduire la figure.

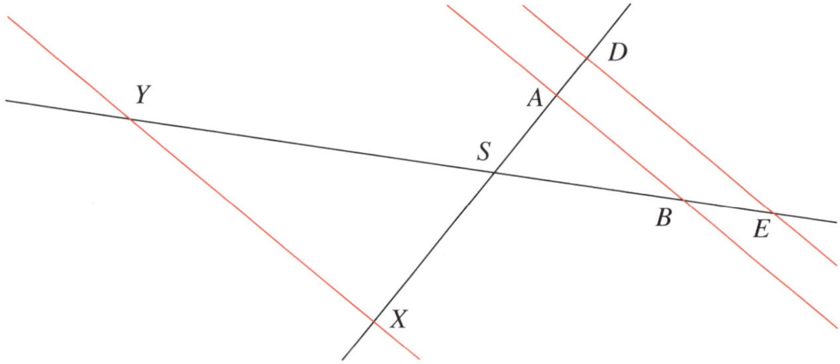

On sait que les points Y, S, B et E sont alignés dans cet ordre et que les points X, S, A et D sont alignés dans cet ordre. On sait également que :
$(YX) // (AB)$; $SA = 3$; $SB = 5$; $SX = 5$ et $AB = 4$.

1° Calculer YX en justifiant ; donner la valeur exacte, puis l'arrondir au millimètre.

2° On sait, de plus, que : $SD = 4,5$ et $SE = 7,5$.

Démontrer que les droites (DE) et (AB) sont parallèles.

➔ Corrigé p. 226

10 ★★

Une entreprise veut produire un nouveau modèle de desserte en bois. Pour cela, un employé propose le schéma d'une desserte en bois donné ci-contre.
Pour que la desserte soit jugée bonne et fabriquée par l'entreprise, les plateaux en bois symbolisés par les droites (AB) et (CD) doivent être parallèles.
L'entreprise produira-t-elle cette desserte ?

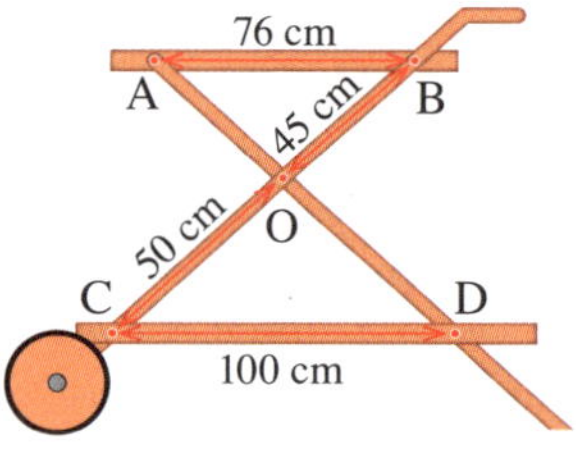

➔ Corrigé p. 226

1 → Énoncé p. 219 1° $\frac{3}{AE} = \frac{7}{5}$ donne $3 \times 5 = 7AE$, soit $\mathbf{\frac{15}{7} = AE}$.

2° $\frac{6}{5} = \frac{4}{AE}$ donne $6AE = 5 \times 4$, soit $AE = \frac{20}{6}$.

On a donc $\mathbf{AE = \frac{10}{3}}$.

> **Rappel**
> Règle des produits en croix
> $\frac{a}{b} = \frac{c}{d}$ donne $ad = bc$.

2 → Énoncé p. 219 Les droites (BB') et (PP') sont verticales donc parallèles.
OPP' est un triangle avec B sur (OP), B' sur (OP') et (BB') parallèle à (PP').
D'après le théorème de Thalès,
on a : $\frac{OB}{OP} = \frac{OB'}{OP'} = \frac{BB'}{PP'}$, soit $\frac{3}{48} = \frac{2}{PP'}$.
Par produits en croix, on a $3PP' = 2 \times 48$, soit $PP' = 96 \div 3$.
La hauteur PP' du phare est de 32 mètres.

> **Conseil**
> Écrire la totalité de la relation de Thalès, même si un rapport est ensuite inutile.

3 → Énoncé p. 219 ABC est un triangle avec P un point sur (AB) et R un point sur (AC).
On a : $\frac{AP}{AB} = \frac{7{,}5}{35} = \frac{15}{70} = \frac{5 \times 3}{5 \times 14} = \frac{3}{14}$ et $\frac{AR}{AC} = \frac{6}{28} = \frac{2 \times 3}{2 \times 14} = \frac{3}{14}$.
On constate que $\frac{AP}{AB} = \frac{AR}{AC}$.
De plus, l'ordre relatif des points A, P et B est le même que celui des points A, R et C.
D'après la réciproque du théorème de Thalès,
les droites (PR) et (BC) sont parallèles.

> **Méthode**
> Calculer séparément les rapports des côtés ayant le même support.

4 → Énoncé p. 219 1° OAB est un triangle avec M sur $[OA]$ et P sur $[OB]$.
On a donc $OA = OM + MA = 3{,}9 + 2{,}1 = 6$
et $OB = OP + PB = 5{,}2 + 2{,}8 = 8$.
On a aussi $\frac{OM}{OA} = \frac{3{,}9}{6} = 0{,}65$ et $\frac{OP}{OB} = \frac{5{,}2}{8} = 0{,}65$.
On constate que $\frac{OM}{OA} = \frac{OP}{OB}$.
L'ordre relatif de O, M et A est le même que celui de O, P et B.
D'après la réciproque du théorème de Thalès,
les droites (MP) et (AB) sont parallèles.

> **Piège à éviter**
> Ne pas prendre les côtés d'un trapèze, mais toujours ceux des triangles pour appliquer le théorème de Thalès ou sa réciproque.

2° ABO est un triangle avec M sur (OA), P sur (OB) et (MP) parallèle à (AB).
D'après le théorème de Thalès,
on a : $\frac{OM}{OA} = \frac{OP}{OB} = \frac{MP}{AB}$, soit $\frac{3{,}9}{6} = \frac{6{,}5}{AB}$.
Par produits en croix, on a $3{,}9AB = 6 \times 6{,}5$, soit $AB = 39 \div 3{,}9$.
On obtient $\mathbf{AB = 10}$.

5 → Énoncé p. 220 1° AOB est un triangle avec le point D sur (OB), le point C sur (OA) et la droite (DC) parallèle à la droite (BA).

D'après le théorème de Thalès,

on a : $\dfrac{OD}{OB} = \dfrac{OC}{OA} = \dfrac{DC}{BA}$, soit $\dfrac{OD}{4{,}9} = \dfrac{3}{3{,}5} = \dfrac{1{,}8}{AB}$.

> **Méthode**
> Une fois la double égalité des rapports de Thalès écrite, séparer en deux égalités pour déterminer les deux inconnues.

D'une part, on fait $OD = \dfrac{3}{3{,}5} \times 4{,}9$, soit $\boldsymbol{OD = 4{,}2}$ **cm**.

D'autre part, par produits en croix, on a $3 \times AB = 1{,}8 \times 3{,}5$.

On fait $AB = 6{,}3 \div 3$. **On a** $\boldsymbol{AB = 2{,}1}$ **cm.**

2° OAB est un triangle avec E un point sur (OA), F un point sur (OB).

On a : $\dfrac{OA}{OE} = \dfrac{3{,}5}{2} = 1{,}75$ et $\dfrac{OB}{OF} = \dfrac{4{,}9}{2{,}8} = 1{,}75$.

On constate que $\dfrac{OA}{OE} = \dfrac{OB}{OF}$.

De plus, l'ordre relatif des points A, O et E est le même que celui des points B, O et F.

D'après la réciproque du théorème de Thalès,

les droites (EF) et (AB) sont parallèles.

6 → Énoncé p. 221 1° OCB est un triangle avec le point C' sur (OC), le point B' sur (OB) et $(B'C')$ parallèle à (BC).

D'après le théorème de Thalès, on a :

$\dfrac{OC}{OC'} = \dfrac{OB}{OB'} = \dfrac{CB}{C'B'}$, soit $\dfrac{OC}{6} = \dfrac{4}{5}$.

> **Astuce**
> Refaire une figure au brouillon sans les points B et B' pour mieux voir les rapports permettant de prouver que (AC) et $(A'C')$ sont parallèles.

On fait $\dfrac{4}{5} \times 6$.

On a donc $\boldsymbol{OC = 4{,}8}$ **cm**.

2° OAB est un triangle avec le point A' sur (OA), le point B' sur (OB) et $(A'B')$ parallèle à (AB).

D'après le théorème de Thalès, on a :

$\dfrac{OA}{OA'} = \dfrac{OB}{OB'} = \dfrac{AB}{A'B'}$, soit $\dfrac{3}{OA'} = \dfrac{4}{5}$.

Par produits en croix, on a : $15 = 4OA'$, soit $15 \div 4 = OA'$.

On a donc $\boldsymbol{OA' = 3{,}75}$ **cm**.

OAC est un triangle avec le point A' sur (OA) et le point C' sur (OC).

D'une part, on a : $\dfrac{OA}{OA'} = \dfrac{OB}{OB'}$ et, d'autre part, on a : $\dfrac{OC}{OC'} = \dfrac{OB}{OB'}$.

On constate que $\dfrac{OA}{OA'} = \dfrac{OC}{OC'}$.

De plus, l'ordre relatif des points O, A et A' est le même que celui des points O, C et C'.
D'après la réciproque du théorème de Thalès,
les droites (AC) et $(A'C')$ sont parallèles.

7 → Énoncé p. 221 1° ABC est un triangle avec E sur (AB) et F sur (AC).
De plus, les droites (EF) et (BC) sont parallèles.
D'après le théorème de Thalès,
on a : $\frac{AE}{AB} = \frac{AF}{AC} = \frac{EF}{BC}$, ce qui donne $\frac{3}{5} = \frac{4,8}{BC}$.
Par produits en croix, on a : $3BC = 4,8 \times 5$ ou encore $BC = 24 \div 3$.
On a bien : $\mathbf{BC = 8}$.
2° ABC est un triangle avec G sur (AB) et K sur (AC).
On a : $\frac{AG}{AB} = \frac{2}{5} = 0,4$ et $\frac{AK}{AC} = \frac{2,6}{6,5} = 0,4$.
On constate que $\frac{AG}{AB} = \frac{AK}{AC} = 0,4$.
De plus, les points A, G et B sont dans le même ordre relatif que les points A, K et C.
D'après la réciproque du théorème de Thalès,
les droites (KG) et (BC) sont parallèles.

> **Conseil**
> Écrire la totalité de la relation de Thalès, même si un rapport est ensuite inutile.

8 → Énoncé p. 221 1° ABC est un triangle avec D sur (AB) et E sur (AC) et les droites (DE) et (BC) sont parallèles.
D'après le théorème de Thalès,
on a : $\frac{AD}{AB} = \frac{AE}{AC} = \frac{DE}{BC}$, ce qui donne $\frac{AD}{8} = \frac{4}{6}$.
On a donc $AD = \frac{2 \times 2}{2 \times 3} \times 8$.
On obtient $\mathbf{AD = \frac{16}{3}}$ **cm** en valeur exacte.
Sa valeur arrondie au dixième de centimètre est **5,3 cm**.
2° • Les points C, B et F sont alignés dans cet ordre,
donc on a : $CF = CB + BF = 9$ cm $+ 6$ cm $= 15$ cm.
• Les points C, A et E sont alignés dans cet ordre,
donc on a : $CE = CA + AE = 6$ cm $+ 4$ cm $= 10$ cm.
• ABC est un triangle avec E sur (AC) et F sur (BC).
On a : $\frac{CB}{CF} = \frac{9}{15} = 0,6$ et $\frac{CA}{CE} = \frac{6}{10} = 0,6$.

> **Astuce**
> Refaire une figure au brouillon sans le point D et sans le segment $[AF]$ pour mieux voir les rapports permettant de prouver que (EF) et (AB) sont parallèles.

On constate que $\frac{CB}{CF} = \frac{CA}{CE}$.
De plus, les points C, B et F sont alignés dans le même ordre relatif que les points C, A et E.
D'après la réciproque du théorème de Thalès,
les droites (EF) et (AB) sont parallèles.

9 → Énoncé p. 222 1° ABS est un triangle avec le point X sur (SA), le point Y sur (SB) et (XY) parallèle à (AB).
D'après le théorème de Thalès,
on a : $\frac{SX}{SA} = \frac{SY}{SB} = \frac{XY}{AB}$, soit $\frac{5}{3} = \frac{XY}{4}$.
On fait $\frac{5}{3} \times 4 = XY$.
On a donc $\boldsymbol{XY = \frac{20}{3}}$ **cm, soit environ 6,7 cm au millimètre près.**

> **Rappel**
> 1 mm = 0,1 cm donc arrondir une longueur en cm au millième, c'est écrire une valeur décimale avec une seule décimale.

2° SAB est un triangle avec le point D sur (SA) et le point E sur (SB).
On a : $\frac{SD}{SA} = \frac{4,5}{3} = 1,5$ et $\frac{SE}{SB} = \frac{7,5}{5} = 1,5$.
On constate que $\frac{SD}{SA} = \frac{SE}{SB}$.
De plus, l'ordre relatif des points S, D et A est le même que celui des points S, E et B.
D'après la réciproque du théorème de Thalès,
les droites (DE) et (AB) sont parallèles.

10 → Énoncé p. 222 Raisonnons par l'absurde en supposant que (AB) et (CD) soient parallèles.
On aurait alors AOB un triangle avec C sur (OB), D sur (OA) et (AB) et (CD) parallèles.
D'après le théorème de Thalès, on aurait $\frac{OA}{OD} = \frac{OB}{OC} = \frac{AB}{DC}$,
soit en particulier $\frac{OB}{OC} = \frac{AB}{DC}$,
c'est-à-dire $\frac{45}{50} = \frac{76}{100}$, ou encore 0,9 = 0,76 : ce qui est faux.
Les droites (AB) et (CD) ne sont pas parallèles, la desserte ne sera pas jugée bonne et **elle ne sera pas produite par l'entreprise**.

> **Méthode**
> On utilise un raisonnement par l'absurde pour prouver qu'un résultat est négatif (« n'est pas »).

CHAPITRE 19

Raisonnement par l'absurde

1. Raisonnement direct par déduction

Chaque étape d'une démonstration comporte 3 parties :

❶ Des connaissances :
– données de l'énoncé (texte ou codage des dessins) ;
– résultats des questions précédentes.

❷ Un outil : théorème ou définition dont la fin correspond à la réponse et dont le début doit correspondre à l'énoncé ou aux questions précédentes.
Remarque : Le théorème employé doit être cité, donc connu par cœur.

❸ Une conclusion : la réponse à la question.

2. Raisonnement par l'absurde

On utilise un raisonnement par l'absurde pour prouver qu'un résultat est négatif (.... n'est pas....).

La partie ❷ d'une démonstration directe devient :
– on suppose vrai le contraire du résultat souhaité ;
– avec cette supposition, on raisonne de manière classique jusqu'à aboutir à une contradiction ;
– on conclut que la supposition est fausse et que son contraire est donc vrai.

Exemple

Les nombres 48 et 21 sont-ils premiers entre eux ?

$48 = 2 \times 2 \times 2 \times 2 \times 3$ $21 = 3 \times 7$	← On décompose chaque nombre en produits de facteurs premiers.
S'ils étaient premiers entre eux, ils n'auraient pas d'élément commun dans leurs décompositions en produits de facteurs premiers. Or ils ont 3 comme facteur commun.	← On raisonne par l'absurde en supposant que 48 et 21 sont premiers entre eux et on cherche la contradiction.
Donc 48 et 21 ne sont pas premiers entre eux.	← On conclut.

Montrer qu'un quadrilatère n'est pas un parallélogramme

Énoncé **On donne la figure ci-contre avec $BA = 2{,}2$ cm et $DC = 2{,}3$ cm.**
Le quadrilatère $ABCD$ est-il un parallélogramme ?

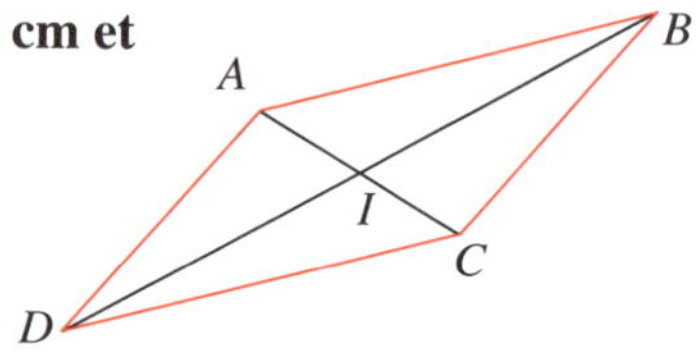

Corrigé pas à pas

On a $BA = 2{,}2$ cm et $DC = 2{,}3$ cm.
Dans le quadrilatère $ABCD$, les côtés opposés $[AB]$ et $[DC]$ n'ont pas la même longueur.

← On écrit les connaissances et on en déduit un résultat négatif : la conclusion sera donc négative.

On suppose que $ABCD$ soit un parallélogramme.
Si un quadrilatère est un parallélogramme, alors ses côtés opposés sont 2 à 2 de même longueur.
On aurait en particulier $BA = DC$, ce qui est faux.

← On raisonne par l'absurde en supposant que $ABCD$ soit un parallélogramme et on cherche une contradiction.

***ABCD* n'est pas un parallélogramme.**

← On conclut.

Montrer qu'un triangle n'est pas rectangle

Énoncé **Soit ABC un triangle tel que $AB = 5$, $AC = 8$ et $BC = 9$.**
Le triangle ABC est-il rectangle ? Justifier la réponse.

Corrigé pas à pas

Dans ABC, on a $BC^2 = 9^2 = 81$ et $AB^2 + AC^2 = 5^2 + 8^2 = 89$.

← On calcule séparément le carré du plus grand côté et la somme des deux autres carrés.

On constate que $BC^2 \neq AB^2 + AC^2$.

← On compare les résultats.

On suppose que ABC soit rectangle. $[BC]$ le plus grand côté serait l'hypoténuse. D'après le théorème de Pythagore, on aurait $BC^2 = AB^2 + AC^2$, ce qui est faux.

← On raisonne par l'absurde en identifiant l'hypoténuse et en essayant d'appliquer le théorème de Pythagore.

***ABC* n'est pas rectangle.**

← On conclut.

Montrer que deux droites sont sécantes

Énoncé **Soit ABC un triangle avec M un point sur (AB) et N un point sur (AC). On sait que : $AN = 5$; $AC = 8$; $AM = 3$ et $AB = 5$.**
Montrer que les droites (MN) et (BC) sont sécantes.

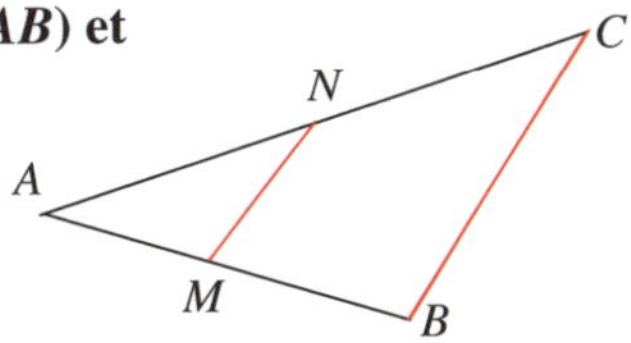

Corrigé pas à pas

ABC est un triangle avec M un point sur (AB) et N un point sur (AC).

← On précise le triangle employé et l'alignement des points.

On a : $\dfrac{AM}{AB} = \dfrac{3}{5}$ et $\dfrac{AN}{AC} = \dfrac{5}{8}$.

← On calcule séparément les rapports de Thalès des côtés « confondus ».

On constate que $\dfrac{AM}{AB} \neq \dfrac{AN}{AC}$.

← On compare les rapports.

On suppose avoir (BC) et (MN) parallèles.
D'après le théorème de Thalès,
on aurait $\dfrac{AM}{AB} = \dfrac{AN}{AC}$, ce qui est faux.

← On raisonne par l'absurde en supposant les droites parallèles et en essayant d'appliquer le théorème de Thalès.

Les droites (MN) et (BC) ne sont pas parallèles : les droites (MN) et (BC) sont sécantes.

← On conclut.

Pour bien débuter

1 ★

Montrer que les nombres 75 et 410 ne sont pas premiers entre eux. → Corrigé p. 232

2 ★★

1° Dans la figure ci-contre, que représente le point O pour le segment $[BD]$?

2° Le point O est-il le milieu du segment $[AC]$?

3° Le quadrilatère $ABCD$ est-il un parallélogramme ? Justifier la réponse.

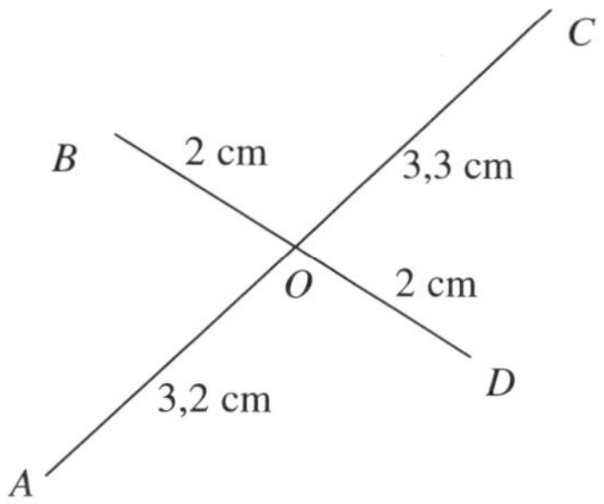

→ Corrigé p. 232

Pour s'entraîner

3 ★★

1° Décomposer en produits de facteurs premiers 5 676 et 2 795.

2° En utilisant le résultat de la question précédente, expliquer pourquoi la fraction $\frac{2\,795}{5\,676}$ n'est pas irréductible. → Corrigé p. 232

4 ★★

x est un nombre positif compris entre 0 et 10 ; les longueurs sont exprimées en cm.
On considère le triangle ABC représenté ci-contre.

1° Calculer AB et AC lorsque $x = 4$.

2° Lorsque $x = 4$, ABC est-il un triangle rectangle ? Justifier la réponse.

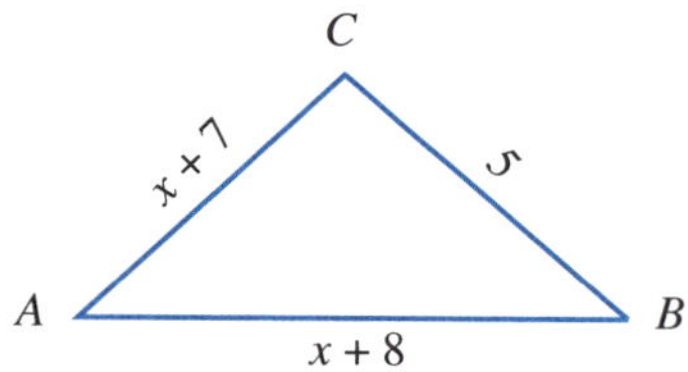

→ Corrigé p. 232

5 ★★

PRT est un triangle avec O un point sur $[PR]$ et E un point sur $[PT]$.
On sait que : $PO = 4$; $PR = 11$; $PE = 7$ et $PT = 18$.
Montrer que les droites (OE) et (RT) sont sécantes. → Corrigé p. 233

Sujets du brevet

6 ★★

ABC est un triangle tel que : $AB = 5$ cm, $AC = 10$ cm et $BC = 8$ cm.

1° Dessiner le triangle ABC ; placer le point E du segment $[AB]$ tel que $BE = 3$ cm ; tracer la parallèle à la droite (AC) passant par E ; elle coupe $[BC]$ en F.

2° Calculer les longueurs FE et BF.

3° Calculer la longueur FC.
Le triangle EFC est-il isocèle en F ?

→ Corrigé p. 233

7 ★

Pourquoi les nombres 648 et 972 ne sont-ils pas premiers entre eux ?

→ Corrigé p. 234

8 ★★

Sur la figure ci-contre :

- les points A, F, C sont alignés ;
- les points A, E, B sont alignés ;
- (EF) et (BC) sont parallèles ;
- $AB = 5$ et $AC = 6{,}5$;
- $AE = 3$ et $EF = 4{,}8$.

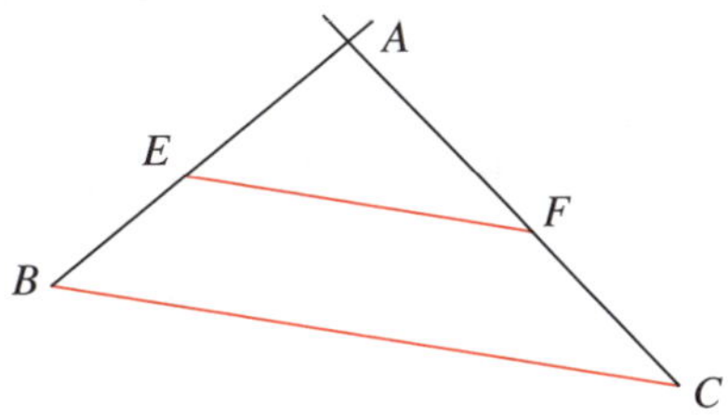

1° Démontrer que $BC = 8$.

2° Décrire la construction de la figure en vraie grandeur et réaliser cette construction.

3° Les droites (AC) et (AB) sont-elles perpendiculaires ? Justifier.

→ Corrigé p. 234

9 ★★

Indiquer si l'affirmation suivante est vraie ou fausse en argumentant la réponse : « Les droites (AB) et (CD) sont parallèles. »

→ Corrigé p. 235

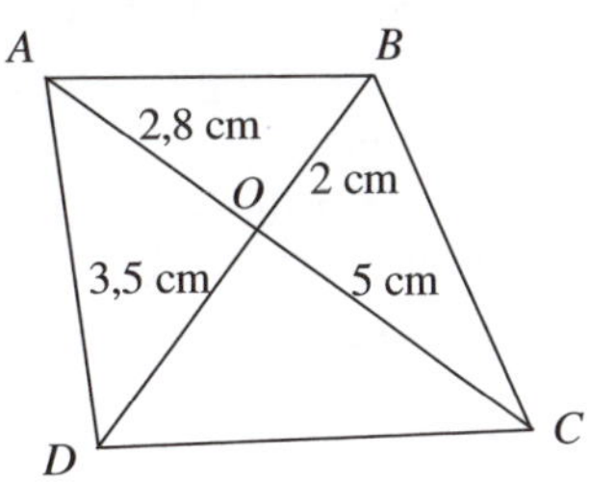

1 → *Énoncé p. 230* Les nombres 75 et 410 sont des multiples de 5, donc 5 est un diviseur commun à 75 et à 410.
On suppose que 75 et 410 soient premiers entre eux.
Ils n'auraient pas de facteurs commun dans leurs décomposition en facteurs premiers ce qui est faux.
Les nombres 75 et 410 ne sont pas premiers entre eux.

> **Astuce**
> Reconnaître un diviseur commun à 75 et à 410 autre que 1.

2 → *Énoncé p. 230* 1° Comme le point O est sur $[BD]$ avec $BO = OD = 2$ cm, **le point O est le milieu du segment $[BD]$.**
2° On a $OA \neq OC$.
Supposons que O soit le milieu de $[AC]$.
Par définition, on aurait : $OA = OC$,
ce qui est faux.
Le point O n'est pas le milieu du segment $[AC]$.

> **Rappel**
> Pour montrer qu'un résultat est négatif (… n'est pas …), on suppose le contraire de ce résultat et on prouve que la supposition serait absurde.

3° Supposons que le quadrilatère $ABCD$ soit un parallélogramme.
Si une figure est un parallélogramme, alors ses diagonales ont le même milieu. O le milieu de la diagonale $[BD]$ serait aussi le milieu de la diagonale $[AC]$, ce qui est faux.
Le quadrilatère $ABCD$ n'est pas un parallélogramme.

3 → *Énoncé p. 230* 1° On décompose chaque nombre en produit de facteurs premiers : **$5\,676 = 2 \times 2 \times 3 \times 11 \times 43$ et $2\,795 = 5 \times 13 \times 43$.**

2° La fraction $\dfrac{2\,795}{5\,676} = \dfrac{2 \times 2 \times 3 \times 11 \times 43}{3 \times 13 \times 43} = \dfrac{132}{39}$.
Elle n'est donc pas irréductible.

4 → *Énoncé p. 230* 1° Lorsque $x = 4$, on a $AC = 4 + 7 = \mathbf{11}$ et $AB = 4 + 8 = \mathbf{12}$.
2° On a $AB^2 = 12^2 = 144$ et $AC^2 + BC^2 = 11^2 + 5^2 = 146$.
On constate que $AB^2 \neq AC^2 + BC^2$. Supposons que $[ABC]$ soit rectangle. Le plus grand côté AB serait l'hypoténuse.
D'après le théorème de Pythagore, on aurait $AB^2 = AC^2 + BC^2$: ce qui est faux.
Le triangle ABC n'est pas rectangle pour $x = 4$.

> **Méthode**
> Pour $x = 4$, calculer le carré du plus grand côté et le comparer avec la somme des carrés des deux autres côtés.

5 → *Énoncé p. 230* PRT est un triangle avec O un point sur $[PR]$ et E un point sur $[PT]$.

On a : $\frac{PO}{PR} = \frac{4}{11}$ et $\frac{PE}{PT} = \frac{7}{18}$.

On constate que $\frac{PO}{PR} \neq \frac{PE}{PT}$.

On suppose avoir (OE) et (RT) parallèles.

D'après le théorème de Thalès, on aurait $\frac{PO}{PR} = \frac{PE}{PT}$, ce qui est faux.

Les droites (OE) et (RT) ne sont pas parallèles : **les droites (OE) et (RT) sont sécantes.**

> **Conseil**
> Pour montrer que des droites sont sécantes, on peut supposer le contraire qui est « les droites sont parallèles » et montrer que c'est impossible.

6 → *Énoncé p. 231* 1°

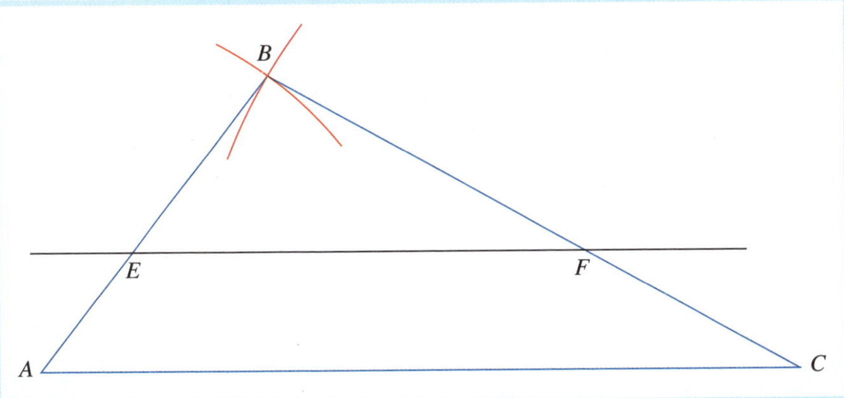

2° ABC est un triangle avec le point E sur $[AB]$, le point F sur $[BC]$ et la droite (EF) parallèle à la droite (AC).

D'après le théorème de Thalès, on a : $\frac{BE}{BA} = \frac{BF}{BC} = \frac{EF}{AC}$, soit $\frac{3}{5} = \frac{BF}{8} = \frac{EF}{10}$.

D'une part, on fait $0{,}6 \times 10 = EF$, soit $\boldsymbol{EF = 6}$ **cm**.

D'autre part, on fait $0{,}6 \times 8 = BF$, soit $\boldsymbol{BF = 4{,}8}$ **cm**.

3° Comme F est sur $[BC]$, on a :

$FC = BC - BF = 8 - 4{,}8$. On a $\boldsymbol{FC = 3{,}2}$ **cm**.

Supposons que EFC soit isocèle en F ; par définition, on aurait $EF = FC$, soit $3{,}2 = 6$: ce qui est faux.

***EFC* n'est pas isocèle en *F*.**

> **Rappel**
> Un triangle isocèle est un triangle qui possède deux côtés de la même longueur.

7 → *Énoncé p. 231* Les nombres 648 et 972 sont des multiples de 2, donc 2 est un diviseur commun à 648 et à 972.
On suppose que 648 et 972 sont premiers entre eux.
Ils n'auraient alors pas de facteurs communs dans leurs décompositions en facteurs premiers ce qui est faux.
Les nombres 648 et 972 ne sont pas premiers entre eux.

> **Astuce**
> Des nombres premiers entre eux ne peuvent pas avoir un diviseur commun autre que 1.

8 → *Énoncé p. 231* 1° ABC est un triangle avec E sur (AB) et F sur (AC).
De plus, les droites (EF) et (BC) sont parallèles.
D'après le théorème de Thalès, on a : $\frac{AE}{AB} = \frac{AF}{AC} = \frac{EF}{BC}$, ce qui donne $\frac{3}{5} = \frac{4,8}{BC}$.
Par produits en croix, on a $3BC = 4,8 \times 5$ ou encore $BC = 24 \div 3$.
On a bien : $\boldsymbol{BC = 8}$.
2° On trace un segment $[BC]$ de longueur 8 cm.
Un arc de cercle de centre B et de rayon 5 cm et un arc de cercle de centre C et de rayon 6,5 cm se coupent en un point A. On trace les demi-droites $[BA)$ et $[CA)$.
Sur le segment $[BA]$, on place le point E tel que $AE = 3$ cm.
On trace la droite parallèle à (BC) qui passe par E ; elle coupe (AC) en F.

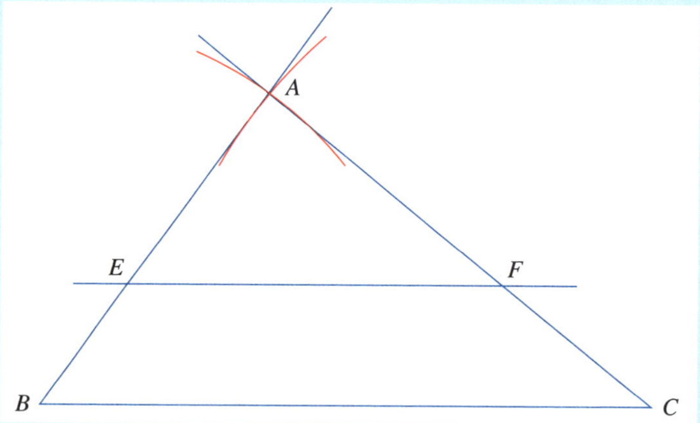

3° Dans le triangle ABC, on a : $BC^2 = 8^2 = 64$ et $BA^2 + AC^2 = 5^2 + 6,5^2 = 67,25$.
On constate que $BC^2 \neq BA^2 + AC^2$.
On raisonne par l'absurde en supposant que ABC soit rectangle.
$[BC]$, le plus grand côté, serait l'hypoténuse.
D'après le théorème de Pythagore, on aurait

$BC^2 = BA^2 + AC^2$, ce qui est faux. Le triangle ABC n'est pas rectangle.
Les droites (AC) et (AB) ne sont pas perpendiculaires.

Conseil
Montrer que des droites sont perpendiculaires, c'est montrer qu'on a un triangle rectangle au point d'intersection des droites.

9 → *Énoncé p. 231* AOB est un triangle avec C un point sur (OA) et D un point sur (OB).
Supposons que les droites (AB) et (CD) soient parallèles.

D'après le théorème de Thalès, on aurait $\frac{OA}{OC} = \frac{OB}{OD} = \frac{AB}{DC}$.

Or, on a $\frac{OA}{OC} = \frac{2,8}{5} = 0,56$ et $\frac{OB}{OD} = \frac{2}{3,5} \approx 0,57$.

On a donc $\frac{OA}{OC} \neq \frac{OB}{OD}$, ce qui est absurde.

La supposition est fausse : les droites (AB) et (CD) ne sont pas parallèles.
L'affirmation est fausse.

Astuce
Pour montrer que deux nombres sont différents, on peut comparer des valeurs approchées de ces deux nombres.

CHAPITRE 20

Triangles et angles

1. Trigonométrie

Soit un triangle ABC rectangle en A.

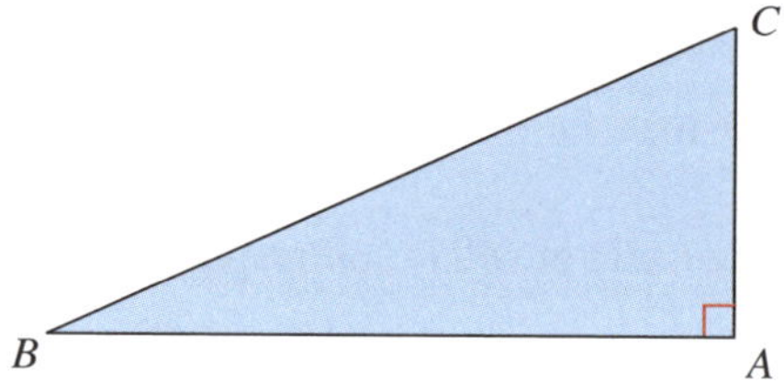

Dans le triangle ABC rectangle en A, on a :

$$\cos(\widehat{ABC}) = \frac{\text{côté adjacent à } \widehat{B}}{\text{hypoténuse}} = \frac{AB}{BC}\ ;$$

$$\sin(\widehat{ABC}) = \frac{\text{côté opposé à } \widehat{B}}{\text{hypoténuse}} = \frac{AC}{BC}\ ;$$

$$\tan(\widehat{ABC}) = \frac{\text{côté opposé à } \widehat{B}}{\text{côté adjacent à } \widehat{B}} = \frac{AC}{AB}.$$

Exemple

Soit *IJK* un triangle rectangle en *K*.
Exprimer $\sin(\widehat{I})$ à l'aide des côtés du triangle *IJK*.

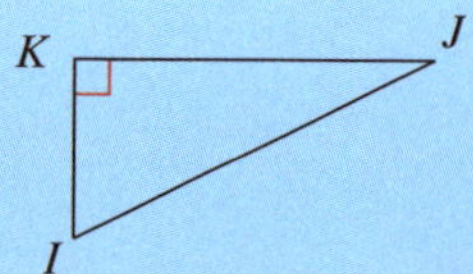

On a $\sin(\widehat{I}) = \dfrac{\text{côté oppposé à } \widehat{I}}{\text{hypoténuse}}$.	← On écrit la définition du sinus de l'angle $\widehat{I}$.
Le côté opposé à $\widehat{I}$ est $[KJ]$. L'hypoténuse de IJK est $[IJ]$.	← On identifie les côtés du triangle qui figurent dans la définition de $\sin(\widehat{I})$.
On a donc $\mathbf{\sin(\widehat{I}) = \dfrac{KJ}{IJ}}$.	← On conclut.

2. Déterminer la mesure d'un angle

- Pour déterminer x dans l'équation $\cos(x) = a$, $0 < a < 1$, on fait :

$$x = \cos^{-1}(a)$$

- Pour déterminer x dans l'équation $\sin(x) = a$, $0 < a < 1$, on fait :

$$x = \sin^{-1}(a)$$

- Pour déterminer x dans l'équation $\tan(x) = a$, $0 < a$, on fait :

$$x = \tan^{-1}(a)$$

Remarque : Sur certaines calculatrices, ces fonctions sont notées *acs*, *asn* et *atn*.

Exemple

ABC est un triangle rectangle en A tel que : $AC = 3$ et $BC = 6$.

Calculer $\cos(\widehat{ACB})$; en déduire la mesure en degrés de l'angle $\widehat{ACB}$.

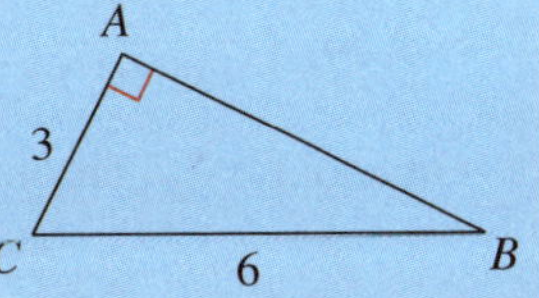

Dans ABC rectangle en A, on a : $\cos(\widehat{ACB}) = \dfrac{\text{côté adjacent à } C}{\text{hypoténuse}} = \dfrac{AC}{BC}$.	← En précisant le triangle employé, on écrit la définition du cosinus.
On a $\cos(\widehat{ACB}) = \dfrac{3}{6}$.	← On remplace par les valeurs numériques.
On a $\widehat{ACB} = \cos^{-1}(0,5)$,	← On transforme l'équation.
soit $\widehat{ACB}$ **= 60°**.	← On conclut.

3. Angles dans un triangle

Triangles égaux : deux triangles sont dits égaux si leurs côtés ont les mêmes longueurs.

Triangles semblables : deux triangles sont dits semblables s'ils ont les mêmes angles.

Propriété : Si deux triangles ont leurs côtés proportionnels, alors ils sont semblables.

Propriété : Dans un triangle, la somme des angles est de 180°.

Calculer une longueur avec une relation trigonométrique

Énoncé **Dans la figure ci-dessus, on a $KJ = 2{,}5$ cm et $\widehat{I} = 60°$.**
À l'aide de la tangente, déterminer KI. On arrondira au dixième.

Corrigé pas à pas

On a $\tan(\widehat{I}) = \dfrac{\text{côté oppposé à } \widehat{I}}{\text{côté adjacent à } \widehat{I}} = \dfrac{KJ}{KI}$. ← On écrit la définition de la tangente de l'angle $\widehat{I}$ à l'aide de lettres.

D'où : $\tan(60°) = \dfrac{2{,}5}{KI}$. ← On remplace par les valeurs numériques.

On a $\tan(60°) \times KI = 2{,}5$, ← On résout l'équation.
soit $KI = \dfrac{2{,}5}{\tan(60°)}$.

On a : **KI = 1,4 cm au dixième près.** ← On conclut.

Déterminer un angle avec une relation trigonométrique

Énoncé **Déterminer une mesure de l'angle $\hat{a}$ dans chacune des équations :**
a) **$\tan(\hat{a}) = 2$;**
b) **$\sin(\hat{a}) = 0{,}5$.**
Si nécessaire, on arrondira au dixième.

Corrigé pas à pas

a) On a $\tan(\hat{a}) = 2$, ← On écrit l'équation
soit $\hat{a} = \tan^{-1}(2)$. ← On transforme l'équation.
On a : $\hat{a}$ = 63,4° au dixième près. ← On conclut.
b) On a $\sin(\hat{a}) = 0{,}5$, ← On écrit l'équation.
soit $\hat{a} = \sin^{-1}(0{,}5)$. ← On transforme l'équation.
On a : $\hat{a}$ = 30°. ← On conclut.

Pour bien débuter

1 ★

NOP est un triangle rectangle en *P*.

1° *a*) Quelle est l'hypoténuse du triangle *NOP* ?
b) Quel est le côté opposé à $\widehat{NOP}$? Quel est le côté adjacent à $\widehat{NOP}$?

2° Écrire $\cos(\widehat{NOP})$, $\sin(\widehat{NOP})$ et $\tan(\widehat{NOP})$ à l'aide des longueurs des côtés de *NOP*.

→ Corrigé p. 243

2 ★★

Déterminer la valeur de *x* au degré près dans chacune des équations :

1° $\cos(x) = 0{,}4$; 2° $\sin(x) = \frac{2}{3}$; 3° $\tan(x) = 1{,}5$.

→ Corrigé p. 243

Pour s'entraîner

3 ★★

1° Construire un triangle *ABC* sachant qu'il est rectangle en *B* et que $AB = 5$ cm et $\widehat{BAC} = 60°$.

2° Calculer *AC*.

→ Corrigé p. 243

4 ★★

Les triangles *ABC* et *FGH* sont-ils semblables ?

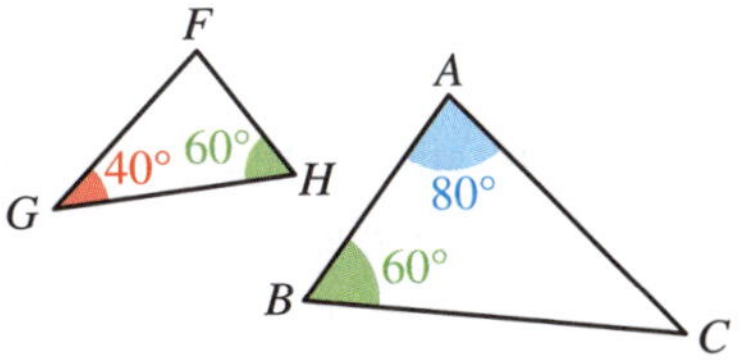

→ Corrigé p. 244

5 ★★★

[*AH*] est la hauteur issue du sommet *A* d'un triangle *ABC*.
(Sur le dessin, les dimensions indiquées ne sont pas respectées.)

1° Calculer la mesure de l'angle $\widehat{BAH}$.
On donnera une valeur arrondie au degré près.

2° Calculer la longueur *HC*.
On donnera une valeur arrondie au millimètre.

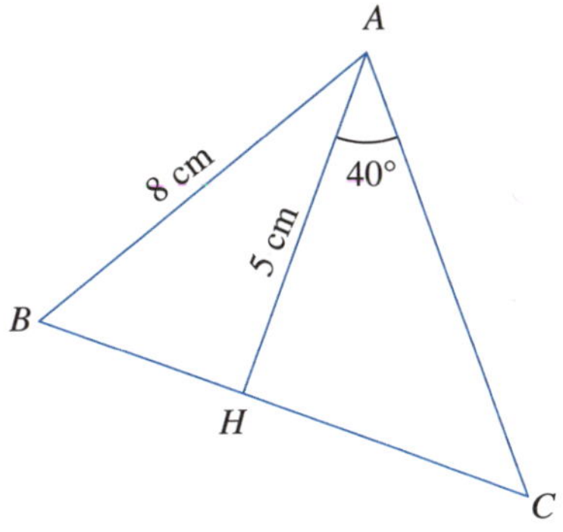

→ Corrigé p. 244

Sujets du brevet

6 ★★

L'unité de longueur est le mètre. On donne un triangle ABC tel que :
$AB = 7{,}8$, $AC = 7{,}2$ et $BC = 3$.

1° Démontrer que le triangle ABC est rectangle en C.

2° *a)* Calculer la tangente de l'angle $\widehat{CAB}$. On donnera le résultat au millième près.
b) En déduire une valeur approchée de l'angle $\widehat{CAB}$ au degré près.

➔ Corrigé p. 244

7 ★★

Soit un triangle ADE tel que : $AD = 6{,}6$ cm, $DE = 8{,}8$ cm et $AE = 11$ cm.
Sur la figure ci-dessous, les dimensions ne sont pas respectées ; on ne demande pas de reproduire la figure.

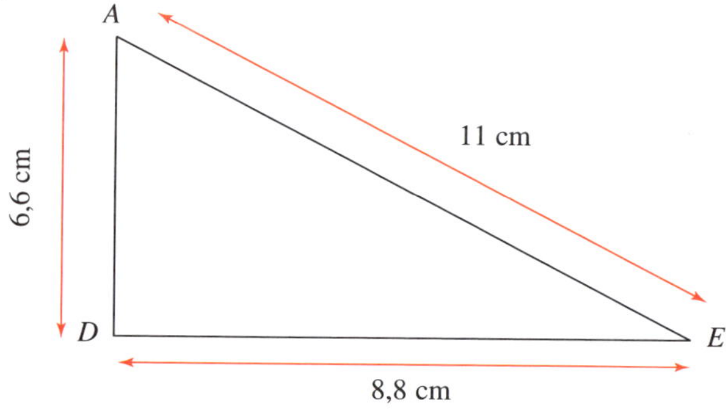

1° Montrer que le triangle ADE est rectangle.

2° Calculer la valeur, arrondie au degré, de l'angle $\widehat{DEA}$.

➔ Corrigé p. 245

8 ★★

Une barque traverse une rivière en partant d'un point A d'une rive pour arriver en un point B sur l'autre rive.

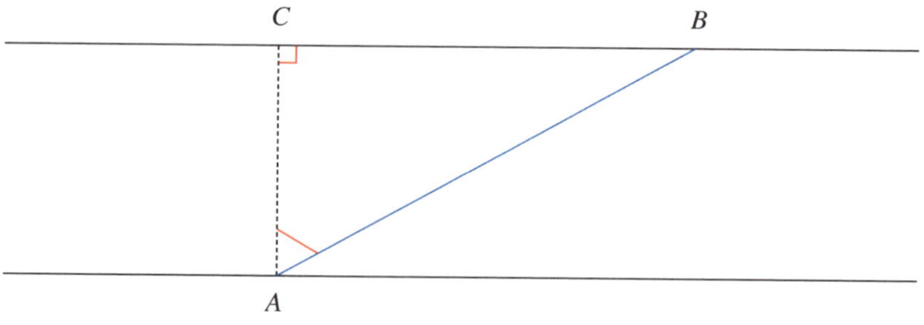

On suppose que :
- ABC est rectangle en C ;
- mesure $\widehat{BAC} = \alpha$.

La traversée de A vers B s'effectue à la vitesse constante de 3 m/s et dure 50 s.

1° Montrer que la distance parcourue AB est de 150 m.

2° Sachant que $\alpha = 60°$, calculer la largeur AC de la rivière.

→ Corrigé p. 245

9 ★★★

On dispose d'un séjour rectangulaire dans lequel on veut réaliser un petit cagibi triangulaire. Pour cela, on veut installer une cloison.
Voici ci-dessous une représentation de la pièce.

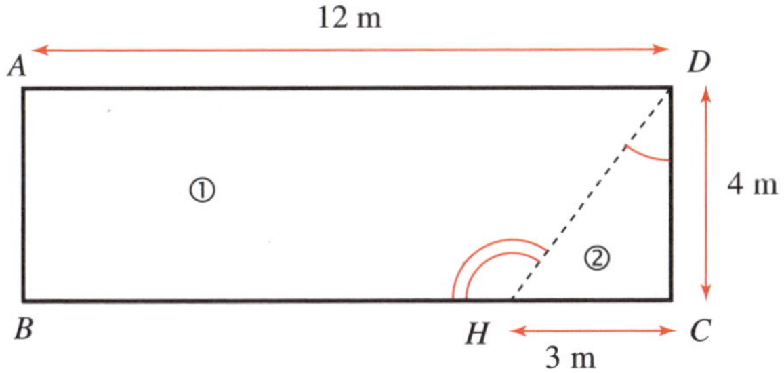

La partie ② est le cagibi et la partie ① représente le séjour après la création du cagibi. La cloison a été dessinée en pointillés.

1° Quelle est la longueur de la cloison (en pointillés) ?

2° Calculer la valeur (à 1° près) de l'angle $\widehat{HDC}$.

3° Calculer la valeur (à 1° près) de l'angle $\widehat{DHB}$.

→ Corrigé p. 245

10 ★★★

La figure ci-contre n'est pas représentée en vraie grandeur.
Les points C, B et E sont alignés.
Le triangle ABC est rectangle en A.
Le triangle BDC est rectangle en B.

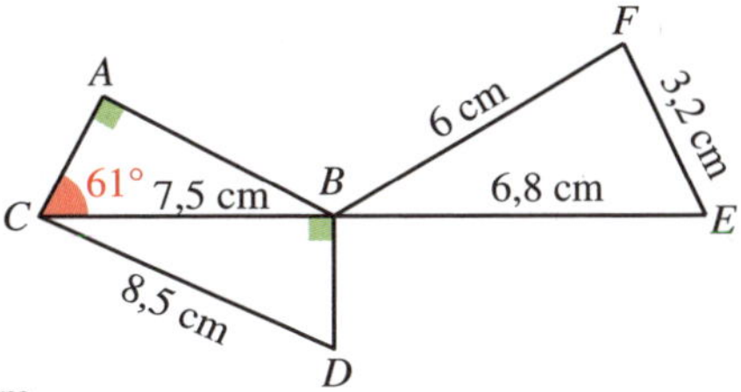

1° Montrer que la longueur BD est égale à 4 cm.

2° Montrer que les triangles CBD et BFE sont semblables.

3° Sophie affirme que l'angle $\widehat{BFE}$ est un angle droit. A-t-elle raison?

4° Max affirme que l'angle $\widehat{ACD}$ est un angle droit. A-t-il raison?

→ Corrigé p. 246

11 ★★

Sur le schéma ci-dessous, la terrasse est représentée par le segment [DN], elle est horizontale et mesure 4 mètres de longueur. Elle est construite au-dessus d'un terrain en pente qui est représenté par le segment [DP] de longueur 4,20 m. Pour cela, il a fallu construire un mur vertical représenté par le segment [NP].

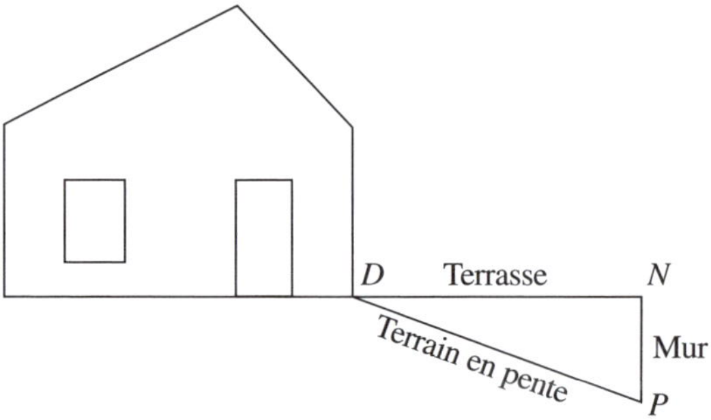

1° Quelle est la hauteur du mur ? Justifier. Donner l'arrondi au cm près.

2° Calculer l'angle $\widehat{NDP}$ compris entre la terrasse et le terrain en pente. (Donner l'arrondi au degré près.)

→ Corrigé p. 247

1 → *Énoncé p. 239* 1° *a*) NOP est un triangle rectangle en P. **L'hypoténuse est [*NO*].**

b) Le côté opposé à $\widehat{NOP}$ est **[*NP*]** et le côté adjacent à $\widehat{NOP}$ est **[*OP*]**.

2° On a : $\cos(\widehat{NOP}) = \dfrac{\text{côté adjacent à } \widehat{O}}{\text{hypoténuse}} = \dfrac{OP}{NO}$;

$\sin(\widehat{NOP}) = \dfrac{\text{côté opposé à } \widehat{O}}{\text{hypoténuse}} = \dfrac{NP}{NO}$;

$\tan(\widehat{NOP}) = \dfrac{\text{côté opposé à } \widehat{O}}{\text{côté adjacent à } \widehat{O}} = \dfrac{NP}{OP}$.

> **Piège à éviter**
> Chacun des côtés de l'angle droit d'un triangle rectangle peut être côté adjacent ou côté opposé selon l'angle aigu considéré.

2 → *Énoncé p. 239* 1° $\cos(x) = 0{,}4$ donne $x = \cos^{-1}(0{,}4)$, soit $\boldsymbol{x = 66°}$ au degré près ;

2° $\sin(x) = \dfrac{2}{3}$ donne $x = \sin^{-1}\left(\dfrac{2}{3}\right)$, soit $\boldsymbol{x = 42°}$ au degré près ;

3° $\tan(x) = 1{,}5$ donne $x = \tan^{-1}(1{,}5)$, soit $\boldsymbol{x = 56°}$ au degré près.

> **Conseil**
> Vérifier que la calculatrice est en mode degré avant de faire un calcul de trigonométrie.

3 → *Énoncé p. 239* 1°

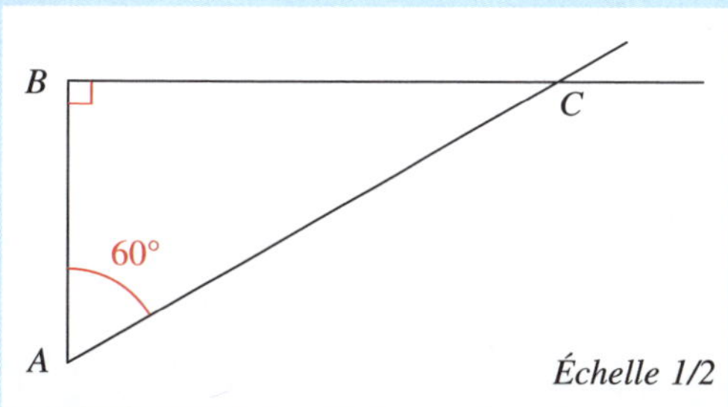

> **Méthode**
> Pour déterminer la relation trigonométrique à employer, identifier ce que les côtés connus ou recherchés représentent dans le triangle rectangle vis-à-vis de l'angle employé.

2° Dans le triangle ABC rectangle en B,

on a : $\cos(\widehat{BAC}) = \dfrac{\text{côté adjacent à } \widehat{A}}{\text{hypoténuse}} = \dfrac{AB}{AC}$, soit $\cos(60°) = \dfrac{5}{AC}$

ou encore $\dfrac{1}{2} = \dfrac{5}{AC}$. Par produits en croix, on a $1 \times AC = 2 \times 5$.

On a : $\boldsymbol{AC = 10}$ **cm.**

4 → Énoncé p. 239 Calculons la mesure de l'angle $\widehat{F}$.
On sait que la somme des angles est de 180° dans un triangle,
donc pour FGH on a donc : $\widehat{F} + \widehat{G} + \widehat{H} = 180$ d'où : $\widehat{F} + 40 + 60 = 180$
et donc $\widehat{F} = 180 - 100 = 80°$.
Par le même raisonnement dans ABC on a :
$80 + 60 + \widehat{C} = 18$ d'où $\widehat{C} = 180 - 140 = 40°$.
On constate que les angles des deux triangles sont égaux, **les triangles sont donc semblables.**

5 → Énoncé p. 239 1° Dans le triangle *BAH* rectangle en *H*, on a :

$$\cos(\widehat{BAH}) = \frac{\text{côté adjacent à } \widehat{A}}{\text{hypoténuse}} = \frac{AH}{AB} = \frac{5}{8} = 0{,}625.$$

> **Astuce**
> Par définition de hauteur, on a des triangles rectangles.

On a donc : $\widehat{BAH} = \cos^{-1}(0{,}625)$, soit $\boldsymbol{\widehat{BAH} = 51°}$ **arrondi au degré près.**
2° Dans le triangle *CAH* rectangle en *H*, on a :

$$\tan(\widehat{CAH}) = \frac{\text{côté opposé à } \widehat{A}}{\text{côté adjacent à } \widehat{A}} = \frac{HC}{AH}, \text{ soit } \tan(40°) = \frac{HC}{5}.$$

On fait $\tan(40°) \times 5 = HC$,
d'où ***HC* = 4,2 cm, valeur arrondie au millimètre.**

6 → Énoncé p. 240 1° Dans le triangle *ABC*, on a : $AB^2 = 7{,}8^2 = 60{,}84$
et $AC^2 + BC^2 = 7{,}2^2 + 3^2 = 60{,}84$.
On constate que $AB^2 = AC^2 + BC^2$.
D'après la réciproque du théorème de Pythagore,
le triangle *ABC* est rectangle en *C*.
2° *a*) Dans le triangle *ABC* rectangle en *C*, on a :

$$\tan(\widehat{CAB}) = \frac{\text{côté opposé à } \widehat{A}}{\text{côté adjacent à } \widehat{A}} = \frac{BC}{AC};$$

soit $\tan(\widehat{CAB}) = \dfrac{3}{7{,}2}$.

> **Piège à éviter**
> Vérifier que la calculatrice est en mode degré.

On a : $\boldsymbol{\tan(\widehat{CAB}) = 0{,}417}$, **au millième près.**
b) On a donc $\widehat{CAB} = \tan^{-1}(0{,}417)$, soit $\boldsymbol{\widehat{CAB} = 23°}$ **au degré près.**

7 → Énoncé p. 240 1° Dans ADE, on a $AD^2 + DE^2 = 6{,}6^2 + 8{,}8^2 = 121$ et $AE^2 = 11^2 = 121$.
On constate que $AD^2 + DE^2 = AE^2$.
D'après la réciproque du théorème de Pythagore, **le triangle *ADE* est rectangle en *D*.**

2° Dans ADE rectangle en D,

on a $\tan(\widehat{DEA}) = \dfrac{\text{côté opposé à } \widehat{E}}{\text{côté adjacent à } \widehat{E}} = \dfrac{AD}{DE} = \dfrac{6{,}6}{8{,}8}$.

On fait $(\widehat{DEA}) = \tan^{-1}\left(\dfrac{6{,}6}{8{,}8}\right)$.

On a $\widehat{DEA} = 37°$ arrondi au degré près.

> **Astuce**
> Connaissant les trois longueurs dans le triangle, on peut utiliser cosinus, sinus ou tangente.

8 → Énoncé p. 240 1° En utilisant la formule $d = v \times t$ avec $v = 3$ m/s et $t = 50$ s, on a : $d = 3 \times 50 = 150$.
La distance parcourue AB est de 150 mètres.

2° Le triangle ABC est rectangle en C.

On a $\cos(\widehat{BAC}) = \dfrac{\text{côté adjacent à } \widehat{A}}{\text{hypoténuse}} = \dfrac{AC}{AB}$,

soit $\cos(60°) = \dfrac{AC}{150}$.

On fait $150 \times \cos(60°) = AC$, donc $75 = AC$.

La largeur *AC* de la rivière est de 75 mètres.

> **Rappel**
> On a : distance = vitesse × temps.

9 → Énoncé p. 241 1° $ABCD$ est un rectangle donc l'angle $\widehat{DCH}$ est droit.
Dans HCD rectangle en C, d'après le théorème de Pythagore,
on a : $HD^2 = HC^2 + CD^2$; soit $HD^2 = 3^2 + 4^2$.
On fait $HD = \sqrt{25}$ car c'est une longueur.

La longueur de la cloison est 5 m.

2° Dans DCH rectangle en C, on a :

$\tan(\widehat{HDC}) = \dfrac{\text{côté opposé à } \widehat{D}}{\text{côté adjacent à } \widehat{D}} = \dfrac{HC}{DC} = \dfrac{3}{4} = 0{,}75$.

On a : $\widehat{HDC} = \tan^{-1}(0{,}75)$; soit **$\widehat{HDC} = 37°$ à 1° près.**

Remarque : On peut aussi utiliser le cosinus ou le sinus, mais il est préférable d'utiliser la tangente car cela ne fait pas intervenir le résultat de la question 1°.

3° Dans le triangle DHC, la somme des trois angles vaut 180°.

On a :

$\widehat{DHC} = 180° - \widehat{HCD} - \widehat{HDC} = 180° - 90° - 37°$
$= 53°$;

H est sur $[BC]$, donc les angles $\widehat{DHB}$ et $\widehat{DHC}$ sont supplémentaires.

$\widehat{DHB} = 180° - \widehat{DHC} = 180° - 53° = 127°$. **On a : $\widehat{DHB} = 127°$ (à 1° près).**

> **Rappel**
> Dans un triangle, la somme des trois angles vaut 180° et un angle plat vaut aussi 180°.

10 → Énoncé p. 241 1° Le triangle BCD est rectangle en B, donc d'après le théorème de Pythagore, on a :

$CD^2 = BC^2 + BD^2$

$8{,}5^2 = 7{,}5^2 + BD^2$

donc $BD^2 = 72{,}25 - 56{,}25 = 16$

et donc $BD = \sqrt{16} = 4$ cm.

> **Astuce**
> Pour calculer une longueur dans un triangle rectangle quand on en connaît déjà deux, il faut utiliser le théorème de Pythagore.

2° Si les triangles étaient semblables, leurs côtés seraient proportionnels.

On regarde les rapports des longueurs :

$8{,}5 \div 6{,}8 = 1{,}25$; $5 \div 6 = 1{,}25$ et $4 \div 3{,}2 = 1{,}25$.

Les longueurs des côtés des triangles CBD et BFE sont donc proportionnels

Donc les triangles *CBD* et *BFE* sont semblables.

> **Astuce**
> Pour vérifier si les côtés sont proportionnels bien les classer par ordre croissant avant.

3° Les triangles CBD et BFE étant semblables, ils ont les mêmes angles et donc l'angle $\widehat{BFE}$ est de même mesure que l'angle $\widehat{CBD}$ c'est-à-dire un angle droit. **L'affirmation de Sophie est donc correcte.**

4° Dans le triangle BCD rectangle en B, on a $[BC]$ qui est le côté adjacent à $\widehat{DCB}$ et $[BD]$ qui est le côté opposé à $\widehat{DCB}$.

On a donc : $\tan(\widehat{DCB}) = \dfrac{BD}{BC} = \dfrac{4}{7{,}5} \approx 0{,}533$

et donc $\widehat{DCB} \approx 28{,}1°$.

> **Rappel**
> Pour calculer un angle on utilise la trigonométrie.

Ainsi l'angle $\widehat{ACD} = \widehat{ACB} + \widehat{BCD} \approx 89{,}1°$ et n'est donc pas un angle droit.

Max n'a donc pas raison.

11 → *Énoncé p. 242* 1° Dans le triangle *DNP* rectangle en *N*, d'après le théorème de Pythagore, on a $DP^2 = DN^2 + NP^2$, soit $4{,}2^2 = 4^2 + NP^2$.
On fait $4{,}2^2 - 4^2 = NP^2$, puis $\sqrt{1{,}64} = NP$, car *NP* est une longueur.
On obtient $NP \approx 1{,}28$.
La hauteur du mur est 1,28 m au cm près.
2° Dans le triangle *DNP* rectangle en *N*,
on a $\cos(\widehat{NDP}) = \dfrac{\text{côté adjacent à } D}{\text{hypoténuse}} = \dfrac{4}{4{,}2}$.
On fait $\widehat{NDP} = \cos^{-1}\left(\dfrac{4}{4{,}2}\right)$.
L'angle $\widehat{NDP}$ mesure 18° au degré près.

Piège à éviter
Ne pas utiliser la valeur approchée de *NP*, mais les valeurs exactes de l'énoncé.

Algorithmique et programmation

CHAPITRE 21

Algorithmique

1. Définition

Un algorithme est une suite d'instructions permettant d'obtenir un résultat.

2. Variable

- Une variable informatique contient une valeur.
- Toute saisie de cette variable ou affectation dans cette variable fait perdre la valeur précédente.

Exemple

On considère l'algorithme suivant :

Saisir un nombre a.
b prend la valeur $a + 2$.
m prend la valeur $(a + b)^2 - 2ab$.

À l'aide d'un tableau, donner les valeurs des différentes variables quand on saisit 3 comme valeur de a.

variable	valeur
a	3
b	5
m	34

← a prend la valeur 3.
← b prend la valeur $a + 2$, soit $3 + 2$.
← m prend la valeur $(a + b)^2 - 2ab$, soit $(3 + 5)^2 - 2 \times 3 \times 5$.

3. Structure alternative

- On utilise une structure du type « **Si** condition **alors** instruction1 **sinon** instruction2 **Fin Si** » pour exécuter l'instruction1, si la condition est vraie, et pour exécuter l'instruction2, si la condition est fausse.

• Le bloc Scratch correspondant est :

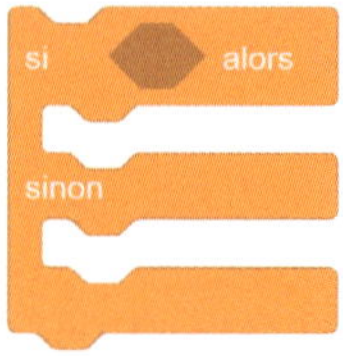

Si la condition est vraie alors le programme exécute toutes les instructions comprises entre le « si » et le « sinon ».
Si la condition est fausse alors le programme exécute toutes les instructions comprises entre le « sinon » et la fin du bloc.

• On peut aussi utiliser le bloc Scratch :

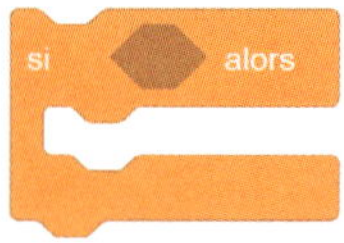

Si la condition est vraie alors le programme exécute toutes les instructions comprises entre le « si » et la fin du bloc.
Si la condition est fausse alors le programme passe au bloc suivant.

4. Structures itératives

• On utilise une structure du type « **pour i variant de v_1 à v_2** instruction(s) **Fin pour** » pour effectuer la ou les instructions pour toutes les valeurs entières de la variable i prises de 1 en 1 depuis v_1 jusqu'à v_2.

Exemple

On considère l'algorithme ci-contre.
Donner les différentes valeurs affichées par l'algorithme.

> **Pour i variant de 3 à 6**
> **afficher $i^2 - i$**
> **Fin Pour**

Les valeurs affichées sont :	
6	← i prend la valeur 3 et on affiche $3^2 - 3$.
12	← i prend la valeur 4 et on affiche $4^2 - 4$.
20	← i prend la valeur 5 et on affiche $5^2 - 5$.
30	← i prend la valeur 6 et on affiche $6^2 - 6$.

• Le bloc Scratch correspondant est : 

Les instructions dans le bloc sont exécutées le nombre de fois indiqué en haut du bloc. Il n'y a pas de variable associée au compteur.

• On utilise une structure du type « **Tant que** condition instruction(s) **Fin Tant que** » pour effectuer la ou les instructions aussi longtemps que la condition reste vraie.

Le bloc Scratch correspondant est : 

Les instructions du bloc sont répétées jusqu'à ce que la condition devienne vraie.

Utiliser une structure conditionnelle

Énoncé **On considère l'algorithme ci-contre.**

Qu'affiche l'algorithme dans les cas suivants :

a) **on saisit 3 pour a et 5 pour b ?**

b) **on saisit –3 pour a et –5 pour b ?**

```
Saisir a
Saisir b
Si a > b
  alors afficher a
  sinon afficher b
Fin Si
```

Corrigé pas à pas

On obtient comme affichage :

a) **5**

← Si on saisit 3 pour a et 5 pour b, la condition $a > b$ est fausse et c'est la valeur de b qui est affichée.

b) **–3**

← Si on saisit –3 pour a et –5 pour b, la condition $a > b$ est vraie et c'est la valeur de a qui est affichée.

Utiliser une boucle conditionnelle

Énoncé **On considère l'algorithme ci-contre.**
Donner les différentes valeurs affichées par l'algorithme dans les cas suivants :

a) **on saisit 5 comme valeur de a ;**

b) **on saisit 2 016 comme valeur de a.**

```
Saisir un nombre a
Tant que a < 50
      a prend la valeur 2a
      afficher a
Fin Tant que
```

Corrigé pas à pas

a) Les valeurs affichées sont :

10 ← Comme a vaut 5, $a < 50$ et a prend la valeur 2×5, soit 10.

20 ← Comme a vaut 10, $a < 50$ et a prend la valeur 2×10, soit 20.

40 ← Comme a vaut 20, $a < 50$ et a prend la valeur 2×20, soit 40.

80 ← Comme a vaut 40, $a < 50$ et a prend la valeur 2×40, soit 80.

← Comme a vaut 80, $a \geqslant 50$, les instructions de la boucle ne sont plus exécutées et l'algorithme s'achève.

b) Aucune valeur n'est affichée.

← Comme a vaut 2 016, $a \geqslant 50$: la condition étant fausse, les instructions suivantes ne sont pas exécutées.

Pour bien débuter

1 ★

On considère l'algorithme ci-contre.

a) On applique l'algorithme en saisissant 0 pour la valeur de x.

Dresser un tableau donnant les différentes valeurs prises par les variables.

b) Quel nombre obtient-on en sortie en saisissant 1 pour la valeur de x ?

→ Corrigé p. 263

> a, b, x, y sont des variables
> Saisir la valeur de x
> a prend la valeur $x + 1$
> b prend la valeur a^2
> y prend la valeur $-b + 16$
> Afficher y

2 ★

On considère l'algorithme ci-contre.

Que donne cet algorithme si :

a) on saisit la valeur 3,4 ?

b) on saisit la valeur –6 ?

c) on saisit la valeur 0 ?

d) on saisit la valeur $\frac{1}{3} - \frac{1}{2}$?

→ Corrigé p. 263

> Saisir la valeur de x
> Si x est strictement positif
>   alors y prend la valeur x
>   sinon y prend la valeur $-x$
> Fin Si
> Afficher y

3 ★★

Compléter le tableau en appliquant l'algorithme suivant.

> x prend la valeur 0.
> Pour i variant de 1 à 11,
> x prend la valeur $x + i$
> Fin Pour

i		1	2	3								
x	0	1	3									

→ Corrigé p. 263

Pour s'entraîner

4 ★★

On considère l'algorithme ci-contre.

a) On souhaite appliquer cet algorithme en saisissant 9 comme valeur de a.

> ① Saisir la valeur de a.
> ② a prend la valeur a au carré.
> ③ a prend la valeur a diminuée de 4.
> ④ a prend la valeur le double de a.

Compléter le tableau ci-dessous avec les valeurs successives prises par *a*.

Étape	**Valeur de *a***
①	
②	
③	
④	

b) Quelle sera la valeur finale de *a* si l'on saisit 0,5 comme valeur de *a* ?

→ Corrigé p. 263

5 ★★

On considère l'algorithme ci-contre.

```
a prend la valeur 800
n prend la valeur 0
Tant que a < 1 000
    a prend la valeur 1,05 a
    afficher a
    n prend la valeur n + 1
Fin Tant que
Afficher n
```

1° À l'aide d'un tableau, déterminer la valeur de *n* retournée par l'algorithme.

2° Pierre dispose d'une somme de 800 euros.
Il place son argent à 5 % par an, c'est-à-dire que sa somme est multipliée chaque année par 1,05. Combien d'années doit-il patienter pour avoir plus de 1 000 euros ?

→ Corrigé p. 264

Sujets du brevet

6 ★★

On donne l'algorithme ci-dessous où A, B et C sont trois variables informatiques.

```
① Saisir A
② Saisir B
③ Mettre A dans C
④ Mettre B dans A
⑤ Mettre C dans B
⑥ Afficher A
⑦ Afficher B
```

a) On saisit 3 comme valeur de A en ① et 9 comme valeur de B en ②.
Donner les valeurs des variables A, B et C à chacune des étapes ③, ④ et ⑤.

b) À quoi sert cet algorithme ?

→ Corrigé p. 264

7 ★★

Écrire un algorithme qui demande une valeur de x et qui affiche les carrés des entiers naturels n tels que $n \leqslant x$.

→ Corrigé p. 264

8 ★★★

On considère l'algorithme ci-dessous.

```
Saisir a et n
p prend la valeur 1
Pour i variant de 1 à n
    p prend la valeur p × a
Fin Pour
Afficher p
```

a) En remplissant le tableau ci-dessous, tester l'algorithme pour $a = 5$ et $n = 3$.

i		1		
p	1			

b) En remplissant le tableau ci-dessous, tester l'algorithme pour $a = 2$ et $n = 8$.

i		1							
p	1								

c) À quoi sert cet algorithme ?

→ Corrigé p. 264

9 ★★★

Écrire un algorithme qui demande une valeur de x et qui affiche, si x est positif, les entiers n et $n + 1$ tels que $n^2 \leqslant x \leqslant (n + 1)^2$, sinon signale que x est négatif.

→ *Corrigé p. 265*

10 ★★★

On considère l'algorithme ci-dessous.

```
Saisir un entier n
Tant que n > 1
   Si n est pair
      alors n prend la valeur n/2
      sinon n prend la valeur 3n + 1
   Afficher n
   Fin Si
Fin Tant que
```

1° Appliquer l'algorithme pour les valeurs saisies suivantes de n, en donnant pour chaque valeur la suite des valeurs affichées :
a) 10 ; *b*) 64 ; *c*) 96.

2° Compléter l'algorithme pour obtenir en fin d'exécution le nombre de transformations du nombre n qui ont été nécessaires.

→ *Corrigé p. 265*

11 ★★

L'argent et l'or sont deux métaux précieux.
La masse volumique de l'argent est 10,5 kg/dm³ et celle de l'or est 19,3 kg/dm³.

1° *a*) Déterminer la masse de 0,4 dm³ d'argent et celle de 1,6 dm³ d'or.
b) Quelle serait la masse d'un mélange d'argent et d'or dont le volume total serait de 2 dm³ et qui contiendrait en volume 20 % d'argent ?

2° On considère une couronne constituée d'un mélange d'argent et d'or. Son volume est de 2 dm³. On appelle x la proportion en pourcentage du volume d'argent dans la couronne (x compris entre 0 et 100).
a) Exprimer en fonction de x le volume d'argent dans la couronne. En déduire en fonction de x le volume d'or.
b) Montrer que la masse en kilogramme de la couronne est $38{,}6 - 0{,}176x$.
c) Déterminer la masse d'une couronne constituée de 20 % d'argent.

3° Pierre a écrit un programme qui, en fonction de la masse y de la couronne, donne la proportion x en pourcentage du volume d'argent.

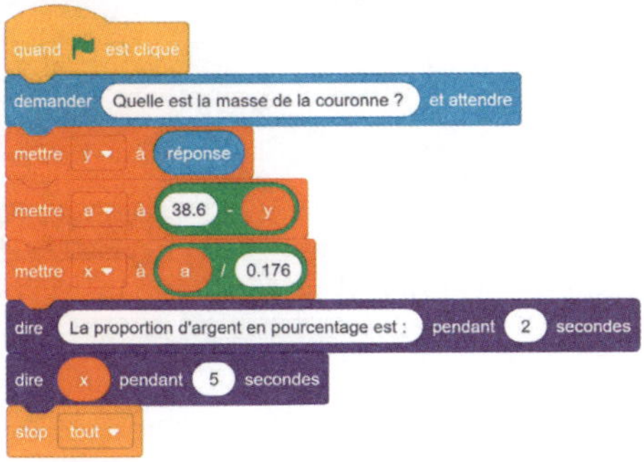

a) Justifier la formule employée par Pierre.
b) Quelle est la proportion d'argent en volume si la masse de la couronne est 34,2 kg ?

→ Corrigé p. 265

12 ★★

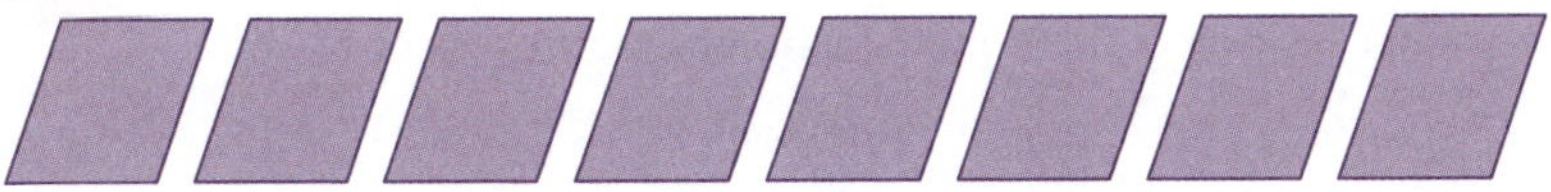

1° Pour réaliser la figure ci-dessus, on a défini un motif en forme de losange et on a utilisé l'un des deux programmes *A* et *B* ci-dessous.
Déterminer lequel et indiquer par une figure à main levée le résultat que l'on obtiendrait avec l'autre programme.

Motif

Programme *A*

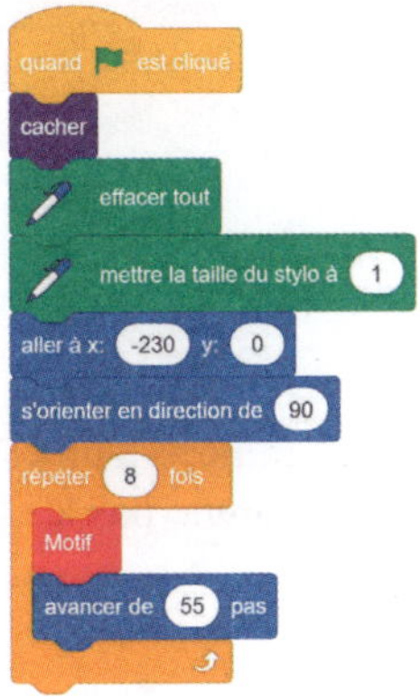

Programme *B*

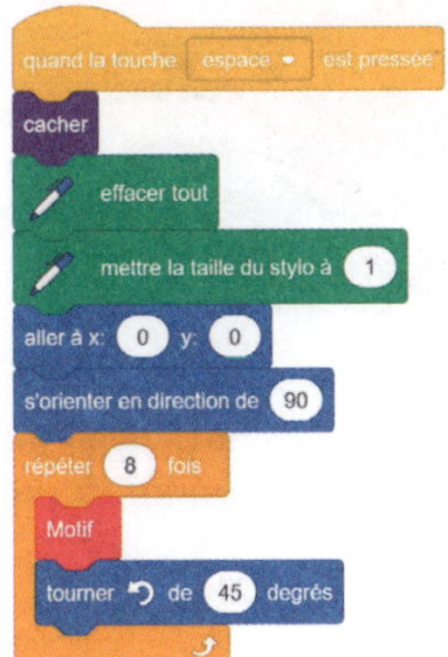

2° Combien mesure l'espace entre deux motifs successifs ?

3° On souhaite réaliser la figure ci-dessous :

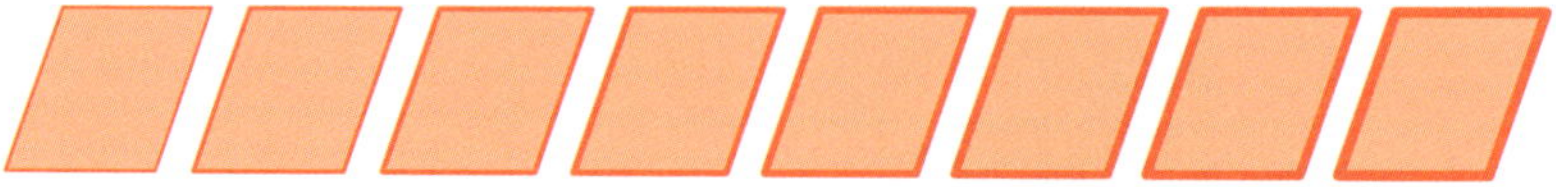

Pour ce faire, on envisage d'insérer l'instruction 

dans le programme utilisé à la question 1. Où faut-il insérer cette instruction ?

→ Corrigé p. 266

13 ★★

Un site de développement de photos affiche les tarifs suivants :

- de 1 à 20 tirages : 0,15 € par tirage et 3 € de frais de port ;
- de 21 à 60 tirages : 0,10 € par tirage et 4 € de frais de port ;
- à partir de 61 tirages : 0,05 € par tirage et 7 € de frais de port.

1° Déterminer les prix à payer pour 10 tirages, 25 tirages et 75 tirages.

2° Un élève a écrit le programme ci-dessous :

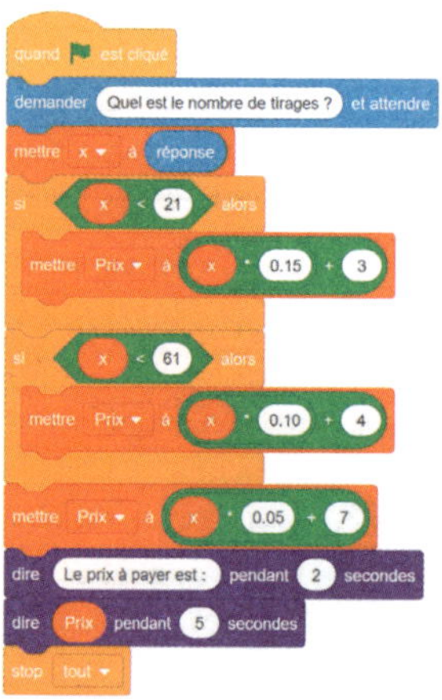

a) Quel prix est affiché si on entre 10 comme valeur de x ? et si on entre 25 ?

b) Expliquer pourquoi ce programme ne donne pas les bons prix.

3° Un professeur a donné la structure suivante pour un programme qui permet d'avoir le bon prix. Replacer à leurs bonnes places les cinq instructions données au-dessus du programme.

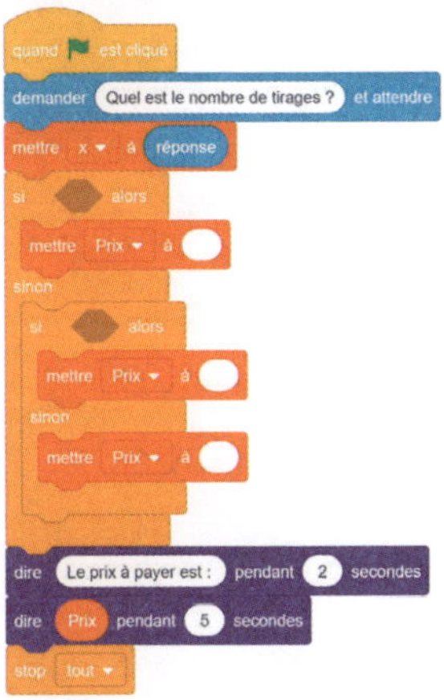

→ Corrigé p. 266

14 ★★

Un épicier souhaite revendre du sel 20 % plus cher que son prix d'achat.

1° Si le prix d'achat d'un carton de sel est 150 euros, quel sera le prix de revente par l'épicier ?

2° On considère les trois programmes suivants :

Programme *A*

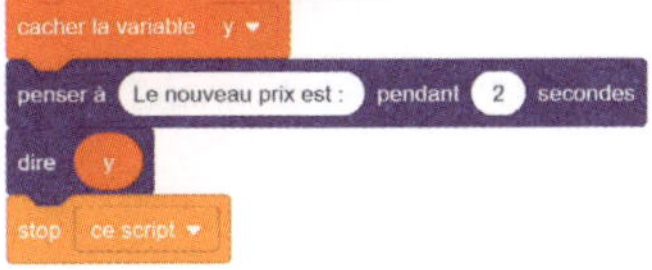

Programme *B*

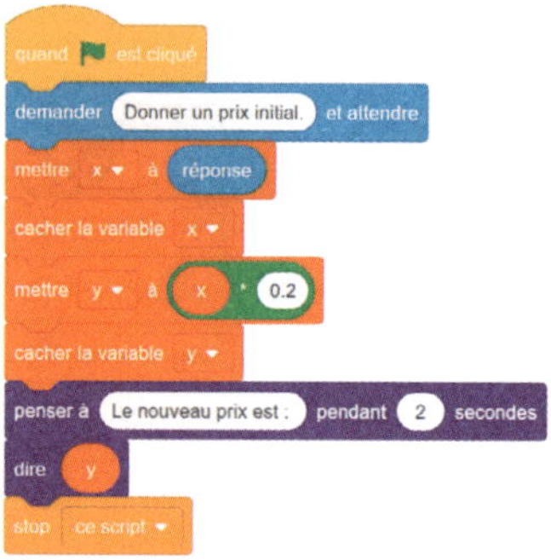

Programme *C*

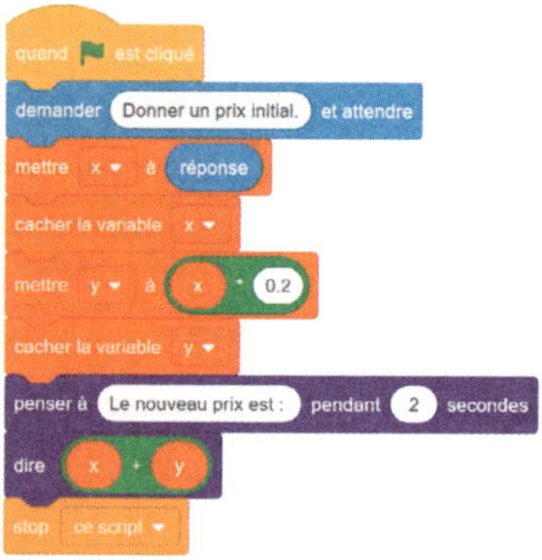

a) Quel résultat est affiché par le programme *C* si on saisit la valeur 150 ?
b) Pour chaque programme, préciser si le nouveau prix affiché est correct ou incorrect. Justifier la réponse.

3° *a*) Écrire un algorithme qui demande le prix de revente et qui retourne le prix d'achat.

b) Finalement, après une hausse de 20 %, le prix de revente est 144 €.
Déterminer le prix d'achat par l'épicier.

→ Corrigé p. 267

1 → *Énoncé p. 255*

a)

Variables	Valeurs
x	0
a	1
b	1
y	15

Commentaire
saisie de x
a prend la valeur $x + 1$, soit $0 + 1$
b prend la valeur a^2, soit 1^2
y prend la valeur $-b + 16$, soit $-1 + 16$

> **Conseil**
> Utiliser le même tableau pour les deux questions.

b) Pour $x = 1$, on a $a = 1 + 1 = \mathbf{2}$, $b = a^2 = \mathbf{4}$ et $y = -b + 16 = -4 + 16 = \mathbf{12}$.
On obtient 12 en sortie.

2 → *Énoncé p. 255* *a*) Si on saisit 3,4, on a $x > 0$, donc y prend la valeur x.
L'algorithme donne 3,4.

b) Si on saisit –6, on a $x < 0$, donc y prend la valeur $-x$.
L'algorithme donne 6.

c) Si on saisit 0, on a $x = 0$, donc y prend la valeur $-x$.
L'algorithme donne 0.

d) Si on saisit $\frac{1}{3} - \frac{1}{2}$ qui vaut $-\frac{1}{6}$, on a $x < 0$, donc y prend la valeur $-x$.
L'algorithme donne $\frac{1}{6}$.

> **Rappel**
> L'instruction après « sinon » n'est exécutée que si la condition est fausse, donc ici si x est négatif.

3 → *Énoncé p. 255*

i		1	2	3	**4**	**5**	**6**	**7**	**8**	**9**	**10**	**11**
x	0	1	3	**6**	**10**	**15**	**21**	**28**	**36**	**45**	**55**	**66**

> **Astuce**
> Calculer les valeurs de x comme pour des effectifs cumulés croissants.

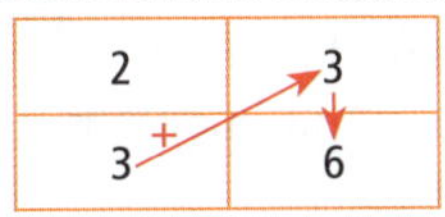

4 → *Énoncé p. 255*

a)

Étape	Valeur de a
①	9
②	81
③	77
④	154

> **Rappel**
> Toute affectation de la variable a fait perdre la valeur précédente.

b) Si on saisit 0,5, a prend successivement les valeurs :
$0{,}5$; $0{,}5^2 = 0{,}25$; $0{,}25 - 4 = -3{,}75$; $2 \times (-3{,}75) = -7{,}5$.
La valeur finale de a sera – 7,5.

5 → Énoncé p. 256

1°

a	800	840	882	926,1	972,405	1021,02525
n	0	1	2	3	4	5

La valeur retournée par l'algorithme est 5.

2° La somme disponible prend les valeurs ci-dessus de a. **Pierre devra patienter 5 ans** pour disposer de plus de 1 000 euros.

> **Conseil**
> Identifier les contenus des variables a et n dans le contexte de l'exercice.

6 → Énoncé p. 257

a) On a :

Étapes	Variable A	Variable B	Variable C
① et ②	3	9	indéfini
③	3	9	3
④	9	9	3
⑤	9	3	3

> **Rappel**
> Toute affectation dans une variable fait perdre sa valeur précédente.

b) Cet algorithme sert à échanger le contenu des variables A et B.

7 → Énoncé p. 257 Un algorithme peut être :

```
Saisir x
n prend la valeur 0
Tant que n ⩽ x
   Afficher n²
   n prend la valeur n + 1
Fin Tant que
```

> **Méthode**
> Utiliser une instruction conditionnelle comme celle de l'exercice 6.

8 → Énoncé p. 257

a)

i		1	2	3
p	1	5	25	125

> **Rappel de cours**
> $a \times a \times a \ldots \times a$ avec n facteurs a se note a^n.

b)

i		1	2	3	4	5	6	7	8
p	1	2	4	8	16	32	64	128	256

c) $125 = 5^3$ et $256 = 2^8$. **Cet algorithme calcule a^n** par multiplications successives.

9 → *Énoncé p. 258* Un algorithme peut être :

```
Saisir x
Si x ⩾ 0
  alors n prend la valeur 0
        Tant que (n + 1)² < x
            n prend la valeur n + 1
        Fin Tant que
        Afficher n
        Afficher n + 1
  sinon
      Afficher x est négatif
Fin Si
```

Astuce

Pour x positif, on peut obtenir n directement en prenant la partie entière de $\sqrt{n}$.

10 → *Énoncé p. 258* 1° *a*) $10 \rightarrow 5 \rightarrow 16 \rightarrow 8 \rightarrow 4 \rightarrow 2 \rightarrow 1$

b) $64 \rightarrow 32 \rightarrow 16 \rightarrow 8 \rightarrow 4 \rightarrow 2 \rightarrow 1$

c) $96 \rightarrow 48 \rightarrow 24 \rightarrow 12 \rightarrow 6 \rightarrow 3 \rightarrow 10 \rightarrow 5 \rightarrow 16 \rightarrow 8 \rightarrow 4 \rightarrow 2 \rightarrow 1$

2° On peut compléter l'algorithme de cette manière :

```
Saisir un entier n
h prend la valeur 0
Tant que n > 1
  Si n est pair
     alors n prend la valeur n/2
     sinon n prend la valeur 3n + 1
  Afficher n
  h prend la valeur h + 1
  Fin Si
Fin Tant que
Afficher h
```

Méthode

Mettre un compteur qui démarre à 0 avant la boucle conditionnelle et qui augmente de 1 à chaque passage permet d'avoir le nombre de passages dans la boucle.

11 → *Énoncé p. 258* 1° *a*) On a $0{,}4 \times 10{,}5 = 4{,}2$; 0,4 dm³ d'argent a une masse de **4,2 kg**.
On a $1{,}6 \times 19{,}3 = 30{,}88$; 1,6 dm³ d'or a une masse de **30,88 kg**.

b) S'il y a en volume 20 % d'argent dans 2 dm³, le volume d'argent est $20 / 100 \times 2$ dm³, soit 0,4 dm³. La masse d'argent est 4,2 kg. Le volume d'or est alors $2 - 0{,}4$ en dm³, soit 1,6 dm³ et la masse de l'or est 30,88 kg.
On a $4{,}2 + 30{,}88 = 35{,}08$.

La masse d'un mélange d'argent et d'or dont le volume total serait de 2 dm^3 et qui contiendrait 20 % d'argent serait de **35,08 kg**.
2° *a)* Le volume d'argent est x / 100 × 2, soit **0,02*x*** (en dm^3).
Le volume d'or est **2 – 0,02*x*** (en dm^3).
b) La masse de l'argent est 0,02*x* × 10,5, soit 0,21*x*.
La masse de l'or est (2 – 0,02*x*) × 19,3, soit 38,6 – 0,386*x*.
La masse en kilogramme de la couronne est 0,21*x* + 38,6 – 0,386*x*, soit **38,6 – 0,176*x***.
c) Si *x* = 20, alors la masse de la couronne est 38,6 – 0,176 × 20, soit **35,08 kg**.
3° *a)* Si *y* est la masse de la couronne, on a *y* = 38,6 – 0,176*x* qui donne successivement *y* + 0,176*x* = 38,6 ;
0,176*x* = 38,6 – *y*, valeur mise dans *a* ;
x = *a* / 0,176.
La formule employée par Pierre est correcte.

> **Conseil**
> Identifier les contenus des variables *y*, *a* et *x* dans le contexte de l'exercice.

b) Si *y* vaut 34,2, *a* prend la valeur 38,6 – 34,2, soit 4,4 et *x* prend la valeur 4,4 / 0,176, soit 25. Si la masse de la couronne est 34,2 kg, alors il y a **25 % d'argent** dans la couronne.

12 → *Énoncé p. 259* 1° C'est **le programme *A*** qui permet d'obtenir le résultat obtenu.

> **Rappel**
> L'instruction « s'orienter en direction de 90 » oriente le chat pour un déplacement vers la droite.

Avec le programme *B*, on obtient la figure ci-contre.

2° Comme le côté du motif mesure 40 et qu'on avance de 55 entre 2 motifs, la distance séparant deux motifs consécutifs est 55 – 40, soit **15**.
3° Pour obtenir la seconde figure, il faut insérer l'instruction « ajouter 1 à la taille du stylo » dans le programme *A* utilisé à la question 1, dans la boucle « répéter 8 fois », soit après l'instruction « **motif** », soit après l'instruction « **avancer de 55** ».

13 → *Énoncé p. 260* 1° Pour 10 tirages, on paie 10 × 0,15 + 3, soit **4,50 €**.
Pour 25 tirages, on paie 25 × 0,10 + 4, soit **6,50 €**.
Pour 75 tirages, on paie 75 × 0,05 + 7, soit **10,75 €**.
2° *a)* Si on entre 10 comme valeur de *x*, le prix affiché est 10 × 0,05 + 7, soit **7,50 €**.
Si on entre 25 comme valeur de *x*, le prix affiché est 25 × 0,05 + 7, soit **8,25 €**.
b) Quel que soit le nombre de tirages indiqué par la variable *x*, l'instruction « Mettre prix à *x* * 0,05 + 7 » est effectuée avant l'affichage et le prix affiché correspond toujours à la formule pour un nombre de tirages supérieur à 60.

3° Le bon programme est :

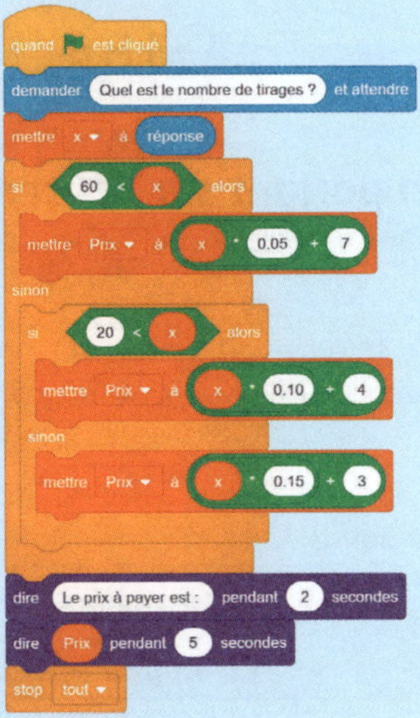

> **Astuce**
> $60 < x$ correspond à $x \geqslant 61$ car on travaille sur des entiers.

14 → *Énoncé p. 261* **1°** Si le prix d'achat d'un carton est de 150 euros, alors le prix de revente sera :
150 euros × (1 + 20/100), soit **180 euros**.

2° *a*) Si on saisit 150 comme valeur dans le programme *C*, la variable x prend la valeur 150, la variable y prend la valeur $x \times 0{,}2$, soit 30 et le résultat affiché est **180**.

b*)** **Avec le programme *A, x prend la valeur 150 et y prend la valeur $x \times 1{,}2$, soit 180 ; **la valeur de *y* qui est affichée est correcte**.

Avec le programme *B*, x prend la valeur 150 et y prend la valeur $x \times 0{,}2$, soit 30 ; **la valeur de *y* qui est affichée est incorrecte**.

D'après la question précédente, **le programme *C* affiche un prix correct**.

> **Piège à éviter**
> Le contraire d'augmenter de 20 % n'est pas diminuer de 20 %, mais le contraire de multiplier par 1,2 est diviser par 1,2.

3° *a*) Si x est le prix d'achat, le prix de vente est $y = 1{,}2\,x$.
Si y est le prix de vente, le prix d'achat x est donné par $x = y \div 1{,}2$.
Un algorithme peut être :

Afficher « Donner le prix de vente »
Saisir y
x prend la valeur $y \div 1{,}2$
Afficher « Le prix d'achat est » : x

***b*)** Si le prix de vente est 144 €, alors le prix d'achat par l'épicier est 144 € ÷ 1,2, soit **120 €**.

Sujet 1

USA

Maths

Indication portant sur l'ensemble du sujet

Toutes les réponses doivent être justifiées, sauf si une indication contraire est donnée.
Pour chaque question, si le travail n'est pas terminé, laisser tout de même une trace de la recherche. Elle sera prise en compte dans la notation.

EXERCICE 1 — 12 points

Recopier la bonne réponse (aucune justification n'est attendue).

	Réponse A	Réponse B	Réponse C
1. La somme $\frac{7}{4} + \frac{2}{3}$ est égale à :	$\frac{9}{7}$	$\frac{29}{12}$	$\frac{9}{12}$
2. L'équation $5x + 12 = 3$ a pour solution :	1,8	3	−1,8
3. Une valeur approchée, au dixième près, du nombre $\frac{\sqrt{5}+1}{2}$ est :	2,7	1,6	1,2

Corrigé page 274

EXERCICE 2 — 20 points

Avec un logiciel de géométrie, on exécute le programme ci-dessous.

Programme de construction :

- construire un carré $ABCD$;
- tracer le cercle de centre A et de rayon $[AC]$;
- placer le point E à l'intersection du cercle et de la demi-droite $[AB)$;
- construire un carré $DEFG$.

Figure obtenue :

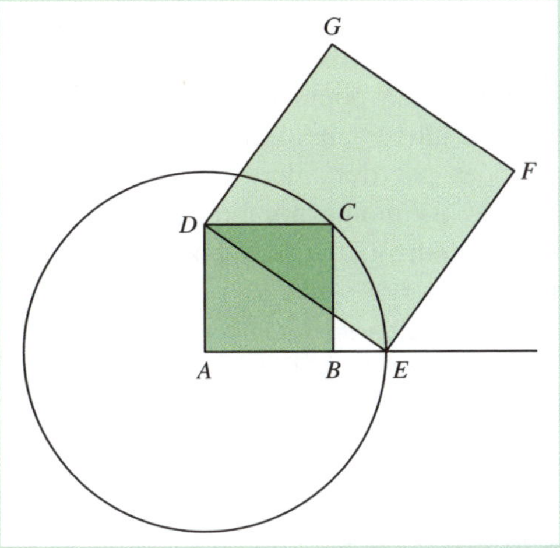

1. Sur la copie, réaliser la construction avec $AB = 3$ cm.

2. Dans cette question, $AB = 10$ cm.
a) Montrer que $AC = \sqrt{200}$ cm.
b) Expliquer pourquoi $AE = \sqrt{200}$ cm.
c) Montrer que l'aire du carré *DEFG* est le triple de l'aire du carré *ABCD*.

3. On admet pour cette question que, pour n'importe quelle longueur du côté [*AB*], l'aire du carré *DEFG* est toujours le triple de l'aire du carré *ABCD*.
En exécutant ce programme de construction, on souhaite obtenir un carré *DEFG* ayant une aire de 48 cm^2.
Quelle longueur *AB* faut-il choisir au départ ?

Corrigé page 274

EXERCICE 3 — 15 points

Il y a dans une urne 12 boules indiscernables au toucher, numérotées de 1 à 12. On veut tirer une boule au hasard.

1. Est-il plus probable d'obtenir un numéro pair ou bien un multiple de 3 ?

2. Quelle est la probabilité d'obtenir un numéro inférieur à 20 ?

3. On enlève de l'urne toutes les boules dont le numéro est un diviseur de 6. On veut à nouveau tirer une boule au hasard.
Expliquer pourquoi la probabilité d'obtenir un numéro qui soit un nombre premier est alors 0,375.

Corrigé page 275

EXERCICE 4 20 points

Les données et les questions de cet exercice concernent la France métropolitaine.

Document 1

En 2015, environ 4,7 % de la population française souffrait d'allergies alimentaires. En 2010, les personnes concernées par des allergies alimentaires étaient deux fois moins nombreuses qu'en 2015. En 1970, seulement 1 % de la population était concernée.

Source : Agence nationale de la sécurité sanitaire de l'alimentation, de l'environnement et du travail.

Document 2

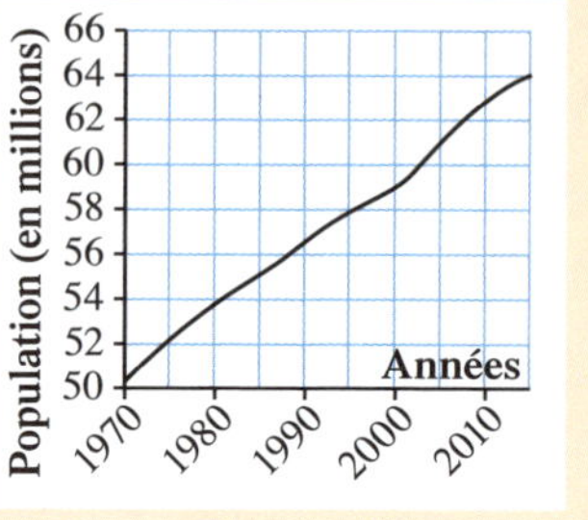

Partie 1

1. Déterminer une estimation du nombre de personnes, à 100 000 près, qui souffraient d'allergies alimentaires en France en 2010.

2. Est-il vrai qu'en 2015 il y avait environ 6 fois plus de personnes concernées qu'en 1970 ?

Partie 2

En 2015, dans un collège de 681 élèves, 32 élèves souffraient d'allergies alimentaires. Le tableau suivant indique les types d'aliments auxquels ils réagissaient.

Aliments	Lait	Fruits	Arachides	Poisson	Œuf
Nombre d'élèves concernés	6	8	11	5	9

1. La proportion des élèves de ce collège souffrant d'allergies alimentaires est-elle supérieure à celle de la population française ?

2. Jawad est étonné : « J'ai additionné tous les nombres indiqués dans le tableau et j'ai obtenu 39 au lieu de 32. » Expliquer cette différence.

3. Lucas et Margot ont chacun commencé un diagramme pour représenter les allergies des 32 élèves de leur collège :

Diagramme de Lucas

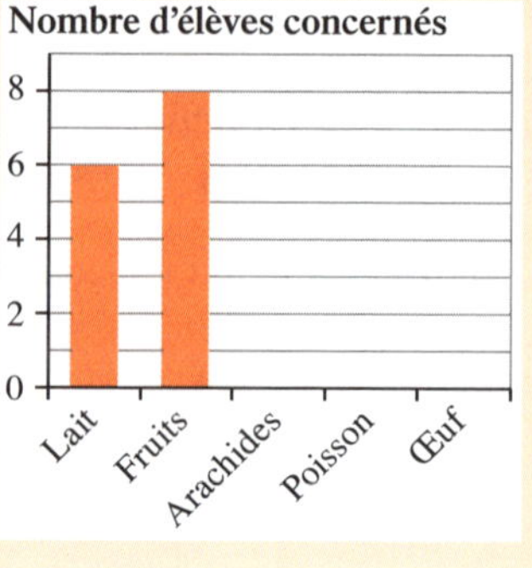

Diagramme de Margot

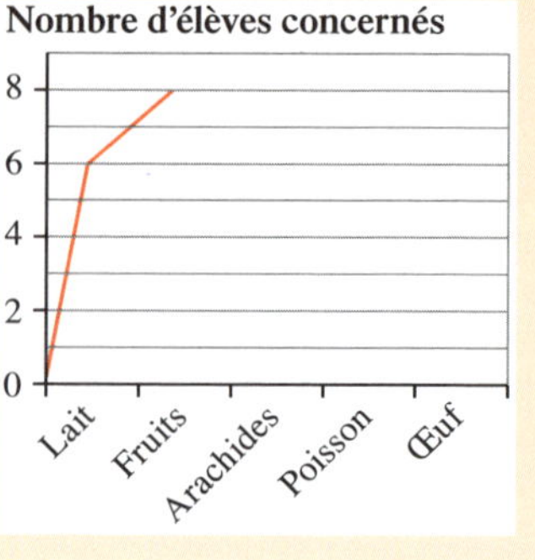

a) Qui de Lucas ou de Margot a fait le choix le mieux adapté à la situation ? Justifier la réponse.
b) Reproduire et terminer le diagramme choisi à la question a.

Corrigé page 275

EXERCICE 5 — 13 points

L'image ci-contre représente la position obtenue au déclenchement du bloc départ d'un programme de jeu.
L'arrière-plan est constitué de points espacés de 40 unités.
Dans cette position, le chat a pour coordonnées (– 120 ; – 80).
Le but du jeu est de positionner le chat sur la balle.

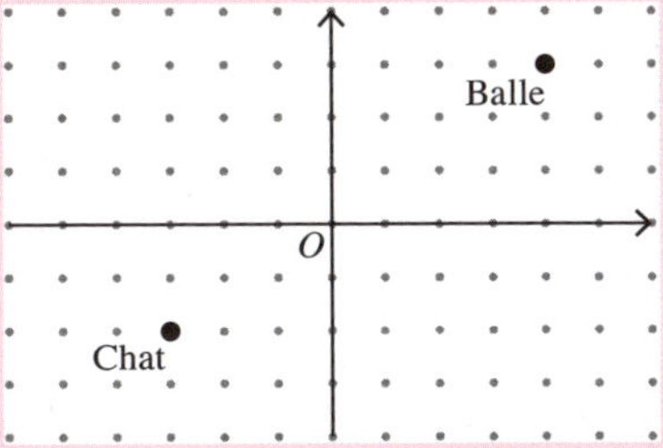

1. Quelles sont les coordonnées du centre de la balle représentée dans cette position ?

2. Dans cette question, le chat est dans la position obtenue au déclenchement du bloc départ.
Voici le script du lutin « chat » qui se déplace.

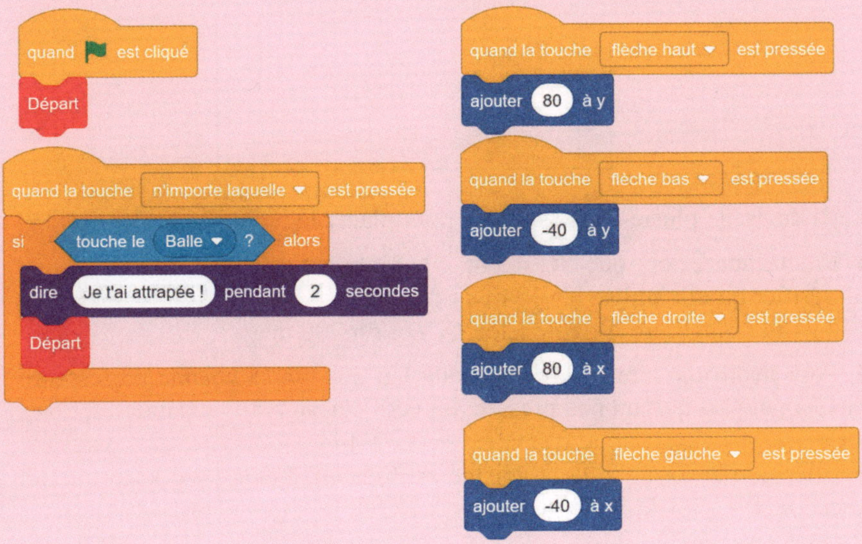

a) Expliquer pourquoi le chat ne revient pas à sa position de départ si le joueur appuie sur la touche → puis sur la touche ←.
b) Le joueur appuie sur la succession de touches suivante : → →↑←↓.
Quelles sont les coordonnées x et y du chat après ce déplacement ?
c) Parmi les propositions de succession de touches ci-dessous, laquelle permet au chat d'atteindre la balle ?

Déplacement 1	Déplacement 2	Déplacement 3
→→→→→→→↑↑↑↑↑	→→→↑↑↑→↓←	↑→↑→↑→→↓↓

3. Que se passe-t-il quand le chat atteint la balle ?

Corrigé page 276

EXERCICE 6 20 points

Le schéma ci-dessous représente le jardin de Leïla. Il n'est pas à l'échelle.
[OB] et [OF] sont des murs, $OB = 6$ m et $OF = 4$ m.
La ligne pointillée $BCDEF$ représente le grillage que Leïla veut installer pour délimiter un enclos rectangulaire $OCDE$.
Elle dispose d'un rouleau de 50 m de grillage qu'elle veut utiliser entièrement.

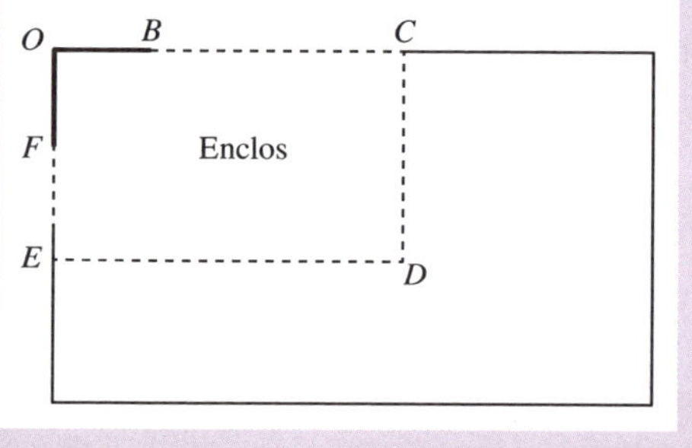

Leïla envisage plusieurs possibilités pour placer le point C.

1. En plaçant C pour que $BC = 5$ m, elle n'obtient que $FE = 15$ m.
a) Vérifier qu'elle utilise les 50 m de grillage.
b) Justifier que l'aire A de l'enclos $OCDE$ est 209 m^2.

2. Pour avoir une aire maximale, Leïla fait appel à sa voisine professeure de mathématiques qui, un peu pressée, lui écrit sur un bout de papier :
« En notant $BC = x$, on a $A(x) = -x^2 + 18x + 144$ ».
Vérifier que la formule de la voisine est bien cohérente avec le résultat de la question 1.

3. Dans cette partie, les questions **a)** et **b)** ne nécessitent pas de justification.

a) Leïla a saisi une formule en B2 puis l'a étirée jusqu'à la cellule I2.

B2	=–B1*B1+18*B1+144									
	A	**B**	**C**	**D**	**E**	**F**	**G**	**H**	**I**	**J**
1	x	5	6	7	8	9	10	11	12	
2	$A(x) = -x^2+18x+144$	**209**	216	221	224	225	224	221	216	
3										

Quelle formule est alors inscrite dans la cellule F2 ?

b) Parmi les valeurs figurant dans le tableau, quelle est celle que Leïla va choisir pour BC afin d'obtenir un enclos d'aire maximale ?

c) Donner les dimensions de l'enclos ainsi obtenu.

Corrigé page 277

CORRIGÉS

Exercice 1 (Énoncé p. 268)

1. $\frac{7}{4}+\frac{2}{3}=\frac{7\times 3}{4\times 3}+\frac{2\times 4}{3\times 4}=\frac{21}{12}+\frac{8}{12}=\frac{21+8}{12}=\frac{29}{12}$.

La somme $\frac{7}{4}+\frac{2}{3}$ est égale à $\frac{29}{12}$.

Pour additionner deux fractions, on commence par les réduire au même dénominateur.

2. $5x + 12 = 3$ donne successivement :
$5x = 3 - 12$;
$5x = -9$;
$x = -9 \div 5$;
$x = -1{,}8$.
L'équation $5x + 12 = 3$ a pour solution $-1{,}8$.

3. Sur une calculatrice on tape $(\sqrt{5}+1)/2$.
Une valeur approchée, au dixième près, du nombre $\frac{\sqrt{5}+1}{2}$ est 1,6.

Attention : pour une écriture fractionnaire, la barre de fraction donne lieu à des priorités comme si le numérateur et le dénominateur étaient entre parenthèses.

Exercice 2 (Énoncé p. 268)

1.

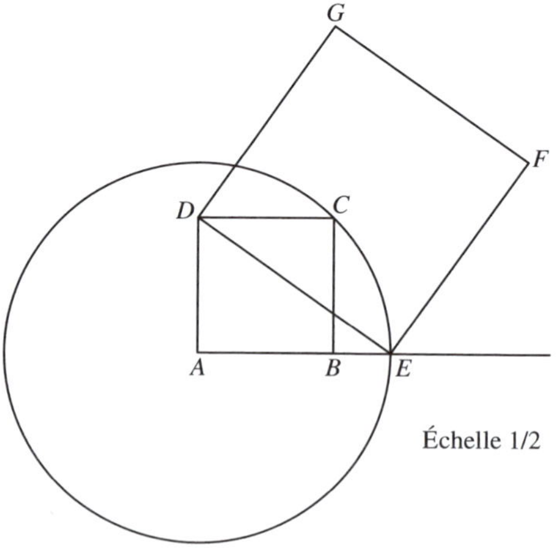

Échelle 1/2

2. a) *ABCD* étant un carré, le triangle *ABC* est rectangle en *B*.
D'après le théorème de Pythagore, on a :
$AC^2 = AB^2 + BC^2$, soit $AC^2 = 10^2 + 10^2$ ou encore $AC^2 = 200$.
Comme *AC* est une longueur, on a bien $\boldsymbol{AC = \sqrt{200}}$ **cm.**
b) *E* est sur le cercle de centre *A* et de rayon *AC*, donc on a $\boldsymbol{AE = AC = \sqrt{200}}$ **cm.**
c) Le triangle *EAD* est rectangle en *A*.
D'après le théorème de Pythagore, on a :
$ED^2 = AE^2 + AD^2 = 200 + 10^2 = 300$.
L'aire du carré *DEFG* est ED^2, soit 300 cm².
L'aire du carré *ABCD* est AB^2, soit 10^2 cm² ou encore 100 cm².

> L'aire d'un carré de côté *a* est a^2.

L'aire du carré *DEFG* est le triple de l'aire du carré *ABCD*.

3. L'aire du carré *DEFG* étant toujours le triple de l'aire du carré *ABCD*, pour obtenir un carré *DEFG* ayant une aire de 48 cm², il faut que le carré *ABCD* ait une aire de $48 \div 3$ cm², soit 16 cm².
Son côté mesure $\sqrt{16}$ cm, soit 4 cm.
Il faut choisir au départ *AB* = 4 cm.

Exercice 3 (Énoncé p. 269)

1. On choisit au hasard une boule parmi 12.
Il y a 6 boules avec un numéro pair (2 – 4 – 6 – 8 – 10 – 12) et seulement 4 boules avec un numéro multiple de 3 (3 – 6 – 9 – 12).
Il est plus probable d'obtenir un numéro pair qu'un multiple de 3.

2. Les numéros des boules étant tous inférieurs à 20, **obtenir un numéro inférieur à 20 est un événement certain de probabilité 1**.

3. Les diviseurs de 6 sont 1, 2, 3 et 6. En enlevant de l'urne toutes les boules dont le numéro est un diviseur de 6, il reste 8 boules. Parmi ces 8 boules, celles qui portent un nombre premier sont les boules numérotées 5, 7 et 11.

> Les nombres premiers inférieurs à 30 sont :
> 2 – 3 – 5 – 7 – 11 – 13 – 17 – 19 – 23 – 29.

La probabilité d'obtenir un numéro qui soit un nombre premier est 3 ÷ 8, soit 0,375.

Exercice 4 (Énoncé p. 270)

Partie 1

1. En 2015, il y avait 64 millions de Français (document 2) dont 4,7 % souffraient d'allergies alimentaires (document 1).
$64\,000\,000 \times 4{,}7 \div 100 = 3\,008\,000$.
3 008 000 personnes souffraient d'allergies alimentaires en 2015.
En 2010, elles étaient deux fois moins nombreuses.
$3\,008\,000 \div 2 = 1\,504\,000$.
À 100 000 près, **1,5 million de personnes souffraient d'allergies alimentaires en France en 2010.**

2. Il y avait environ 50 millions de Français en 1970 dont 1 % souffrait d'allergies alimentaires, ce qui représentait environ 0,5 million de personnes.
On a : 3 millions = 6 × 0,5 million.
Il est vrai qu'en 2015 il y avait environ 6 fois plus de personnes concernées qu'en 1970.

Partie 2

1. On a 32 ÷ 681 = 0,047 à 10^{-3} près. Environ 4,7 % des élèves de ce collège souffrent d'allergies alimentaires, **ce qui est semblable au pourcentage de la population française**.

2. La différence entre le 32 annoncé et le 39 compté par Jawad est due au fait que **certains élèves peuvent avoir plusieurs allergies et être comptabilisés plusieurs fois**.

3. a) Les données étant qualitatives, la représentation correcte est celle en bâtons/rectangles, donc **celle de Lucas**.
b)

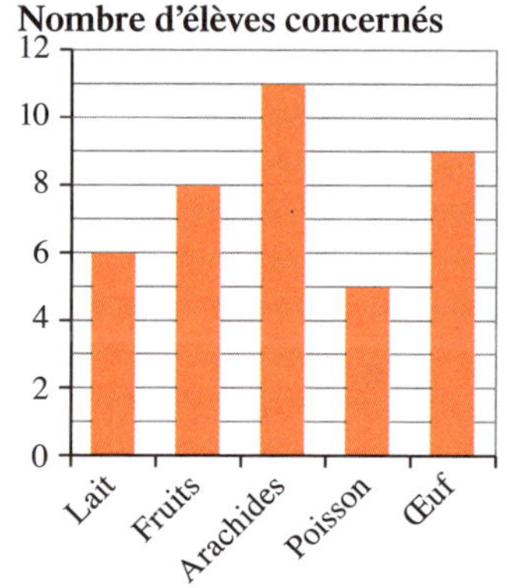

Exercice 5 (Énoncé p. 271)

1. Le centre de la balle se trouvant 4 graduations à droite de l'origine O et 3 unités au-dessus, ses coordonnées sont (40 × 4 ; 40 × 3), soit **(160 ; 120)**.

2. a) Si le joueur appuie sur la touche → puis sur la touche ←, l'abscisse du chat augmente de 80, puis diminue de 40, donc globalement elle augmente de 40 et **le chat ne revient pas à sa position de départ**.
b) Le joueur appuie sur la succession de touches suivante : →→↑←↓.
Comme il y a deux flèches vers la droite et une flèche vers la gauche, son abscisse augmente de 2 × 80 et diminue de 40.
On a $x = -120 + 2 \times 80 - 40 = 0$.
Comme il y a une flèche vers le haut et une flèche vers le bas, son ordonnée augmente de 80 et diminue de 40.
On a $y = -80 + 80 - 40 = -40$.
Après ce déplacement, les coordonnées du chat sont (0 ; –40).
c) Avec la séquence → → → ↑↑↑→↓←, le chat se déplace 4 fois vers la droite et une fois vers la gauche.

Son abscisse devient $-120 + 4 \times 80 - 40 = 160$.
Il se déplace également 3 fois vers le haut et une fois vers le bas.
Son ordonnée devient $-80 + 3 \times 80 - 40 = 120$.
Or (160 ; 120) sont les coordonnées du centre de la balle.
La séquence → → → ↑↑↑→↓← permet au chat d'atteindre la balle.

3. Quand le chat atteint la balle, **le message « Je t'ai attrapée ! » est affiché pendant deux secondes et le chat retourne à sa position de départ.**

Exercice 6 (Énoncé p. 272)

1. a) Comme le point B appartient au segment $[BC]$,
on a $OC = OB + BC = 6 + 5 = 11$.
Comme le point F appartient au segment $[OE]$,
on a $OE = OF + FE = 4 + 15 = 19$.
Dans le rectangle $OCDE$, on a $DE = OC = 11$ et $CD = OE = 19$.
La longueur de grillage utilisée est :
$FE + ED + DC + CB = 15 + 11 + 19 + 5 = 50$.
Elle utilise donc les 50 m de grillage.
b) L'aire du rectangle $OCDE$ est $OC \times OE = 11 \times 19 = 209$.
L'aire de l'enclos est 209 m².

2. Si $x = 5$ alors on a $A(5) = -5^2 + 18 \times 5 + 144 = -25 + 90 + 144 = 209$.
La formule de la voisine est bien cohérente avec le résultat de la question 1.

3. a) Dans la cellule F2, on a **=–F1*F1+18*F1+144**.
b) Dans le tableau l'aire est maximale quand ***BC* = 9**.
c) On a alors $OC = OB + BC = 6 + 9 = 15$.
L'aire de l'enclos étant alors de 225, on a $OE = 225 \div OC = 15$.
L'enclos est donc un carré dont les côtés mesurent 15 m.

Sujet 2

France métropolitaine

Maths

Indication portant sur l'ensemble du sujet

Toutes les réponses doivent être justifiées, sauf si une indication contraire est donnée.
Pour chaque question, si le travail n'est pas terminé, laisser tout de même une trace de la recherche. Elle sera prise en compte dans la notation.

EXERCICE 1 — 10 points

Dans une urne contenant des boules vertes et des boules bleues, on tire au hasard une boule et on regarde sa couleur. On replace ensuite la boule dans l'urne et on mélange les boules.
La probabilité d'obtenir une boule verte est $\frac{2}{5}$.

1. Expliquer pourquoi la probabilité d'obtenir une boule bleue est égale à $\frac{3}{5}$.

2. Paul a effectué 6 tirages et a obtenu une boule verte à chaque fois.
Au 7e tirage, aura-t-il plus de chances d'obtenir une boule bleue qu'une boule verte ?

3. Déterminer le nombre de boules bleues dans cette urne sachant qu'il y a 8 boules vertes.

Corrigé page 284

EXERCICE 2 — 15 points

On donne le programme suivant qui permet de tracer plusieurs triangles équilatéraux de tailles différentes.

Ce programme comporte une variable nommée « **côté** ». Les longueurs sont données en pixels.

On rappelle que l'instruction [s'orienter en direction de 90] signifie que l'on se dirige vers la droite.

Numéros d'instruction — Script — Le bloc **triangle**

1
2
3
4
5
6
7
8
9

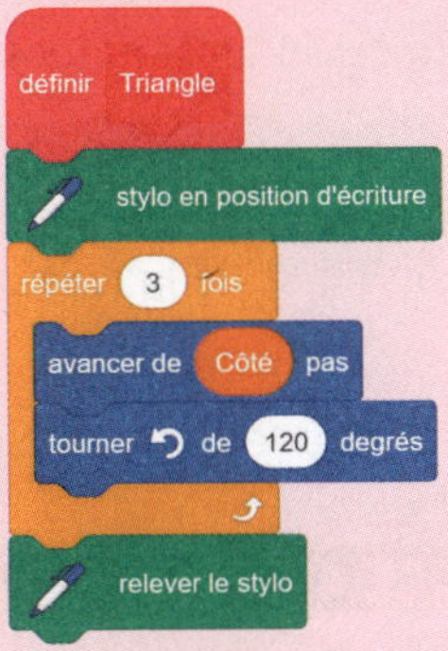

1. Quelles sont les coordonnées du point de départ du tracé ?

2. Combien de triangles sont dessinés par le script ?

3. a) Quelle est la longueur (en pixels) du côté du deuxième triangle tracé ?

b) Tracer à main levée l'allure de la figure obtenue quand on exécute ce script.

4. On modifie le script initial pour obtenir la figure ci-dessous.

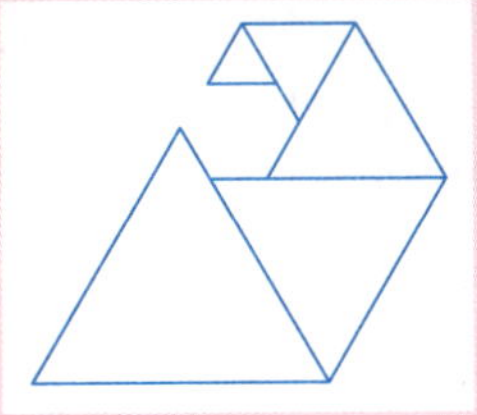

Indiquer le numéro d'une instruction du script **après laquelle** on peut placer l'instruction [tourner ↺ de 60 degrés] pour obtenir cette nouvelle figure.

Corrigé page 284

EXERCICE 3 — 10 points

Un condensateur est un composant électronique qui permet de stocker de l'énergie électrique pour la restituer plus tard.

Le graphique ci-contre montre l'évolution de la tension mesurée aux bornes d'un condensateur en fonction du temps lorsqu'il est en charge.

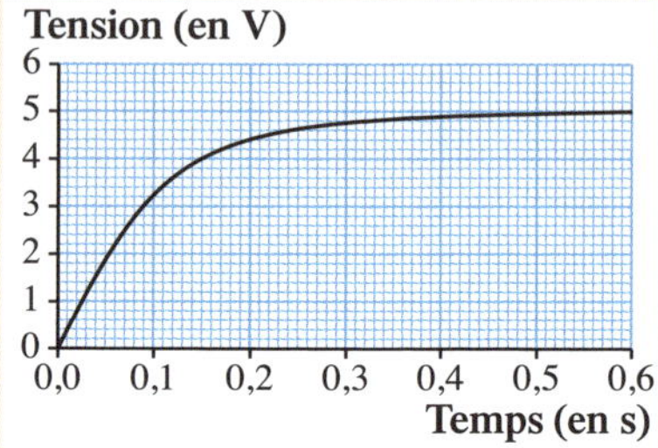

1. S'agit-il d'une situation de proportionnalité ? Justifier.

2. Quelle est la tension mesurée au bout de 0,2 s ?

3. Au bout de combien de temps la tension aux bornes du condensateur aura-t-elle atteint 60 % de la tension maximale qui est estimée à 5 V ?

Corrigé page 285

EXERCICE 4 — 20 points

Les panneaux photovoltaïques permettent de produire de l'électricité à partir du rayonnement solaire.

Une unité courante pour mesurer l'énergie électrique est le kilowatt heure, abrégé en kWh.

1. Le plus souvent, l'électricité produite n'est pas utilisée directement, mais vendue pour être distribuée dans le réseau électrique collectif. Le prix d'achat du kWh, donné en **centimes d'euros**, dépend du type d'installation et de sa puissance totale, ainsi que de la date d'installation des panneaux photovoltaïques. Ce prix d'achat du kWh est donné dans le tableau ci-dessous.

Tarifs d'un kWh en centimes d'euros

		Date d'installation			
Type d'installation	**Puissance totale**	**du 01/01/15 au 31/03/15**	**du 01/04/15 au 30/06/15**	**du 01/07/15 au 30/09/15**	**du 01/10/15 au 31/12/15**
Type *A*	**0 à 9 kW**	26,57	26,17	25,78	25,39
Type *B*	**0 à 36 kW**	13,46	13,95	14,7	14,4
	36 à 100 kW	12,79	13,25	13,96	13,68

Source : http://www.developpement-durable.gouv.fr

En mai 2015, on installe une centrale solaire du type *B*, d'une puissance de 28 kW. Vérifier que le prix d'achat de 31 420 kWh est d'environ 4 383 €.

2. Une personne souhaite installer des panneaux photovoltaïques sur la partie du toit de sa maison orientée au sud. Cette partie est grisée sur la figure ci-contre. Elle est appelée pan sud du toit.
La production d'électricité des panneaux solaires dépend de l'inclinaison du toit.
Déterminer, au degré près, l'angle $\widehat{ABC}$ que forme ce pan sud du toit avec l'horizontale.

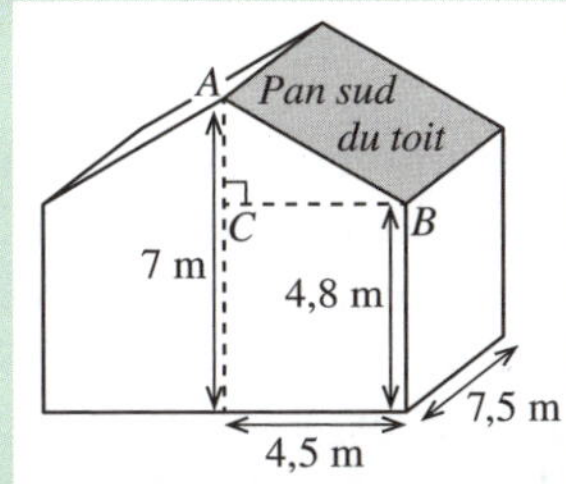

3. a) Montrer que la longueur AB est environ égale à 5 m.

b) Les panneaux photovoltaïques ont la forme d'un carré de 1 m de côté. Le propriétaire prévoit d'installer 20 panneaux.
Quel pourcentage de la surface totale du pan sud du toit sera alors couvert par les panneaux solaires ? On donnera une valeur approchée du résultat à 1 % près.

c) La notice d'installation indique que les panneaux doivent être accolés les uns aux autres et qu'une bordure d'au moins 30 cm de large doit être laissée libre pour le système de fixation tout autour de l'ensemble des panneaux.
Le propriétaire peut-il installer les 20 panneaux prévus ?

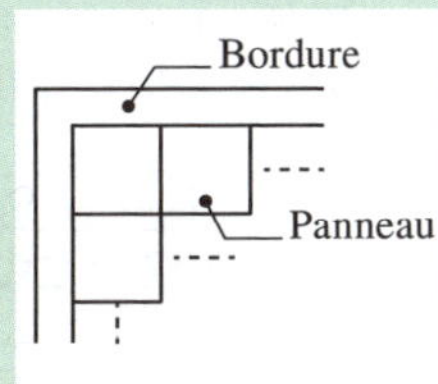

Corrigé page 285

EXERCICE 5 — 16 points

1. Lors des Jeux olympiques de Rio en 2016, la danoise Pernille Blume a remporté le 50 m nage libre en 24,07 secondes.
A-t-elle nagé plus rapidement qu'une personne qui se déplace en marchant vite, c'est-à-dire à 6 km/h ?

2. On donne l'expression $E = (3x + 8)^2 - 64$.

a) Développer E.

b) Montrer que E peut s'écrire sous forme factorisée : $3x(3x + 16)$.

c) Résoudre l'équation $(3x + 8)^2 - 64 = 0$.

3. La distance d de freinage d'un véhicule dépend de sa vitesse et de l'état de la route. On peut la calculer à l'aide de la formule suivante : $d = k \times V^2$ avec d : distance de freinage en m ; V : vitesse du véhicule en m/s ; k : coefficient dépendant de l'état de la route. On a : $k = 0{,}14$ sur route mouillée et $k = 0{,}08$ sur route sèche.
Quelle est la vitesse d'un véhicule dont la distance de freinage sur route mouillée est égale à 15 m ?

Corrigé page 286

EXERCICE 6 — 15 points

Document 1

Le surpoids est devenu un problème majeur de santé, celui-ci prédispose à beaucoup de maladies et diminue l'espérance de vie.
L'indice le plus couramment utilisé est celui de masse corporelle (IMC).

Document 2

L'IMC est une grandeur internationale permettant de déterminer la corpulence d'une personne adulte entre 18 ans et 65 ans.
Il se calcule avec la formule suivante : $\text{IMC} = \dfrac{\text{masse}}{\text{taille}^2}$ avec « masse » en kg et « taille » en m.

Normes : $18{,}5 \leqslant \text{IMC} < 25$ Corpulence normale
$25 \leqslant \text{IMC} < 30$ Surpoids
$\text{IMC} \geqslant 30$ Obésité

1. Dans une entreprise, lors d'une visite médicale, un médecin calcule l'IMC de six des employés. Il utilise pour cela une feuille de tableur dont voici un extrait :

	A	B	C	D	E	F	G
1	Taille (en m)	1,69	1,72	1,75	1,78	1,86	1,88
2	Masse (en kg)	72	85	74	70	115	85
3	IMC (*)	25,2	28,7	24,2	22,1	33,2	24,0
4	(*) valeur approchée au dixième						

a) Combien d'employés sont en situation de surpoids ou d'obésité dans cette entreprise ?

b) Laquelle de ces formules a-t-on écrite dans la cellule B3, puis recopiée à droite, pour calculer l'IMC ?
Recopier la formule correcte sur la copie.

=72/1.69^2	=B1/(B2*B2)	=B2/(B1*B1)	=$B2/($B1*$B1)

2. Le médecin a fait le bilan de l'IMC de chacun des 41 employés de cette entreprise. Il a reporté les informations recueillies dans le tableau suivant dans lequel les IMC ont été arrondis à l'unité près.

IMC	20	22	23	24	25	29	30	33	**Total**
Effectif	9	12	6	8	2	1	1	2	**41**

a) Calculer une valeur approchée, arrondie à l'entier près, de l'IMC moyen des employés de cette entreprise.

b) Quel est l'IMC médian ? Interpréter ce résultat.

c) On lit sur certains magazines : « On estime qu'au moins 5 % de la population mondiale est en surpoids ou est obèse. » Est-ce le cas pour les employés de cette entreprise ?

Corrigé page 287

EXERCICE 7 14 points

Léo a ramassé des fraises pour faire de la confiture.

1. Il utilise les proportions de sa grand-mère : 700 g de sucre pour 1 kg de fraises.
Il a ramassé 1,8 kg de fraises. De quelle quantité de sucre a-t-il besoin ?

2. Après cuisson, Léo a obtenu 2,7 litres de confiture.
Il verse la confiture dans des pots cylindriques de 6 cm de diamètre et de 12 cm de haut, qu'il remplit jusqu'à 1 cm du bord supérieur.
Combien pourra-t-il remplir de pots ?
Rappels : 1 litre = 1 000 cm^3 *Volume d'un cylindre* = $\pi \times R^2 \times h$

3. Il colle ensuite sur ses pots une étiquette rectangulaire de fond blanc qui recouvre toute la surface latérale du pot.

a) Montrer que la longueur de l'étiquette est d'environ 18,8 cm.

b) Dessiner l'étiquette à l'échelle $\frac{1}{3}$.

Corrigé page 288

CORRIGÉS

Exercice 1 (Énoncé p. 278)

1. L'urne ne contient que des boules vertes ou bleues.
Obtenir une boule bleue est l'événement contraire d'obtenir une boule verte.
On a la probabilité d'obtenir une boule bleue qui vaut 1 moins la probabilité d'obtenir une boule verte et :

$$1 - \frac{2}{5} = \frac{5}{5} - \frac{2}{5} = \frac{3}{5}.$$

La probabilité d'obtenir une boule bleue est égale à $\frac{3}{5}$.

2. Comme, après tirage, la boule est remise et que le contenu de l'urne est mélangé, à chaque tirage la probabilité d'obtenir une boule bleue est $\frac{3}{5}$ et celle d'obtenir une boule verte est $\frac{2}{5}$; donc, en particulier au 7e tirage, même si les 6 premiers tirages ont donné des boules vertes.
On a $\frac{3}{5} > \frac{2}{5}$, donc **au 7e tirage, Paul aura plus de chances d'obtenir une boule bleue qu'une boule verte**.

3. Les 8 boules vertes représentent les deux cinquièmes des boules de l'urne. Soit x le nombre de boules dans l'urne. On a :
$\frac{2}{5}x = 8$, soit $x = 8 \times \frac{5}{2}$, ou encore $x = 20$.
Le nombre de boules bleues dans cette urne est $\frac{3}{5} \times 20$, soit **12**.

On peut aussi raisonner avec de la proportionnalité.

Exercice 2 (Énoncé p. 279)

1. L'instruction 3 donne les coordonnées du point de départ du tracé qui sont **(−200 ; −100)**.

2. L'instruction 6 donne que **5 triangles sont dessinés par le script**.

3. a) La longueur du côté du premier triangle dessiné est 100 (instruction 5), puis on ajoute −20 à cette longueur (instruction 9), donc la longueur (en pixels) du côté du deuxième triangle tracé est 100 + (−20), soit **80**.

b) Quand on exécute ce script, on obtient :

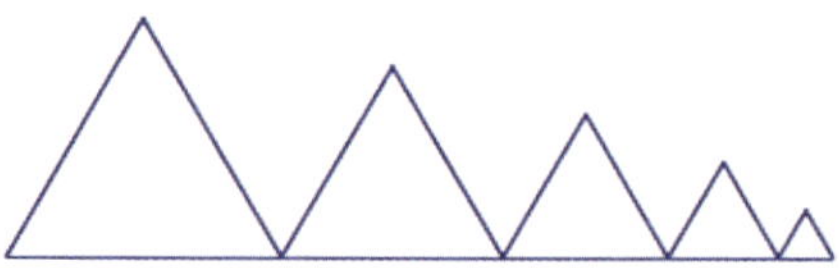

4. On peut placer l'instruction **après l'instruction 8 ou après l'instruction 9** afin d'obtenir la nouvelle figure.

Exercice 3 (Énoncé p. 280)

1. La courbe n'étant pas une droite, **ce n'est pas une situation de proportionnalité**.

La représentation graphique d'une situation de proportionnalité est une droite passant par l'origine du repère.

2. Graphiquement, au bout de 0,2 seconde, **la tension mesurée est de 4,4 V**.

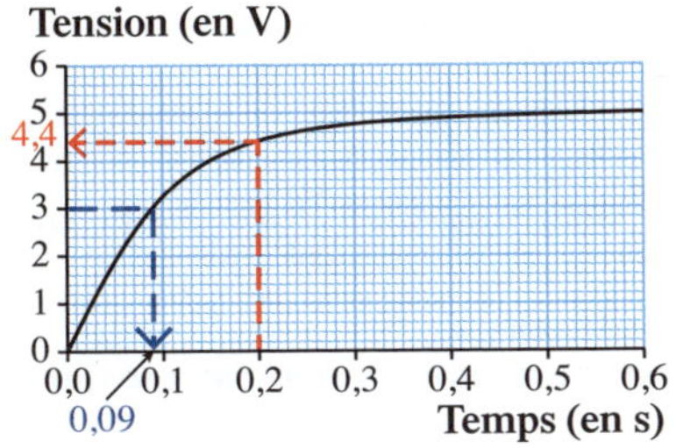

3. 60 % de 5 V, c'est 0,60 × 5 V, soit 3 V.
Graphiquement, la tension aux bornes aura atteint 60 % de la tension maximale au bout de **0,09 seconde**.

Exercice 4 (Énoncé p. 280)

1. D'après le tableau, pour une installation de type B installée en mai 2015 avec une puissance de 28 kW, le prix d'achat du kWh est de 13,95 centimes d'euros, soit 0,1395 euro. Pour 31 420 kWh achetés, le prix d'achat est 31 420 × 0,1395 €, soit **environ 4 383 €**.

2. ABC est un triangle rectangle en C avec $AC = 7 \text{ m} - 4{,}8 \text{ m} = 2{,}2 \text{ m}$ et $CB = 4{,}5 \text{ m}$.

On a $\tan \widehat{ABC} = \dfrac{\text{côté opposé à } \widehat{B}}{\text{côté adjacent à } \widehat{B}} = \dfrac{AC}{BC} = \dfrac{2{,}2}{4{,}5}$.

On fait $\widehat{ABC} = \tan^{-1}\left(\dfrac{2{,}2}{4{,}5}\right)$.

L'angle $\widehat{ABC}$ que forme le pan sud du toit avec l'horizontale est de **26°** à 1° près.

3. a) ABC est un triangle rectangle en C.
D'après le théorème de Pythagore, on a :
$AB^2 = AC^2 + BC^2$, soit $AB^2 = 2{,}2^2 + 4{,}5^2$, ou encore $AB^2 = 25{,}09$.
Comme AB est une longueur, on a $AB = \sqrt{25{,}09}$, d'où $AB \approx 5$.
La longueur AB est environ égale à 5 m.

b) Chaque panneau solaire est un carré de 1 m de côté et d'aire 1 m^2.
La surface des 20 panneaux solaires est de 20 m^2.
La surface du pan sud du toit est celle d'un rectangle de 5 m sur 7,5 m ; sa surface est 5 m × 7,5 m soit 37,5 m^2.
On a 20 ÷ 37,5 ≈ 0,53.
Environ 53 % de la surface du pan sud du toit sera occupée par les panneaux solaires.

Aire d'un rectangle de dimensions l et L = lL.

c) En faisant un rectangle avec 4 panneaux solaires dans le sens de la hauteur et 5 panneaux solaires dans le sens de la longueur et en ajoutant 0,3 m pour les fixations sur chaque bord, il faut avoir dans le sens de la hauteur 4×1 m $+ 2 \times 0{,}3$ m, soit 4,6 m et dans le sens de la longueur 5×1 m $+ 2 \times 0{,}3$ m, soit 5,6 m.
Le propriétaire peut installer les 20 panneaux prévus.

1 cm = 0,01 m.

Exercice 5 (Énoncé p. 281)

1. La vitesse moyenne de la Danoise est $v = \dfrac{50 \text{ m}}{24{,}07 \text{ s}}$, soit environ 2,08 m/s.
On a aussi 6 km/h $= \dfrac{6 \text{ km}}{1 \text{ h}} = \dfrac{6\,000 \text{ m}}{3\,600 \text{ s}}$, soit environ 1,67 m/s.
Pernille Blume nage plus rapidement qu'une personne qui marche vite.

$v = \dfrac{d}{t}$ 1 h = 3 600 s 1 km = 1 000 m

2. a) $E = (3x + 8)^2 - 64$
$= (3x)^2 + 2 \times 3x \times 8 + 8^2 - 64$
$= 9x^2 + 48x + 64 - 64$
$= \mathbf{9x^2 + 48x}$.

$(a + b)^2 = a^2 + 2ab + b^2$ $(kx)^2 = k^2x^2$

b) $E = 9x^2 + 48x = 3x \times 3x + 16 \times 3x = \mathbf{3x(3x + 16)}$.

c) $(3x + 8)^2 - 64 = 0$ s'écrit successivement :
$E = 0$;
$3x(3x + 16) = 0$;
$3x = 0$ ou $3x + 16 = 0$;
$x = 0 \div 3$ ou $3x = -16$;
$x = 0$ ou $x = -16 \div 3$.
Les solutions de $(3x + 8)^2 - 64 = 0$ sont 0 et $\dfrac{-16}{3}$.

Si un produit *AB* est nul, alors l'un des facteurs *A* ou *B* est nul.

3. Si la route est mouillée, alors $k = 0{,}14$.
On veut V tel que $15 = 0{,}14 \times V^2$, ce qui donne $15 \div 0{,}14 = V^2$, puis
$\sqrt{\dfrac{15}{0{,}14}} = V$ car V est un nombre positif.
La vitesse du véhicule est de 10,35 m/s, soit 37,26 km/h.

1 m/s = 3,6 km/h.

Exercice 6 (Énoncé p. 282)

1. a) Parmi les six employés examinés, 3 ont un IMC supérieur ou égal à 25, donc **3 employés sont en surpoids ou obèses**.

b) Les formules =72/1.69^2 et =$B2/($B1*$B1) ne calculent que l'IMC de la première personne car elles sont inchangées par recopie.
La formule =B1/(B2*B2) correspond à taille/masse², ce qui n'a aucun sens.
La bonne formule est **=B2/(B1*B1)**.

2. a) On effectue une moyenne pondérée.

$$m = \frac{20 \times 9 + 22 \times 12 + 23 \times 6 + 24 \times 8 + 25 \times 2 + 29 \times 1 + 30 \times 1 + 33 \times 2}{41}$$

$$m = \frac{949}{41}.$$

À l'entier près, **l'IMC moyen est de 23**.

b) Il y a 41 valeurs, donc la médiane est la 21ᵉ valeur de la série ordonnée. Or 9 + 12 = 21, donc la 21ᵉ valeur de la série ordonnée est 22.
L'IMC médian est 22.
50 % au moins des personnes ont un IMC inférieur ou égal à 22 et 50 % au moins des personnes ont un IMC supérieur ou égal à 22.

c) Dans cette entreprise, le nombre de personnes en surpoids ou obèses est :
2 + 1 + 1 + 2, soit 6 personnes.

Cela représente 14,6 % $\left(\text{c'est-à-dire } \frac{6}{41}\right)$ de l'effectif.

Le personnel de cette entreprise correspond à l'affirmation du magazine qui indique « qu'*au moins 5 %* de la population mondiale est en surpoids ou est obèse ».

Exercice 7 (Énoncé p. 283)

1. On a une situation de proportionnalité :

Masse fraises	1 kg	1 800 g
Masse sucre	700 g	x

Par produit en croix, on a $x = 700 \times 1\,800$.
Léo a besoin de 1,26 kg de sucre.

2. Le volume rempli dans un pot est celui d'un cylindre de rayon 3 cm (6 cm ÷ 2) et de hauteur 11 cm (12 cm – 1 cm).
Ce volume est $\pi \times 3^2 \times 11$, soit environ 311 cm^3.
Avec 2,7 litres de confiture, soit 2 700 cm^3, on a $2\,700 \div 311 \approx 8{,}68$.
Léo remplira 8 pots entiers et une partie d'un 9e pot.

3. a) La longueur de l'étiquette doit être égale à la circonférence d'un cercle de rayon 3 cm, soit à $2\pi \times 3$ cm ou encore **18,85 cm environ**.

b) À l'échelle $\frac{1}{3}$, on a comme dimensions 12 cm $\times \frac{1}{3} = 4$ cm et 18,85 cm $\times \frac{1}{3} = 6{,}28$ cm.

Achevé d'imprimer en Juin 2020 en Slovaquie par Polygraf
Dépôt légal : Juillet 2020 - Édition 01
14/5705/5